机械工程前沿著作系列
HEP Series in Mechanical Engineering Frontiers

基于 MATLAB 的机械故障诊断技术案例教程

JIYU MATLAB DE JIXIE GUZHANG ZHENDUAN JISHU ANLI JIAOCHENG

Case Study of Mechanical Fault Diagnosis Technology Based on MATLAB

张玲玲　肖静　编著
肖云魁　主审

高等教育出版社·北京

内容简介

本书以MATLAB为学习工具和手段，将机械故障诊断中信号处理（特征提取）、模式识别的关键技术与工程应用有效结合，共分为基础篇、信号处理篇和模式识别篇3篇内容。其中，第一篇为MATLAB简介，便于读者掌握MATLAB的基本用法；后两篇按照先介绍基本理论，再列出相关的MATLAB函数，最后结合车辆故障诊断案例的顺序，采用MATLAB编程实现的架构进行讲述，使读者能够有效掌握目前机械故障诊断领域先进实用的信号处理和模式识别方法。

本书可作为高等院校机械工程、载运工具运用工程等学科的研究生、本科生的教材或参考书，对信号处理相关领域的科研人员亦有较大的参考价值。

图书在版编目（CIP）数据

基于MATLAB的机械故障诊断技术案例教程 / 张玲玲，肖静编著. -- 北京：高等教育出版社，2016.11
（机械工程前沿著作系列）
ISBN 978-7-04-046394-1

Ⅰ. ①基… Ⅱ. ①张… ②肖… Ⅲ. ① Matlab软件 - 应用 - 机械设备 - 故障诊断 - 高等学校 - 教材 Ⅳ. ① TH17-39

中国版本图书馆CIP数据核字（2016）第206256号

策划编辑	刘占伟	责任编辑	刘占伟	特约编辑	陈　静	封面设计	杨立新
插图绘制	杜晓丹	版式设计	张　杰	责任校对	王　雨	责任印制	韩　刚

出版发行	高等教育出版社	网　　址	http://www.hep.edu.cn
社　　址	北京市西城区德外大街4号		http://www.hep.com.cn
邮政编码	100120	网上订购	http://www.hepmall.com.cn
印　　刷	涿州市星河印刷有限公司		http://www.hepmall.com
开　　本	787mm × 1092mm　1/16		http://www.hepmall.cn
印　　张	20		
字　　数	400千字	版　　次	2016年11月第1版
购书热线	010-58581118	印　　次	2016年11月第1次印刷
咨询电话	400-810-0598	定　　价	79.00元

物 料 号　46394-00

前言

设备故障诊断技术以故障机理和检测技术为基础, 以信号处理和模式识别为基本方法, 并随着计算机及通信技术的发展而迅速发展。按照工作过程来讲, 故障诊断技术的研究内容可以归结为 4 方面: 信号采集、特征提取、状态识别和预报决策技术, 其中特征提取和状态识别是对测试信号进行必要的分析和处理, 得到被测对象的特征信息, 并作为进一步诊断推理和判别故障的依据。因此, 测试信号的特征提取和模式识别是故障诊断的核心技术, 将影响到诊断结果的可靠性和有效性。

MATLAB 作为当今世界上应用最为广泛的高性能计算和可视化软件, 不仅具有非常强大的科学计算、数值分析、图形显示、系统分析和建模等功能, 还具备运算结果和编程可视一体化功能及较高的编程效率, 是科学研究和工程设计领域中不可缺少的应用软件。

但是, 目前图书市场上还没有一本可以将机械设备故障诊断关键技术和 MATLAB 有效结合起来并用于工程实践的参考书, 作为机械工程专业的研究人员, 笔者在这方面深有体会。为了基本掌握和应用故障诊断关键技术, 至少需要参考 3 方面的图书, 其中包括 MATLAB 的基本使用方法和总体功能方面的、MATLAB 在数字信号处理中的应用方面的以及 MATLAB 在模式识别中的应用方面的。即使购买到这些书籍, 往往并不是专门针对机械设备故障诊断来讲述的, 造成这些书籍的实际利用率并不高。

基于上述考虑, 本书将全书分为 3 篇, 第一篇为基础篇, 主要介绍 MATLAB 的基本操作、编程方法和实用技巧。第二篇为信号处理篇, 分 6 章来介绍, 其中, 第 2 章为信号处理分析基础, 主要介绍信号的分类、产生和采集, 信号时域和频域常见的分析方法; 第 3 章为时频分析方法的 MATLAB 实现及应用研究, 主要介绍短时 Fourier 变换、Gabor 变换和 Wigner–Ville 时频分布的基本理论和在机械故障诊断中的应用; 第 4 章为小波分析的 MATLAB 实现及应用研究, 简要介绍了小波分析的基本理论和基于小波降噪预处理、小波频带累加方法以及小波包–AR 谱方法的故障诊断实例; 第 5 章为 Hilbert–Huang 变换的 MATLAB 实现及应用研究, 主要介绍 Hilbert–Huang 变换的基本理论和基于 EMD–AR 谱、EMD–包络谱、EMD 预处理的伪 WVD 时频分布以及 EMD–SVD 变换方法的应用实例; 第 6 章为分数阶 Fourier 变换的 MATLAB 实现及应用研究, 主要介绍分数阶 Fourier 变换的基本理论和基于分数阶滤波的变速器故障诊断实例; 第 7 章为图像处理技术的 MATLAB 实现及应用研究, 主要介绍图像处理的基本理论和基于对称极坐标图像的生成方法、基于灰度共生矩阵的方法提取振动图像特征的应用实例。第三篇为模式识别篇, 分为 5 章来介绍, 第 8~12 章分别简述了人工神经网络、模糊理论、遗传算法、粒子群算法以及支持向量机方法的基本原理, 并通过相应的机械故障诊断实例展示了理论应用。

本书在编写过程中得到了军事交通学院肖云魁教授及其领导的研究团队的大力支持和帮助, 王国威、肖静、任金成编写了第一篇内容, 张玲玲、梅检民、张晓倩、李志勇、张海峰编写了第二篇内容, 常春、曾锐利、吴春志编写了第三篇内容。太原卫星发射中心技术部的张晓倩为本书的统稿人, 贾继德、沈虹做了大量的辅助工作。同时, 本书也吸收了国内外同行研究成果的精华, 在此对相关作者一并表示深深的谢意。

由于编写时间仓促以及作者研究水平有限, 书中难免有错误和疏漏之处, 恳请各位专家和广大读者批评指正。

为了便于读者学习, 本书提供了随书光盘, 包含各章相应的 MATLAB 源代码程序以及诊断实例所涉及的数据文件。

编著者
2016 年 4 月

目录

第一篇 基础篇

第二篇 信号处理篇

第三篇　模式识别篇

第一篇

基础篇

第 1 章　认识 MATLAB

1.1　MATLAB 简介

MATLAB (Matrix Laboratory, 矩阵实验室) 是美国 MathWorks 公司推出的一种面向工程和科学计算的交互式计算软件。它以矩阵运算为基础, 把计算、可视化、程序设计融合在一个简单易用的交互式工作环境中, 是一款数据分析和处理功能都非常强大的工程实用软件。

MATLAB 语言是一种 "数学形式的语言", 它的操作和功能函数指令就是用计算机和数学书常用的英文单词和符号来表达的, 比 BASIC、FORTRAN 和 C 等语言更接近于人们书写的数学计算公式, 更接近于人们进行科学计算的思维方式, 用 MATLAB 语言编写程序犹如在演算纸上排列公式与求解问题, 故有人称 MATLAB 编程语言为 "演算纸" 式科学算法语言。MATLAB 语言简单自然, 学习和使用更为容易, 能够更快地解决技术计算问题。

1.1.1　MATLAB 概述

MATLAB 可以进行矩阵运算、绘制函数和数据、实现算法、创建用户界面、连接其他编程语言的程序等, 主要应用于工程计算、控制设计、信号处理与通信、图像处理、信号检测、金融建模设计与分析等领域。

20 世纪 70 年代, 美国新墨西哥大学计算机科学系主任 Cleve Moler 教授出于减轻学生编程负担的动机, 为学生设计了一组调用 LINPACK 和 EISPACK 库程序的 "通俗易用" 的接口, 此即用 FORTRAN 编写的萌芽状态的 MATLAB。然后由 Little、Moler、Steve Bangert 合作, 于 1984 年成立了 MathWorks 公司, 并把 MATLAB 正式推向市场。进入 20 世纪 90 年代, MATLAB 已经成为国际控制界公认的标准计算软件。

按照 MATLAB 版本的发布历史来看, 从 2006 年开始, MathWorks 公司每年都在 3 月和 9 月对 MATLAB 进行两次更新, 并把相应的版本编号以相应的年份作为标记。因此我们可以非常方便地知道自己使用的 MATLAB 是何时发布的版本, 这无疑对了解相应的版本更新信息非常有帮助。

在 MATLAB R2006a 中, 主要更新了 10 个产品模块, 增加了多达 350 个新特性, 增加了对 64 位 Windows 的支持, 并新推出了 .net 工具箱。2007 年 3 月 1 日, MATLAB R2007a 发布, R2007a 版新增了两个新产品、82 个产品更新及 bug fix 等。除此之外, R2007a 可支持安装英特尔 (Intel) 处理器的 Mac 平台、Windows Vista, 以及 64 位的 Sun Solaris SPARC 等操作系统。2008 年 9 月, MATLAB R2008b 发布, 在此版本中, MATLAB 的桌面系统等有了较大的改变, 例如增加了 Function Browser, 还增加了 Map Containers 数据类型。2009 年 3 月 6 日, MATLAB R2009a 发布, 该版本包括了 MATLAB 和 Simulink 的若干新功能, 并包括两款新产品, 还对其他 91 款产品进行了更新和缺陷修复。自 R2008a 起, MATLAB 和 Simulink 产品系列需要进行激活, R2009a 增强了许可中心功能, 许可中心是用于管理许可证以及用户信息的一个在线工具。2010 年 3 月, MATLAB R2010a 发布, 该版本增加了更多多线程数学函数, 增强了文件共享、路径管理功能以及改进了 MATLAB 桌面等新的特性, 上述的这些特性比较符合初学者使用和学习, 所以笔者强烈推荐使用新的版本。

1.1.2 MATLAB 的功能特点

相对于其他传统的科技编程语言, MATLAB 主要有以下几个特点:

(1) 简洁紧凑的语言。MATLAB 程序书写形式自由灵活, 库函数极其丰富。由于库函数都由本领域的专家编写, 所以函数具有很高的可靠性, 用户可放心使用。

(2) 强大的数值运算功能。MATLAB 带有一个极大的预定义函数库, 其中提供了大量的数学、统计、最优化及工程方面的函数, 这些函数使用起来简单、易懂, 编程者也可以结合这些函数编写出自己所需要的各类函数, 从而实现解决复杂问题的目的。

(3) 强大的图像处理功能。MATLAB 具有方便的数据可视化功能, 以将向量和矩阵用图形表现出来, 并且可以对图形进行标注和打印。高层次的作图包括二维和三维的可视化、图像处理、动画和表达式作图, 可用于科学计算和工程绘图。

(4) 高级而简单的程序环境。MATLAB 不仅具有结构化的控制语句, 又有面向对象的编程特性。利用 MATLAB 编程非常简单, 变量的定义、使用及输入、输出也较为容易, 语法限制不严格, 可移植性好。

(5) 丰富的工具箱与模块集。MATLAB 包含两个部分, 即核心部分和各种可选的工具箱。核心部分有数百个核心内部函数。MATLAB 的工具箱不仅具有大量的数学优化函数, 同时还有许多特殊的应用领域所需的函数供编程者使用。其工具箱可分为两类, 即功能性工具箱和学科性工具箱。功能性工具箱主要用来扩充其符号计算功能、图形建模仿真功能、文字处理功能以及与硬件实时交互的功能。学科性工具箱则应用于不同的学科, 专业性和针对性更强。

(6) 开放性的源程序。除了内部函数外, 所有 MATLAB 的核心文件和工具箱文件都是可读可改的源文件, 用户可以通过对源文件的修改及加入自己的文件构成新的工具箱。

虽然 MATLAB 具有以上多种优点, 但不可否认其缺点还是存在的:

(1) 与其他编译型语言程序相比, MATLAB 程序的执行速度要慢得多。由于 MATLAB 的程序不用编译等处理, 也不生成可执行文件, 程序要解释执行, 所以速度很慢。这个问题可以通过合理的 MATLAB 结构得到缓解, 也可以在使用前编译出 MATLAB 程序。

(2) MATLAB 软件的费用较高, 但是 MATLAB 在科技编程方面能够节省大量的时间, 故 MATLAB 在商业编程过程中是节省成本的。

下面介绍 MATLAB R2010a 版本的新功能。

MATLAB 产品系列的新功能包括:

(1) 新增了在 MATLAB 中进行流处理的系统对象, 并在 Video and Image Processing Blockset 和 Signal Processing Blockset 中提供了 140 多种支持算法。

(2) 针对 50 多个函数提供多核支持并增强性能, 并对图像处理工具箱中的大型图像提供更多支持。

(3) 在全局优化工具箱和优化工具箱中提供了新的非线性求解器。

(4) 能够从 Symbolic Math Toolbox 中生成 Simscape 语言方程。

(5) 在 SimBiology 中提供了随机近似最大期望 (SAEM) 算法和药动学给药方案支持。

Simulink 产品系列的新功能包括以下几点:

(1) 在 Simulink 中提供可调参数结构、触发模型块以及用于大型建模的函数调用分支。

(2) 在嵌入式 IDE 链接和目标支持包中提供了针对 Eclipse、嵌入式 Linux 及 ARM 处理器的代码生成支持。

(3) 在 IEC 认证工具包中提供了对 Real-Time Workshop Embedded Coder 和 PolySpace 产品的 ISO 26262 认证。

(4) 在 DO 鉴定工具包中提供了扩展至模型的 DO–178B 鉴定支持。

(5) Simulink PLC Coder, 用于生成 PLC 和 PAC IEC 61131 结构化文本的新产品。

1.2 MATLAB 的用户界面

MATLAB 的用户界面主要由菜单、工具栏、命令行窗口、历史命令窗口、当前工作目录窗口、工作空间窗口组成, 如图 1.1 所示。

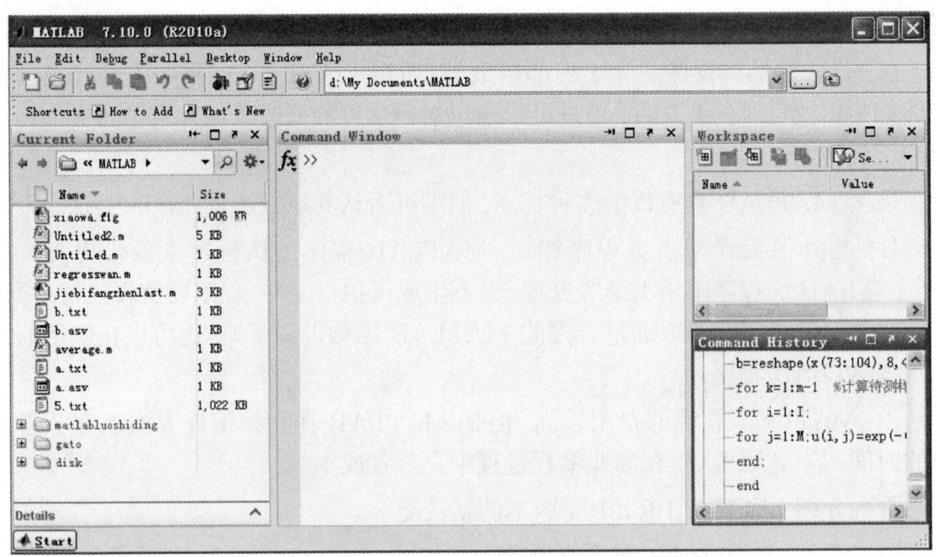

图 1.1 MATLAB 的用户界面

1. 菜单和工具栏

MATLAB 的菜单和工具栏界面与 Windows 程序的类似, 读者只需稍加实践便可以掌握其功能和使用方法。

菜单的内容随着命令窗口中不同命令的执行而作出相应的改变。这里只简单介绍默认情况下的菜单和工具栏。

1) File 菜单

主要用于对文件的操作, 除常用的命令外, 还有以下几个命令需要注意:

(1) ImportData: 向工作空间导入数据。

(2) SaveWorkspace: 将工作空间的变量存储在某一文件中。

(3) Setpath: 打开搜索路径设置对话框 (如图 1.2 所示)。

(4) Preferences: 打开环境设置对话框。

2) Edit 菜单

主要用于复制、粘贴等操作, 与一般的 Windows 程序类似。

3) Debug 菜单

用于设置程序的调试。

4) Desktop 菜单

用于设置主窗口中需要打开的窗口。

5) Windows 菜单

列出当前所有打开的窗口。

6) Help 菜单

用于选择打开不同的帮助系统。当读者单击 "Current Folder" 窗口时, 使得该

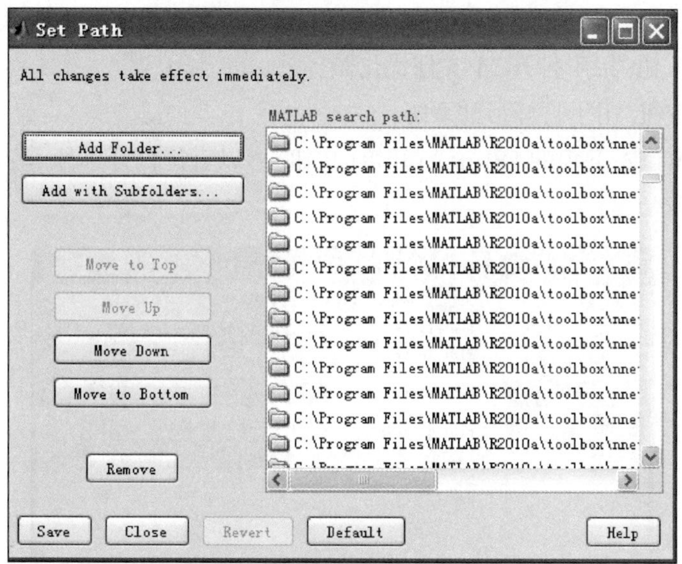

图 1.2 Setpath 设置对话框

窗口最大化, 就会增加一个如图 1.3 所示的 View 菜单, 用于设置如何显示当前目录下的文件。

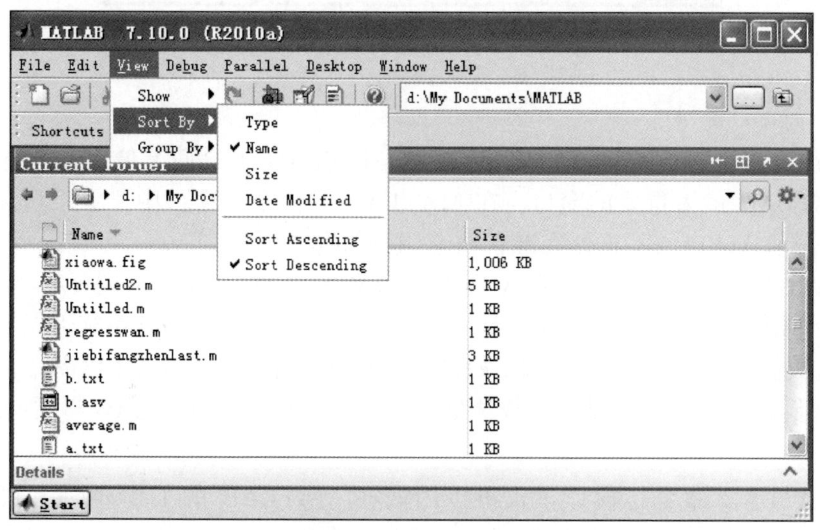

图 1.3 View 菜单

当单击 “Workspace” 窗口时, 使得该窗口成为当前窗口, 那么会增加如图 1.4 所示的 View 菜单和 Graphics 菜单。View 菜单用于设置如何在工作空间管理窗口中显示变量, Graphics 菜单用于打开绘图的工具, 读者可以使用这些工具来绘制变量。

下面介绍工具栏中部分按钮的功能。

(1) 按钮, 用于打开 Simulink 主窗口。

(2) 按钮, 用于打开读者界面设计窗口。

(3) 按钮, 用于打开 M 文件优化器。

(4) 按钮, 用于打开帮助系统。

单击主窗口左下角的 “Start” (开始) 按钮, 可以直接打开各种 MATLAB 工具, 如图 1.5 所示。

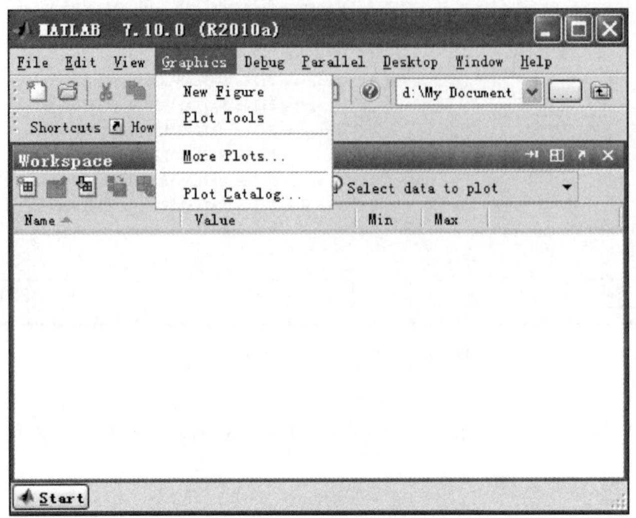

图 1.4 Graphics 菜单

2. 命令行窗口

命令行窗口 (Command Window) 是 MATLAB 主界面上最明显的窗口, 也是 MATLAB 最为重要的窗口。在 MATLAB 的命令行窗口中, “>>” 为运算提示符, 表示 MATLAB 正处在准备状态, 接受用户的输入指令。可在提示符后输入 MATLAB 通用命令、MATLAB 函数 (M 函数)、MATLAB 应用程序 (M 文件) 和一段 MATLAB 表达式等, 按 “Enter” 键后, MATLAB 将进行系统管理工作, 以及进行数值计算、给出计算结果; 如果指令集中调用了 MATLAB 绘图命令, 将会弹出图形窗口, 显示计算结果的数学图形。指令完成之后, MATLAB 再次进入准备状态。

MATLAB 命令行窗口不仅可以内嵌在 MATLAB 的工作界面, 而且还可以以独立窗口的形式浮动在界面上。选中命令行窗口, 单击 “Desktop” 菜单下的 “Undock Command Window” 选项, 命令行窗口即以浮动窗口的形式显示, 如图 1.6 所示。

MATLAB 的基本函数库中有 MATLAB 通用命令和许多其他的 MATLAB 函数。如果用户一旦发现某个指令不知如何使用, 可以用 help 命令将该指令紧跟于后, 系统便会告知该指令的意义和使用方法。例如:

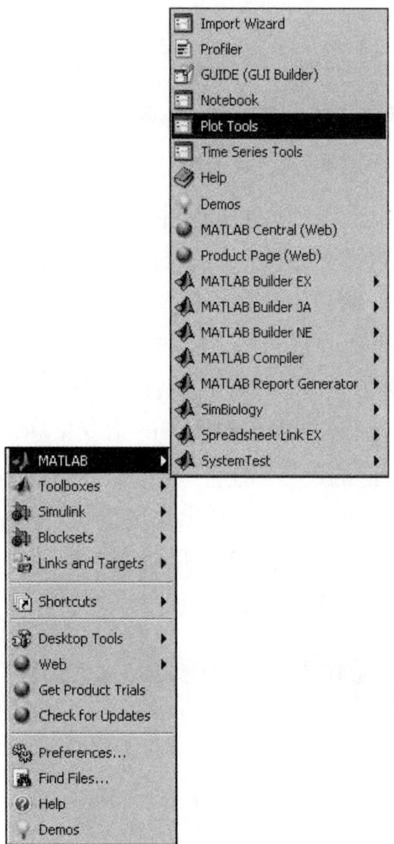

图 1.5　开始按钮

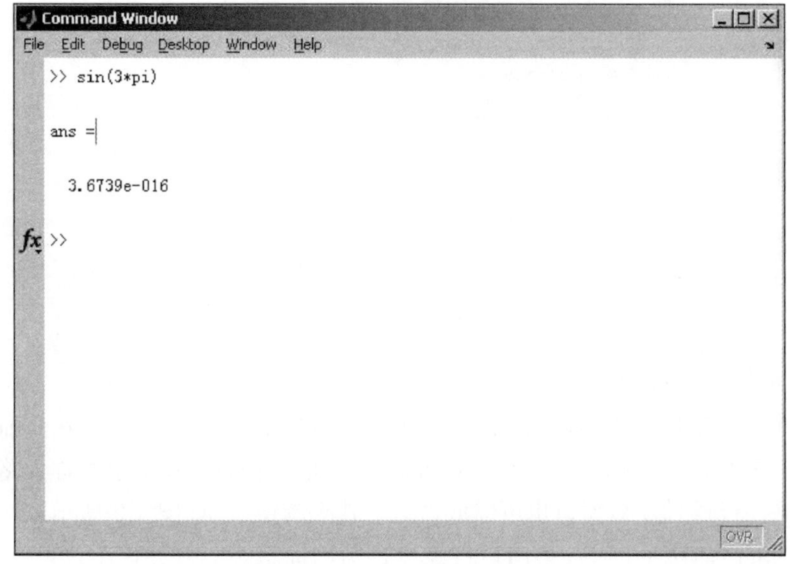

图 1.6　悬浮的命令行窗口

```
>> help sin
 SIN      Sine.
 SIN(X) is the sine of the elements of X.
```

3. 历史命令窗口

历史命令窗口主要用于记录所有执行过的命令, 在默认设置下, 历史命令窗口中会保留自安装起所有命令的历史记录, 并标明使用时间, 这方便了使用者的查询。双击某一行命令, 即在命令窗口中执行该行命令。

用户可以对已执行的命令进行操作, 选择某条指令单击鼠标右键, 在菜单选项中选择需要的操作, 例如剪切、复制、粘贴和删除等, 如图 1.7 所示。如果选择 "Evaluate Selection" 选项, 即表示对选中的指令重新运行。

用户还可以进行快捷键的设置, 即选择 "Create Shortcut" 选项, 也就是为已执行过的命令创建快捷图标, 此时系统会弹出快捷键设置对话框, 如图 1.8 所示。

用户也可以直接按住鼠标左键不放, 将所选中的历史命令直接拖到 Shortcuts 栏中, 这样也可为所选命令创建快捷键。

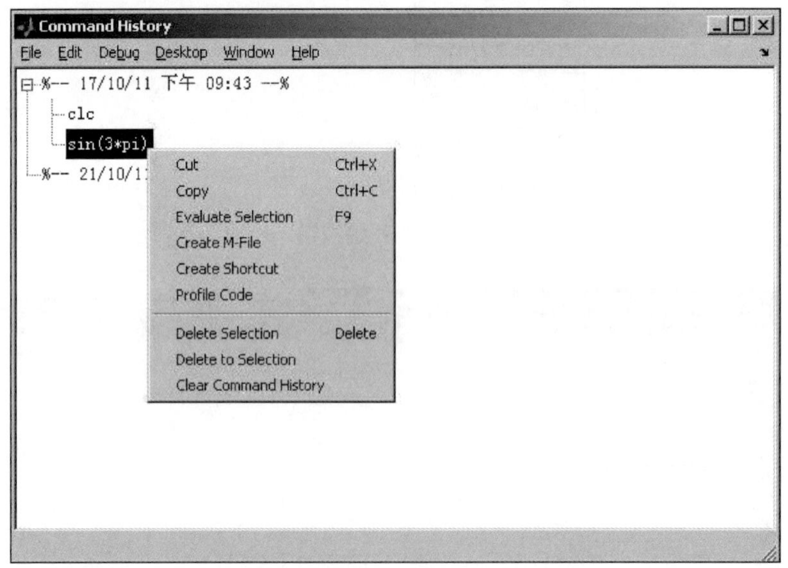

图 1.7 历史命令窗口的上下文菜单

4. 当前工作目录窗口

当前工作目录窗口是指 MATLAB 运行时的工作目录窗口, 只有在当前目录或搜索路径下的文件、函数才可以运行或调用。当前工作目录窗口也可称为路径浏览器, 与命令窗口类似, 该窗口也可以成为一个独立的窗口, 如图 1.9 所示。

用户可以使用 cd 命令将用户目录设置为当前目录。例如将用户目录 D:\My Documents\Matlab 设置为当前目录, 可在命令窗口输入: cd D:\My Documents\Matlab。

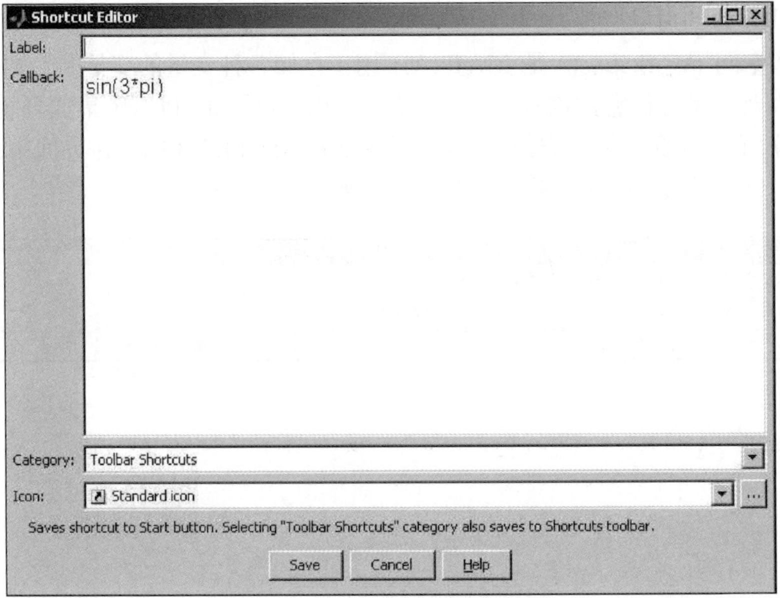

图 1.8 快捷键设置对话框

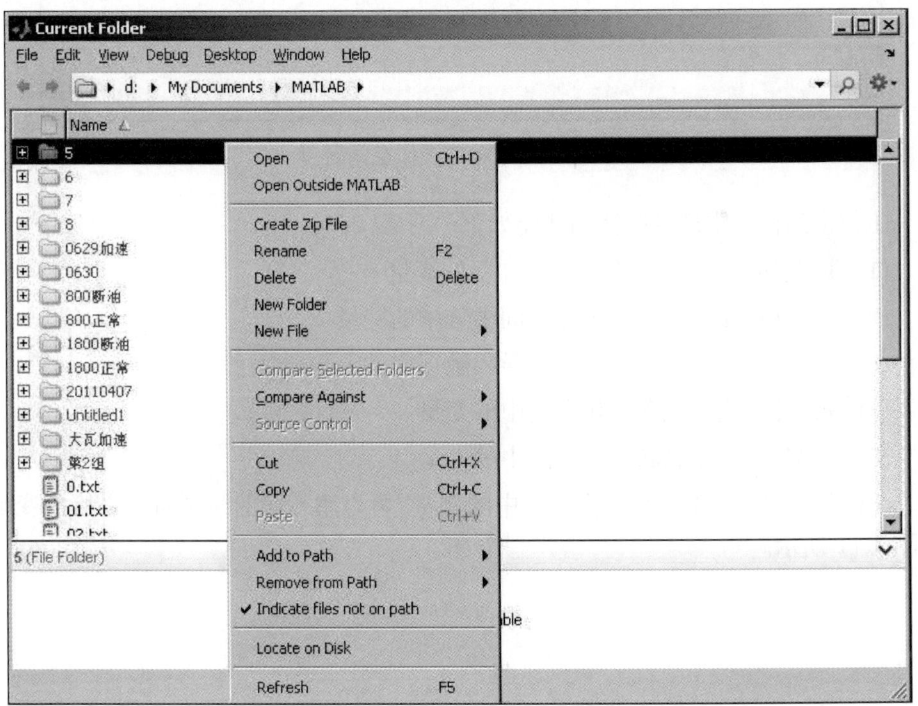

图 1.9 当前工作目录窗口

5. 工作空间窗口

工作空间 (Workspace) 是 MATLAB 用于存储各种变量的变量名、数据结构、字节数以及类型等信息的内存空间。工作空间窗口是 MATLAB 集成环境的重要组成部分, 它也与命令窗口类似, 不仅可以内嵌在 MATLAB 的工作界面中, 也可以以独立窗口的形式浮动在界面上, 如图 1.10 所示。

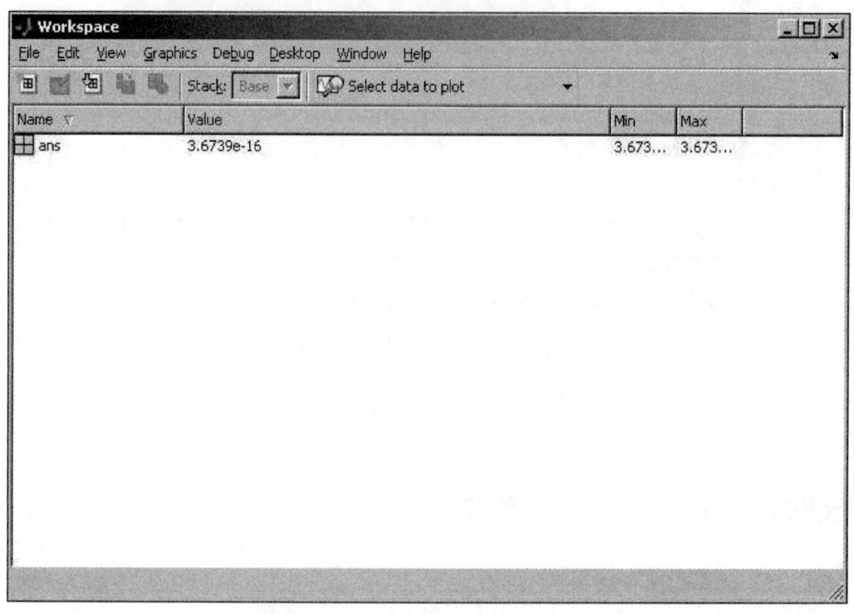

图 1.10 悬浮的工作空间窗口

工作空间窗口中部分按钮的功能如下:

(1) 按钮, 用于向工作空间添加新的变量。

(2) 按钮, 用于打开在工作空间中选中的变量。

(3) 按钮, 用于向工作空间中导入数据文件。

(4) 按钮, 用于保存工作空间中的变量。

(5) 按钮, 用于删除工作空间中的变量。

(6) 按钮, 用于绘制工作空间中的变量, 可以用不同的绘制命令来绘制变量, 如图 1.11 所示。

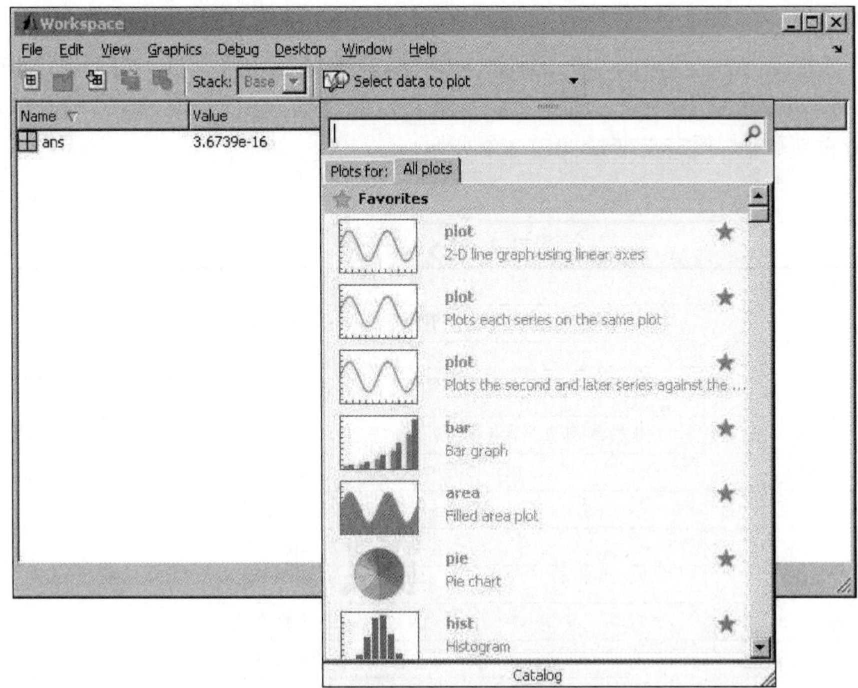

图 1.11　不同的绘制变量命令

1.3　MATLAB 矩阵运算

MATLAB 是一个以矩阵 (Matrix) 处理软件发展起来的工程软件, 其所有的数据处理都是建立在矩阵这个基础上的。矩阵可以方便地存储和访问大量数据。每个矩阵的单元可以是数值类型、逻辑类型、字符类型或者其他任何的 MATLAB 数据类型。

1.3.1　MATLAB 中的变量

1. 变量命名

MATLAB 中所有的变量都是用矩阵形式来表示的, 即所有的变量都表示为一个矩阵或者一个向量。其命名规则如下:

(1) 变量名区分大小写。

(2) 变量名的长度不能超过 63 个字符, 如果超出界限, 从第 64 个字符开始, 其后的字符都将被忽略。

(3) 变量名的第一个字符必须为英文字母, 其后可以包含下连字符、数字。

(4) 变量名中不允许出现标点符号、空格符, 因为很多标点符号在 MATLAB 中有特殊的作用, 例如 “X Y” 与 “X, Y” 会产生不同的效果, 系统会自动认为 “X, Y” 中间的逗号为分隔符, 表示两个变量, 跟空格符作用相同。

2. 预定义变量

在 MATLAB 工作空间中, 还有一些由系统本身定义的变量。每当 MATLAB 启动时这些变量就会产生。预定义变量有特定的含义, 在使用时, 应尽量避免对这些变量重新赋值, 预定义变量如表 1.1 所示。

表 1.1　预定义变量

预定义变量	说明
ans	用作结果的默认变量名
beep	使计算机发出 "嘟嘟" 声
pi	圆周率
eps	机器零阈值, 浮点精度门限 (2.2204×1e–16), MATLAB 中最小的数
inf	表示无穷大
NaN 或 nan	表示不定数, 即效果不确定, 如 0/0
i 与 j	虚数, 值为 sqrt(–1)
nargin	函数的输入参数个数
nargout	函数的输出参数个数
realmin	可用的最小正实数
realmax	可用的最大正实数
bitmax	可用的最大正整数 (以双精度格式存储)

如果用户对一个预定义变量赋值, 则那个变量的默认值将被用户新赋的值暂时覆盖。之所以说暂时覆盖, 那是因为若使用 clear 指令清除 MATLAB 内存中的变量, 或者 MATLAB 命令窗口被关闭后重新启动, 那么所有预定义变量将被重置为默认值。因此建议用户在编写程序时避免使用 MATLAB 预定义变量名。

1.3.2　基本矩阵的操作

1.3.2.1　矩阵的建立

1. 直接输入法建立矩阵

最简单的建立矩阵的方法是从键盘直接输入矩阵的元素。具体方法如下: 按顺序输入矩阵各元素, 然后用方括号 [] 括起来, 同一行的各元素之间用空格或逗号分隔, 例如:

row=[D1,D2,···,Dm] 或者 row=[D1 D2 ··· Dm]

如果矩阵是多行的, 行与行之间就用分号隔开, 例如:

S=[row1;row2;···;rown]

2. 特殊矩阵的建立

MATLAB 还提供一些函数用来构造一些特殊的矩阵, 这些函数如表 1.2 所示。

表 1.2　特殊矩阵函数

函数名	函数用途	基本调用格式
zeros	产生矩阵元素全为 0 的矩阵	S=zeros(n) 产生 n×n 个 0 S=zeros(m,n) 产生 m×n 个 0
ones	产生矩阵元素全为 1 的矩阵	S=ones(n) 产生 n×n 个 1 S=ones(m,n) 产生 m×n 个 1
eye	产生单位矩阵, 即对角线上的元素为 1, 其他元素全为 0	S=eye(n) 产生 n×n 的单位矩阵 S=eye(m,n) 产生 m×n 的单位矩阵
diag	把向量转换为对角矩阵或者得到矩阵的对角元素	A=diag(v,k) 把向量 v 转换为一个对角矩阵 A=diag(v) 把向量 v 转换成一个主对角矩阵 v=diag(A,k) 得到矩阵 A 的对角元素 v=diag(A) 得到矩阵 A 的主对角元素
magic	产生魔方矩阵, 即每行、每列之和相等的矩阵	magic(n) 产生 n×n 的魔方矩阵
rand	产生 0~1 均匀分布的随机数	X=rand(n) 产生 n×n 的 0~1 的均匀分布的随机数 X=rand(m,n) 产生 m×n 的 0~1 的均匀分布的随机数
randn	产生均值为 0、方差为 1 的高斯分布的随机数	X=randn(n) 产生 n×n 的标准高斯分布的随机量 X=randn(m,n) 产生 m×n 的标准高斯分布的随机量
randperm	产生整数 1~n 的随机排列	Y=randperm(n) 产生整数 1 到 n 的随机排列
compan	产生多项式的伴随矩阵	Z=compan(u) 产生多项式 u 的伴随矩阵

3. 利用冒号表达式建立向量

冒号表达式可以产生一个行向量, 一般格式是 e1:e2:e3, 其中 e1 为初始值, e2 为步长 (当步长为 1 时, 可省略), e3 为终止值。

例如:
```
>>X=1:-0.5:-1
```

上述语句产生的结果如下:

```
X=
  1.0000   0.50000   –0.50000   –1.0000
```

在 MATLAB 中, 还可以用 linspace 函数产生行向量。其调用格式为 linspace(a, b,n), 其中 a 和 b 是生成向量的第一个和最后一个元素, n 是元素总数。显然, linspace(a,b,n) 与 a:(b–a)/(n–1):b 等价。

4. 利用文件建立矩阵

当矩阵尺寸较大或为经常使用的数据矩阵时, 可以将此矩阵保存为文件, 在需要时直接利用 load 命令将文件调入工作环境中使用即可。同时, 可以利用命令 reshape 对调入的矩阵进行重排, 即 reshape(A,m,n), 它在矩阵总元素保持不变的前提下, 将矩阵 A 重新排成 m×n 的二维矩阵。

1.3.2.2 矩阵元素的引用

1. 矩阵下标访问单个矩阵元素

如果 X 是一个二维矩阵, 就可以用 X(i,j) 来表示第 i 行第 j 列的元素。例如 X=magic(3), 那么 X(1,2) 表示的就是第 1 行第 2 列的数字。

```
>>X=magic(3)
S=X(1,2)
```

由上述的语句可得如下结果:

X=

    8 1 6
    3 5 7
    4 9 2

S=

    1

2. 线性引用矩阵元素

在 MATLAB 中还可以通过单下标来引用矩阵元素, 使用格式为 X(k)。一般来说, 这样的引用既可以用于行向量或列向量, 也可以用于二维矩阵。

MATLAB 存储矩阵元素时并不是按照其命令行输出矩阵的格式来存储的, 而是按列优先排列的一个长列向量的格式来存储的, 例如:

```
>>X=[1  2  3;  4  5  6;  7  8  9]
```

由上述语句可得如下结果:

X=

    1 2 3
    4 5 6
    7 8 9

事实上矩阵 X 在内存中是以 1、4、7、2、5、8、3、6、9 排列的一个列向量存储的。X 矩阵的第 2 行第 3 列, 也就是值为 6 的元素实际上在存储空间是第 8 个元素。要访问这个元素, 可以用 X(2,3), 也可以用 X(8) 格式。

3. 引用矩阵元素方式转换

如果有矩阵的下标, 但是想以线性引用矩阵元素的方法来访问矩阵, 可以使用 sub2ind() 函数来获得线性引用的下标。例如:

```
>>X=[1  2  3;  4  5  6;  7  8  9]
linearindex_X=sub2ind(size(X),2,3)
```

由上述语句可得如下结果:

linearindex_X=

6

相反, 若想从线性引用的下标得到矩阵的下标可以用函数 ind2sub() 来实现, 例如:

```
>>[X_rowX_col]=ind2sub(size(X),8)
```

由上述语句可得如下结果:

X_row=

2

X_col=

3

1.3.2.3 矩阵大小的改变

1. 矩阵的合并

矩阵的合并就是把两个或者两个以上的矩阵数据连接起来得到一个新的矩阵。表达式 Z=[X Y] 在水平方向上合并矩阵 X 和 Y, 而表达式 Z=[X;Y] 在竖直方向合并矩阵 X 和 Y。

例如:

```
>>X=ones(2,3);
Y=eye(2,3);
Z=[X;Y]
```

由上述语句可得如下结果:

Z=

```
1  1  1
1  1  1
1  0  0
0  1  0
```

另外还可以通过使用矩阵合并函数实现矩阵的合并。这些矩阵合并函数的函数描述和基本调用格式如表 1.3 所示。

2. 矩阵行列的删除

要删除矩阵的某一行或者某一列, 只需要将该行或该列赋予一个空矩阵 [ ] 即可。例如:

```
>>X=eye(3)
```

由上述语句可得如下结果:

表 1.3　矩阵合并函数

函数名	函数描述	基本调用格式
cat	在指定的方向合并矩阵	cat(DIM,X,Y) 在 DIM 维方向合并矩阵 X,Y
		cat(2,X,Y) 与 [X Y] 用途一致
		cat(1,X,Y) 与 [X;Y] 用途一致
horzcat	在水平方向合并矩阵	horzcat(X,Y) 与 [X Y] 用途一致
vertcat	在竖直方向合并矩阵	vercat(X,Y) 与 [X;Y] 用途一致
repmat	通过复制矩阵来构造新的矩阵	Y=repmat(A,M,N) 得到 M×N 个 A 的大矩阵
blkdiag	用已知矩阵来构造对角化矩阵	Z=blkdiag(X,Y,···) 得到以矩阵 X、Y··· 为对角块的矩阵 Z

```
X=
        1   0   0
        0   1   0
        0   0   1
```

如果想要删除矩阵的第 2 行, 则可以用如下语句:

```
>>X(2 ;)=[ ]
```

由上述语句可得如下新的矩阵:

```
X=
      1   0   0
      0   0   1
```

1.3.3　稀疏矩阵

在实际应用中, 常常碰到含有大量零元素的矩阵, 这样的矩阵称为稀疏矩阵。如果按照普通矩阵对待稀疏矩阵, 零元素将占据大量的存储空间和内存空间, 影响运算速度。为了提高计算机的存储效率, 采用了只存储非零元素和表示这些元素行列位置的下标数组的方法。同时, 为了回避对零元素进行复杂的代数运算, 采取了特殊的算法来求解这样的矩阵问题。

1. 稀疏矩阵的创建

(1) 将完全存储方式转化为稀疏存储方式。函数 A=sparse(S) 将矩阵 S 转化为稀疏存储方式的矩阵 A。当矩阵 S 是稀疏存储方式时, 则函数调用相当于 A=S。sparse 函数还有其他一些调用格式: ① sparse(m,n), 即生成一个 m×n 的所有元素都是零的稀疏矩阵; ② sparse(u,v,S), 其中 u、v、S 是 3 个等长的向量, S 是要建立的稀疏矩阵的非零元素, u(i)、v(i) 分别是 S(i) 的行和列下标, 该函数建立一个 max(u) 行、max(v) 列并以 S 为稀疏元素的稀疏矩阵。此外, 还有一些和稀疏矩阵操作有关的函数, 如 full(A), 返回与稀疏存储矩阵 A 对应的完全存储方式矩阵。

(2) 直接创建稀疏矩阵。S=sparse(i,j,s,m,n), 其中 i 和 j 分别是矩阵非零元素的行和列指标向量, s 是非零元素值向量, m、n 分别为矩阵的行数和列数。

(3) 从文件中创建稀疏矩阵。利用 load 和 spconvert 函数可以从包含一系列下标和非零元素的文本文件中输入稀疏矩阵。例如, 设文本文件 T.txt 中有 3 列内容, 第 1 列是行下标, 第 2 列是列下标, 第 3 列是非零元素值。

```
>>load T.txt;
S=spconvert(T);
```

(4) 稀疏带状矩阵的创建。S=spdiags(B,d,m,n), 其中 m 和 n 分别是矩阵的行数和列数; d 是长度为 p 的整数向量, 它指定矩阵 S 的对角线位置; B 是全元素矩阵, 用来给定 S 对角线位置上的元素, 行数为 min(m,n), 列数为 p。

2. 稀疏矩阵的运算规则

在 MATLAB 系统中的各种命令都可以用于稀疏矩阵的运算。有稀疏矩阵参加运算时, 所得到的结果将遵循以下的规则:

(1) 将矩阵变为标量或者定长向量的函数总是给出满矩阵。

(2) 将标量或者定长向量变换到矩阵的函数 [zeros()、ones()、eye()、rand() 等] 总是给出满矩阵, 而能给出稀疏矩阵结果的相应的函数有 speye() 和 sprand() 等。

(3) 从矩阵到矩阵或者向量的变换函数将以原矩阵的形式出现, 即定义在稀疏矩阵上的运算生成稀疏矩阵, 定义在满矩阵上的运算生成满矩阵, 例如 choI(S)、max(S) 和 sum(S) 等函数。

(4) 两个矩阵运算符 (如 +、−、∗、\、|) 操作后的结果一般都是满矩阵, 除非参加运算的矩阵都是稀疏矩阵, 或者操作本身保留矩阵的稀疏性。

(5) 参与矩阵扩展 (如 [AB;CD]) 的子矩阵中, 只要有一个是稀疏的, 那么所得的结果也是稀疏的。

(6) 在矩阵引用中, 将仍以原矩阵形式给出结果。若 X 矩阵是稀疏的, 而 Y 矩阵是全元素的, 不管 I、J 是标量还是向量, 那么 “右引用” Y=X(I,J) 产生稀疏矩阵, 而 “左引用” X(I,J)=Y 产生满矩阵。

1.3.4 矩阵的运算

矩阵的运算是线性代数中极其重要的部分。在 MATLAB 中可以支持很多线性代数中定义的操作。

1.3.4.1 矩阵分析

1. 对角阵与三角阵

1) 对角阵

只有对角线上有非零元素的矩阵称为对角矩阵, 对角线上的元素相等的对角矩阵称为数量矩阵, 对角线上的元素都为 1 的对角矩阵称为单位矩阵。

(1) 提取矩阵的对角线元素。设 A 为 m×n 矩阵, diag(A) 函数用于提取矩阵 A 主对角线元素, 产生一个具有 min(m,n) 个元素的列向量。diag(A) 函数还有一种形式 diag(A,k), 其功能是提取第 k 条对角线的元素。

(2) 构造对角矩阵。设 V 为具有 m 个元素的向量, diag(V) 将产生一个 m×m 对角矩阵, 其主对角线元素即为向量 V 的元素。diag(V) 函数也有另一种形式 diag(V,k), 其功能是产生一个 n×n(n=m+k) 对角阵, 其第 k 条对角线的元素即为向量 V 的元素。

例如, 先建立 5×5 矩阵 A, 然后将 A 的第 1 行元素乘以 1, 第 2 行乘以 2, ···, 第 5 行乘以 5。

```
>>A=[17,0,1,0,15;23,5,7,14,16;4,0,13,0,22;10,12,19,21,3;...11,18,25,2,19];
D=diag(1:5);
D*A; % 用 D 左乘 A, 对 A 的每行乘以一个指定常数
```

2) 三角阵

三角阵又进一步分为上三角阵和下三角阵。所谓上三角阵, 即矩阵的对角线以下的元素全为零的一种矩阵, 而下三角阵则是对角线以上的元素全为零的一种矩阵。

(1) 上三角矩阵。求矩阵 A 的上三角阵的 MATLAB 函数是 triu(A)。triu(A) 函数也有另一种形式 triu(A,k), 其功能是求矩阵 A 的第 k 条对角线以上的元素。例如, 可以利用它提取矩阵 A 的第 2 条对角线以上的元素, 形成新的矩阵 B。

(2) 下三角矩阵。在 MATLAB 中, 提取矩阵 A 的下三角矩阵的函数是 tril(A) 和 tril(A,k), 其用法与提取上三角矩阵的函数 triu(A) 和 triu(A,k) 完全相同。

2. 矩阵的转置与旋转

1) 矩阵的转置

转置运算符是单撇号 (′), 例如矩阵 A 的转置为 A′。

2) 矩阵的旋转

利用函数 rot90(A,k) 将矩阵 A 旋转 90° 的 k 倍, 当 k 为 1 时可省略。

3) 矩阵的左右翻转

对矩阵实施左右翻转是将原矩阵的第 1 列和最后一列调换, 第 2 列和倒数第 2 列调换, 以此类推。MATLAB 中对矩阵 A 实施左右翻转的函数是 fliplr(A)。

4) 矩阵的上下翻转

MATLAB 中对矩阵 A 实施上下翻转的函数是 flipud(A)。

3. 矩阵的逆与伪逆

1) 矩阵的逆

对于一个方阵 A, 如果存在一个与其同阶的方阵 B, 使得 A·B=B·A=I (I 为单

位矩阵), 则称 B 为 A 的逆矩阵, 当然, A 也是 B 的逆矩阵。

求一个矩阵的逆是一件非常繁琐的工作, 容易出错, 但在 MATLAB 中, 求一个矩阵的逆非常容易。求方阵 A 的逆矩阵可调用函数 inv(A)。

例如, 用求逆矩阵的方法解线性方程组

$$\mathrm{Ax} = \mathrm{b}$$

其解为

$$\mathrm{x} = \mathrm{A}^{-1}\mathrm{b}$$

2) 矩阵的伪逆

如果矩阵 A 不是一个方阵, 或者 A 是一个非满秩的方阵时, 矩阵 A 没有逆矩阵, 但可以找到一个与 A 的转置矩阵 A′ 同型的矩阵 B, 使得

$$\mathrm{A} \cdot \mathrm{B} \cdot \mathrm{A} = \mathrm{A}$$

$$\mathrm{B} \cdot \mathrm{A} \cdot \mathrm{B} = \mathrm{B}$$

此时称矩阵 B 为矩阵 A 的伪逆, 也称为广义逆矩阵。在 MATLAB 中, 求一个矩阵伪逆的函数是 pinv(A)。

4. 方阵的行列式

把一个方阵看作一个行列式, 并对其按行列式的规则求值, 这个值就称为矩阵所对应的行列式的值。在 MATLAB 中, 求方阵 A 所对应的行列式的值的函数是 det(A)。

5. 矩阵的秩与迹

1) 矩阵的秩

矩阵线性无关的行数与列数称为矩阵的秩。在 MATLAB 中, 求矩阵秩的函数是 rank(A)。

2) 矩阵的迹

矩阵的迹等于矩阵的对角线元素之和, 也等于矩阵的特征值之和。在 MATLAB 中, 求矩阵的迹的函数是 trace(A)。

6. 向量和矩阵的范数

矩阵或向量的范数用来度量矩阵或向量在某种意义下的长度。范数有多种方法定义, 其定义不同, 范数值也就不同。

1) 向量的 3 种常用范数及其计算函数

在 MATLAB 中, 求向量范数的函数如下:

(1) norm(V) 或 norm(V,2): 计算向量 V 的 2–范数。

(2) norm(V,1): 计算向量 V 的 1–范数。

(3) norm(V,inf): 计算向量 V 的范数。

2) 矩阵的范数及其计算函数

MATLAB 提供了求 3 种矩阵范数的函数, 其函数调用格式与求向量的范数的函数完全相同。

7. 矩阵的条件数

在 MATLAB 中, 计算矩阵 A 的 3 种条件数的函数如下:

(1) cond(A,1): 计算 A 的 1– 范数下的条件数。

(2) cond(A) 或 cond(A,2): 计算 A 的 2– 范数下的条件数。

(3) cond(A,inf): 计算 A 的 ∞– 范数下的条件数。

8. 矩阵的特征值与特征向量

在 MATLAB 中, 计算矩阵 A 的特征值和特征向量的函数是 eig(A), 常用的调用格式有以下 3 种:

(1) E=eig(A): 求矩阵 A 的全部特征值, 构成向量 E。

(2) [V,D]=eig(A): 求矩阵 A 的全部特征值, 构成对角阵 D, 并求 A 的特征向量构成 V 的列向量。

(3) [V,D]=eig(A,'nobalance'): 与第 2 种格式类似, 但第 2 种格式中先对 A 作相似变换后求矩阵 A 的特征值和特征向量, 而格式 3 直接求矩阵 A 的特征值和特征向量。

例如, 用求特征值的方法解方程 $3x^5-7x^4+5x^2+2x-18=0$。

```
>>p=[3,-7,0,5,2,-18];
A=compan(p);     %A 的伴随矩阵
x1=eig(A)        % 求 A 的特征值
x2=roots(p)      % 直接求多项式 p 的零点
```

1.3.4.2 矩阵的基本运算

1. 算数运算

1) 矩阵加减运算

假定有两个矩阵 A 和 B, 则可以由 A+B 和 A–B 实现矩阵的加减运算。运算规则是: 若 A 和 B 矩阵的维数相同, 则可以执行矩阵的加减运算, A 和 B 矩阵的相应元素相加减。如果 A 与 B 的维数不相同, 则 MATLAB 将给出错误信息, 提示用户两个矩阵的维数不匹配。

2) 矩阵乘法

假定有两个矩阵 A 和 B, 若 A 为 m×n 矩阵, B 为 n×p 矩阵, 则 C=A∗B 为 m×p 矩阵。

3) 矩阵除法

在 MATLAB 中, 有两种矩阵除法运算: \ 和 /, 分别表示左除和右除。如果 A

矩阵是非奇异方阵, 则 A\B 和 B/A 运算可以实现。A\B 等效于 A 的逆左乘 B 矩阵, 也就是 inv(A)*B, 而 B/A 等效于 A 矩阵的逆右乘 B 矩阵, 也就是 B*inv(A)。

对于含有标量的运算, 两种除法运算的结果相同, 如 3/4 和 4\3 有相同的值, 都等于 0.75。又如, 设 a=[10.5,25], 则 a/5=5\a=[2.1000 5.0000]。对于矩阵来说, 左除和右除表示两种不同的除数矩阵和被除数矩阵的关系。对于矩阵运算, 一般 A\B≠B/A。

4) 矩阵的乘方

一个矩阵的乘方运算可以表示成 A^x, 要求 A 为方阵, x 为标量。

2. 点运算

在 MATLAB 中, 有一种特殊的运算, 因为其运算符是在有关算术运算符前面加点, 所以叫点运算。点运算符有 .*、./、.\ 和 .^。两矩阵进行点运算是指它们的对应元素进行相关运算, 要求两矩阵的维参数相同。

3. 关系运算

MATLAB 提供了 6 种关系运算符: < (小于)、<= (小于或等于)、> (大于)、>= (大于或等于)、== (等于)、~= (不等于)。它们的含义不难理解, 但要注意其书写方法与数学中的不等式符号不尽相同。

关系运算符的运算法则如下:

(1) 当两个比较量是标量时, 直接比较两数的大小。若关系成立, 关系表达式结果为 1, 否则为 0。

(2) 当参与比较的量是两个维数相同的矩阵时, 比较是对两矩阵相同位置的元素按标量关系运算规则逐个进行, 并给出元素比较结果。最终的关系运算的结果是一个维数与原矩阵相同的矩阵, 它的元素由 0 或 1 组成。

(3) 当参与比较的一个是标量, 而另一个是矩阵时, 则把标量与矩阵的每一个元素按标量关系运算规则逐个比较, 并给出元素比较结果。最终的关系运算的结果是一个维数与原矩阵相同的矩阵, 它的元素由 0 或 1 组成。

例如, 产生 5 阶随机方阵 A, 其元素为 [10,90] 区间的随机整数, 然后判断 A 的元素是否能被 3 整除。

(1) 生成 5 阶随机方阵 A。

```
>>A=fix((90-10+1)*rand(5)+10)
```

(2) 判断 A 的元素是否可以被 3 整除。

```
>>P=rem(A,3)==0
```

其中, rem(A,3) 是矩阵 A 的每个元素除以 3 的余数矩阵。此时, 0 被扩展为与 A 同维数的零矩阵, P 是进行等于 (==) 比较的结果矩阵。

4. 逻辑运算

MATLAB 提供了 3 种逻辑运算符: & (与)、| (或) 和 ~ (非)。

逻辑运算的运算法则如下:

(1) 在逻辑运算中, 确认非零元素为真, 用 1 表示, 零元素为假, 用 0 表示。

(2) 设参与逻辑运算的是两个标量 a 和 b。当 a、b 全为非零时, a&b 运算结果为 1, 否则为 0。当 a、b 中只要有一个非零, a|b 运算结果为 1。当 a 是零时, ∼a 运算结果为 1; 当 a 为非零时, ∼a 运算结果为 0。

(3) 若参与逻辑运算的是两个同维矩阵, 那么运算将对矩阵相同位置上的元素按标量规则逐个进行。最终运算结果是一个与原矩阵同维的矩阵, 其元素由 1 或 0 组成。

(4) 若参与逻辑运算的一个是标量, 一个是矩阵, 那么运算将在标量与矩阵中的每个元素之间按标量规则逐个进行。最终运算结果是一个与矩阵同维的矩阵, 其元素由 1 或 0 组成。

(5) 逻辑非是单目运算符, 也服从矩阵运算规则。

(6) 在算术、关系、逻辑运算中, 算术运算优先级最高, 逻辑运算优先级最低。

例如, 建立矩阵 A, 然后找出大于 4 的元素的位置。

(1) 建立矩阵 A。

```
>>A=[4,-65,-54,0,6;56,0,67,-45,0]
```

(2) 找出大于 4 的元素的位置。

```
>>find(A>4)
```

1.4 MATLAB 的编程基础

1.4.1 编程概述

MATLAB 提供了完整的编写应用程序的能力, 这种能力通过一种称为 M 语言的高级语言来实现。这种编程语言是一种解释性语言, 利用该语言编写的代码仅能被 MATLAB 接受、解释、执行。其实, 一个 M 语言文件就是由若干 MATLAB 的命令组合在一起构成的, 这些命令都是合法的 MATLAB 命令。与 C 语言类似, M 语言文件都是标准的纯文本格式的文件, 其文件的扩展名为 .m。

使用 M 文件最直接的好处就是可以将一组 MATLAB 命令组合起来, 通过一个简单的指令就可以执行这些命令。这些命令可以完成某些 MATLAB 的操作, 也可以实现某个具体的算法。其实, MATLAB 产品族中包含的工具箱就是由世界上相应专业领域内的顶尖高手利用 M 语言开发的算法函数文件的集合。读者也可以结合自己工作的需要, 为自己的 MATLAB 开发具体的算法和工具箱。

MATLAB 的函数主要有两类, 一类称为内建 (Build-in) 函数, 这类函数是由 MATLAB 的内核提供的, 能够完成基本的运算, 例如三角函数、矩阵运算函数等。另外一类函数就是利用高级语言开发的函数文件, 这里的函数文件既包括用 C 语言开发的 MEX 函数文件, 又包含 M 函数文件。

如前所述, MATLAB 的 M 语言文件是纯文本格式的文件, 利用任何一种纯文本编辑器都可以编写相应的文件, 例如 Windows 平台下的记事本、UltraEdit 等软件, 或者 UNIX 平台下的 Emacs 软件等。同样, 为了方便编辑 M 文件, MATLAB 也提供了一个编辑器, 叫作 meditor, 它也是系统默认的 M 文件编辑器。

运行 meditor 的方法非常简单, 在 MATLAB 命令行窗口中键入下面的指令就可以打开 meditor:

```
>> edit
```

这时 MATLAB 将启动 meditor, 然后创建一个未命名的空白文件, 如图 1.12 所示。

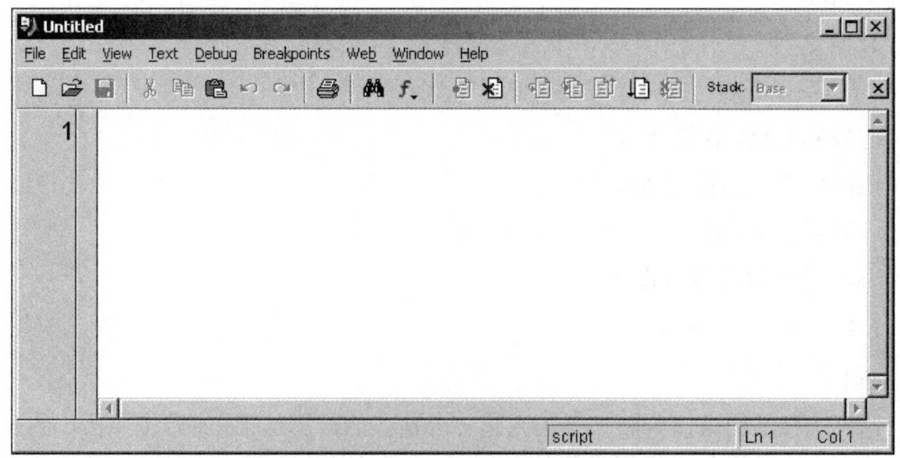

图 1.12 meditor 的运行界面

1.4.2 流程控制

1.4.2.1 选择结构

当人们判断某一条件是否满足, 根据判断的结果来选择不同的解决问题的方法时, 就需要使用选择结构。与 C 语言类似, MATLAB 的条件判断可以使用 if 语句或者 switch 语句。

1. if 语句

if 语句的基本语法结构有 3 种, 分别如下:

1) 第 1 种

```
if (关系运算表达式)
  MATLAB 语句
end
```

这种形式的选择结构表示，当关系运算表达式计算的结果为逻辑真的时候，执行 MATLAB 语句，这里的 MATLAB 语句可以是一个 MATLAB 表达式，也可以是多个 MATLAB 表达式。在 MATLAB 语句的结尾处，必须有关键字 end。

2) 第 2 种

```
if(关系运算表达式)
  MATLAB 语句 A
else
  MATLAB 语句 B
end
```

这种选择结构表示，当关系运算表达式的计算结果为逻辑真的时候，执行 MATLAB 语句 A，否则执行 MATLAB 语句 B，在语句 B 的结尾必须具有关键字 end。

3) 第 3 种

```
if (关系运算表达式 a)
  MATLAB 语句 A
else if (关系运算表达式 b)
  MATLAB 语句 B
else (关系运算表达式 c)
   ⋮
end
```

这种选择结构可以判断多条关系运算表达式的计算结果，然后按照执行的逻辑关系执行相应的语句。根据类似的 C 语言知识或者前面两种选择结构的介绍判断这种结构的执行方式。

与 C 语言类似，if-else 语句结构也可以嵌套使用，也就是可以存在这样的语句结构：

```
if(关系表达式 a)
        if(关系表达式 b) MATLAB 语句 A
        else MATLAB 语句 B
        end
else
        if(关系表达式 c) MATLAB 语句 C
        else MATLAB 语句 D
        end
end
```

注意：在使用嵌套的选择结构时，if 语句与 end 关键字应配对。

2. switch 语句

另外一种构成选择结构的关键字就是 switch。在处理实际问题的时候, 往往要处理多个分支, 这时如果使用 if-else 语句处理多分支结构往往使程序变得十分冗长, 从而降低了程序的可读性。switch 语句就可以用于处理这种多分支的选择, 它的基本语法结构如下:

```
switch(表达式)
  case 常量表达式 a: MATLAB 语句 A
  case 常量表达式 b: MATLAB 语句 B

  case 常量表达式 m: MATLAB 语句 M
  otherwise         : MATLAB 语句 N
end
```

在 switch 语句之后的表达式可以是一个数值类型表达式或者是一个数值类型的变量, 当这个表达式的值同 case 后面的某一个常量表达式相等时, 则执行该 case 后面的常量表达式后面的语句。

注意: MATLAB 的 switch 与 C 语言的 switch 语句结构不同。在 C 语言中, 每一个 case 后面的语句中必须包含类似 break 语句的流程控制语句, 否则程序会依次执行符合条件的 case 语句后面的每一个 case 分支。但是在 MATLAB 中就不必如此, 程序仅仅执行符合条件的 case 分支。若没有符合条件的 case 分支, 则 switch 执行 otherwise 后面的语句。若 switch 语句结构中没有定义 otherwise 及其相应的代码, 则程序不会进行任何操作, 而是直接退出 switch 语句。

1.4.2.2 循环结构

在解决很多问题的时候需要使用循环结构, 例如求解数列的和或者用某种迭代法求解数值方程时, 都需要循环结构配合以完成计算。

在 MATLAB 中, 包含两种循环结构, 一种是循环次数不确定的 while 循环, 另一种是循环次数确定的 for 循环。

1. while 语句

while 语句可以用来实现 "当" 型的循环结构, 它的一般形式如下:

```
while(表达式)
  MATLAB 语句
end
```

当表达式为真时, 循环将执行由 MATLAB 语句构成的循环体, 其特点是先判断循环条件, 如果循环条件成立, 即表达式运算结果为 "真", 再执行循环体。循环体执行的语句可以是一句也可以是多句, 在 MATLAB 语句之后必须使用关键字 end 作为整个循环结构的结束。另外, 在循环过程中一定要能够改变关系表达式或者布尔类型变量的值, 或者使用其他方法来跳出循环, 否则会陷入死循环 (无法正常退出的循环叫作死循环)。

例 1.1 使用 while 语句求解 $\sum_{n=1}^{100} n$。

MATLAB 程序代码如下:

```
>> i=1;
   sum=0;
   while ( i<=100 )
      sum=sum+i;
      i=i+1;
   end
   str=['计算结果为: ',num2str(sum)];
   disp(str)
```

例 1.1 的运行结果如下:

>> 计算结果为: 5050

例 1.1 使用了 while 循环结构, 在循环结构中进行了累加的操作。需要注意的是, 在 MATLAB 中没有类似 C 语言的 ++ 或者 += 等运算操作符, 因此在进行诸如累加或者递减的运算时, 不得不给出完整的表达式。另外, 例 1.1 求数列和的算法的运算效率很低, 在 MATLAB 中不要使用这样的结构完成类似的运算, 而要采用向量化的计算。

注意: while 循环结构的关系表达式可以是某个数据变量或者常量, 这时, 将按照非零值为逻辑真进行相应的操作。另外, 在进行上述操作时, 若数据变量为空矩阵, 则 while 语句将空矩阵作为逻辑假处理, 也就是说, 在 while A MATLAB 语句 S1 end 结构中, 若 A 为空矩阵, 则 MATLAB 语句 S1 永远不会执行。

2. for 语句

使用 for 语句构成循环是最灵活、简便的方法, 不过, 使用 for 语句循环需要预先知道循环体执行的次数, 所以这种循环一般叫作确定循环。在 MATLAB 中 for 循环的基本结构如下:

```
for index=start:increment:end
   MATLAB 语句
end
```

其中, index 的取值取决于 start 和 end 的值, 通常使用等差的数列向量, 参见例 1.2。

例 1.2 使用 for 语句求解 $\sum_{n=1}^{100} n$。

MATLAB 程序代码如下:

```
>> sum=0;
   for i=1:100
        sum=sum+i;
   end
   str=['计算结果为: ',num2str(sum)];
   disp(str)
```

例 1.2 运行的结果如下:

>> 计算结果为: 5050。

在例 1.2 中, 使用了确定次数的 for 循环结构, 循环次数使用行向量进行控制, 而且索引值 i 按照默认的数值 1 进行递增。

在 for 循环语句中, 不仅可以使用行向量进行循环迭代的处理, 也可以使用矩阵作为循环次数的控制变量, 这时循环的索引值将直接使用矩阵的每一列, 循环的次数为矩阵的列数, 参见例 1.3。

例 1.3 for 循环示例。

MATLAB 程序代码如下:

```
>> A=rand(3,4);
   for i=A
        sum=mean(i)
   end
```

例 1.3 运行的结果如下:

```
>> sum=
     0.7476
   sum=
     0.4931
   sum=
     0.8025
   sum=
     0.6063
```

例 1.3 尽管只有短短的几行, 但是使用了一个矩阵作为循环的索引值, 于是, 循环结果就分别计算矩阵的每一列元素的均值。

与其他高级语言类似, MATLAB 的循环结构也可以进行嵌套使用, 使用嵌套的循环需要注意 for 关键字和 end 关键字之间的配对, 可根据高级语言的一般特性来推断其运行的方式。

3. break 语句和 continue 语句

在循环结构中还有两条语句会影响程序的流程, 这就是 break 语句和 continue 语句, 这两条语句的基本功能如下:

(1) 当 break 语句使用在循环体中的时候, 其作用是能够在执行循环体的时候强迫终止循环, 即控制程序的流程, 使其提前退出循环, 它的使用方法是

break;

(2) continue 语句出现在循环体中的时候, 其作用是能够中断本次的循环体运行, 将程序的流程跳转到判断循环条件的语句处, 继续下一次的循环, 它的使用方法是

continue;

例 1.4 break 语句示例。

MATLAB 程序代码如下:

```
>> i=0;
  j=0;
  k=0;
  for i=1:2
        for j=1:2
              for k=1:2
                    if(k==2)
                          disp('退出循环');
                          break;
                    end
                          str=sprintf('I=%d, J=%d, K=%d',i,j,k);
                    disp(str);
              end
        end
  end
  disp('程序运行结束');
```

例 1.4 的运行结果如下:

```
>>I=1, J=1, K=1
  退出循环
  I=1, J=2, K=1
  退出循环
  I=2, J=1, K=1
  退出循环
  I=2, J=2, K=1
```

退出循环

程序运行结束

break 语句的作用是退出当前的循环结构运行, 所以在例 1.4 中, 位于最内层循环的 break 语句执行的结果只是退出了最内层的循环 k, 而位于外层的循环 i 和 j 仍然运行。

例 1.5 continue 语句示例。

MATLAB 程序代码如下:

```
>> i=0;
   for i=1:6
        if(i>3)
             continue
        else
             str=sprintf('I=%d',i);
             disp(str);
        end
   end
   str=sprintf('循环结束 I=%d',i);
   disp(str);
```

例 1.5 的运行结果如下:

```
>>I=1
I=2
I=3
循环结束 I=6
```

continue 语句的作用在例 1.5 中得到了充分说明, 该语句终止当前的循环, 然后继续下一次循环运算, 直到所有的循环迭代运算结束为止。

1.4.3 脚本文件

脚本文件是最简单的一种 M 语言文件。所谓脚本文件, 就是由一系列的 MATLAB 指令和命令组成的纯文本格式的 M 文件。执行脚本文件时, 文件中的指令或者命令按照出现在脚本文件中的顺序依次执行。脚本文件没有输入参数, 也没有输出参数, 执行起来就像早期的 DOS 操作系统的批处理文件一样, 而脚本文件处理的数据或者变量必须在 MATLAB 的公共工作空间中。

例 1.6 脚本文件示例。

MATLAB 程序代码如下:

```
>>    % 注释行
  % M 脚本文件示例
  % "flower petal"
  % 以下为代码行
  % 计算
  theta=-pi:0.01:pi;
  rho(1,:)=2*sin(5*theta).^2;
  rho(2,:)=cos(10*theta).^3;
  rho(3,:)=sin(theta).^2;
  rho(4,:)=5*cos(3.5*theta).^3;
  for k=1:4
          % 图形输出
          subplot(2,2,k)
          polar(theta,rho(k,:))
  end
  disp('程序运行结束!')
```

在 MATLAB 命令行中运行该脚本文件, 如果如图 1.13 及以下语句所示:

\>> 程序运行结束!

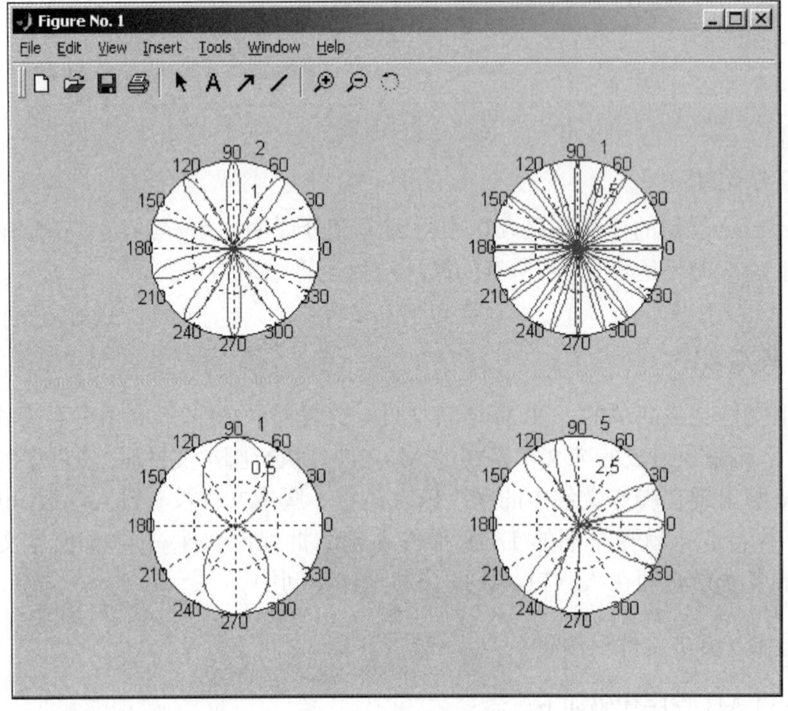

图 1.13 例 1.6 脚本文件的运行结果

仔细察看例 1.6 的脚本文件, 在脚本文件中, 主要由注释行和代码行组成。M 文件的注释行需要使用定义符 %, 在 % 之后的所有文本都认为是注释文本, 不过, M 文件的注释定义符仅能影响一行代码, 类似于 C++ 语言中的 “//”。然而在 M 语言中, 没有类似 C 语言的注释定义符 “/*” 和 “*/”, 所以无法一次定义多行注释。给程序添加适当的注释是良好的编程习惯, 希望读者能够在日常编程中多多使用。

脚本文件中的代码行都是一些简单的 MATLAB 指令或者命令, 这些命令可以用来完成相应的计算处理数据、绘制图形结果的操作, 也可以在脚本文件中调用其他的函数完成复杂的数学运算, 如在例 1.6 中就完成了这些工作。另外, 在 MATLAB 中还有一些指令用来处理程序和用户之间的交互, 在表 1.4 中进行了总结。

表 1.4 脚本文件中常用的 MATLAB 指令

指令	说明
pause	暂停当前 M 文件的运行, 按任意键继续
input	等待用户输入
keyboard	暂停当前 M 文件的运行, 并将程序控制权交还给 MATLAB 命令行, 这时可以正常使用命令行, 直到键入 “return” 并按 Enter 键后, M 文件才继续运行
return	返回当前的函数或命令行

MATLAB 一般使用脚本文件作为某种批处理文件, 其中, 有两个批处理文件经常被 MATLAB 自动调用, 分别为 startup.m 和 finish.m。

startup.m 文件在 MATLAB 启动时自动执行, 用户可以自己创建并编写该文件, 例如在文件中添加物理常量的定义、系统变量的设置或者 MATLAB 搜索路径的设置。当用户安装 MATLAB 之后, 在 <MATLABROOT> \toolbox\local 路径下有一个 M 文件, 名为 Starupsav.m, 该文件可以看作 startup.m 文件的模板, 可以修改该文件, 然后将其以文件名 startup.m 的形式保存在 <MATLABROOT> \toolbox\local 路径下。

与 startup.m 文件相对应的是 finish.m 文件, 该文件在 MATLAB 退出时自动执行, 用户可以自己创建并编写该文件, 例如在文件中添加保存数据等指令, 这样可以将每次退出前的工作结果进行保留。同样, 在 <MATLABROOT> \toolbox\local 路径下有两个文件, 分别为 finishsav.m 和 finishdlg.m, 这两个文件可以用来作为 finish.m 文件的模板, 具体介绍请读者自己查看相应的文件以及帮助文档。

1.4.4 函数文件

1.4.4.1 基本结构

M 函数文件和脚本文件不同, 函数文件不仅有自己特殊的文件格式, 不同的函数还分别具有自己的工作空间。同其他高级语言类似, M 函数文件也有局部变量和全局变量。读者首先需要了解的是函数文件的基本结构, 参见例 1.7。

例 1.7 函数文件示例 —— average.m。

MATLAB 程序代码如下:

```
1  function y=average(x)
2  % AVERAGE 求向量元素的均值
3  % 语法:
4  % Y=average(X)
5  % 其中, X 是向量, Y 为计算得到向量元素的均值
6  % 若输入参数为非向量则出错
7
8  % 代码行
9  [m,n]=size(x);
10   % 判断输入参数是否为向量
11   if (~((m==1) | (n==1)) | (m==1 & n==1))
12     % 若输入参数不是向量, 则出错
13     error('Input must be a vector')
14   end
15   % 计算向量元素的均值
16   y=sum(x)/length(x);
```

在 MATLAB 命令行中, 键入下面的指令运行例 1.7 的代码:

```
>> z=1:99;
y=average(z)
```

```
y=

        50
```

M 语言函数文件具有以下不同部分:

(1) 函数定义行。

(2) 在线帮助。

(3) 注释行。

(4) M 语言代码。

下面结合例 1.7 分别说明这些部分的构成。

函数定义行, 例 1.7 的函数定义行为代码的第 1 行:

function y=average(x)

这一行代码中包括关键字 function、函数输出参数 y、函数的名称 average 和函数的输入参数 x。需要读者注意的是函数的名称, 函数的名称定义要求必须以字符开头, 后面可以用字符、数字和下划线的组合构成函数名称。MATLAB 对函

数名称的长度有限定, 读者可以在自己的 MATLAB 中, 通过执行 namelengthmax 函数获取相应的数值。假设该函数返回的数值为 N, 若函数的名称长度超过了 N, 则 MATLAB 使用函数名称的前 N 个字符作为函数名称。

一般推荐将函数名称用小写的英文字符表示, 同时函数的 M 文件名称最好与函数名称保持一致, 若文件名称与函数名称不一致, 则调用函数的时候需要使用文件名称而非函数名称。

M 函数文件的在线帮助为紧随在函数定义行的注释行。在例 1.7 中, average 函数的在线帮助为 2 ~ 6 行的注释行。若在 MATLAB 命令行中键入下面的指令:

```
>> help average
```

在 MATLAB 的命令行窗口中就会出现:

AVERAGE 求向量元素的均值

语法:

Y=average(X)

其中, X 是向量, Y 为计算得到向量元素的均值

若输入参数为非向量则出错

其中, 在线帮助中比较重要而且特殊的是其第一行, 在 MATLAB 中将这行注释称为 H1 帮助行。若使用 lookfor 函数查询函数时, 仅查询并显示函数的 H1 帮助行。例如, 在 MATLAB 命令行中键入下面的指令:

```
>> lookfor average
```

在 MATLAB 的命令行窗口中就会出现:

AVERAGE 求向量元素的均值

MEAN　Average or mean value.

⋮

由于 H1 帮助行的特殊作用, 所以在用户自己定义 M 函数文件时, 一定要编写相应的 H1 帮助行, 对函数进行简明、扼要的说明或者解释。

例 1.7 的 8、10、12、15 行代码分别是程序具体的注释行, 这些注释行不会显示在在线帮助中, 主要原因就是这些注释行没有紧随在 H1 帮助行的后面, 其中第 8 行的注释与在线帮助之间有一个空行。其实从第 8 行开始一直到文件的结尾都是 M 函数文件的代码行, 这些代码行需要完成具体的算法, 实现用户的具体功能。代码行就是用户开发的算法 M 语言的实现。

1.4.4.2　输入、输出参数

M 语言函数文件的输入、输出参数和其他高级语言的输入、输出参数不同, 在定义这些输入、输出参数的时候不需要指出变量的类型, 因为 MATLAB 默认这些

参数都使用双精度类型, 这样可以简化程序的编写。而且在定义参数时, 也没有确定输入参数的维数或者尺寸, 也就是说, 直接从参数上无法判断输入的是标量、向量还是矩阵, 只有通过程序内部的具体代码来加以判断。

M 语言的函数文件不仅可以有一个输入参数和一个返回值, 还可以为 M 语言函数文件定义多个输入参数和多个输出参数, 见例 1.8。

例 1.8 多个输入、输出参数的 M 函数。

MATLAB 程序代码如下:

```
function [avg, stdev, r]=ourstats(x,tol)
% OURSTATS 多输入输出参数示例
% 该函数计算处理矩阵, 得到相应的均值、
% 标准差和矩阵的秩
[m,n]=size(x);
if m==1
    m=n;
end
% Average
avg=sum(x)/m;
% Sandad deviation
stdev=sqrt(sum(x.^2)/m - avg.^2);
% Rank
s=svd(x);
r=sum(s > tol);
```

运行例 1.8, 在 MATLAB 命令行窗口中键入下面的指令:

```
>> A=[ 1 2 3; 4 5 6]
```

```
A=
    1     2     3
    4     5     6
>> [a,s,r]=ourstats(A,0.1)
a=
   2.5000    3.5000    4.5000
s=
   1.5000    1.5000    1.5000
r=
    2
```

```
>> ourstats(A,0.1)
```

```
ans=
   2.5000      3.5000      4.5000
```

```
>> [a,s]=ourstats(A,0.1)
```

```
a=
   2.5000      3.5000      4.5000
s=
   1.5000      1.5000      1.5000
```

例 1.8 的 M 代码具有两个输入参数、3 个输出参数, 所以在使用该函数的时候, 需要将必要的输入、输出参数写明。注意调用该函数时的语法, 将输出参数依次写在一个向量中, 若输出参数的个数与函数定义的输出参数个数不一致, 则在例 1.8 中将计算得到的前几个输出参数作为返回值, 个数等于用户指定的输出参数个数。计算的结果依次赋值给不同的变量。

在使用多个输入、输出参数的时候, 往往需要判断用户写明的输入、输出参数的个数, 若个数与函数定义不符合, 将给出错误或者警告信息, 这时需要使用函数 nargin 和 nargout 来获取函数的输入、输出参数个数, 见例 1.9。

例 1.9 nargin 和 nargout 示例。

MATLAB 程序代码如下:

```
function c=testarg(a,b)
%TESTARG 检测输入输出参数个数
% 该函数根据不同的输入输出参数个
% 数进行相应的操作
if (nargout~=1)
      disp('使用该函数必须指定一个输出参数!');
      return
end
switch nargin
    case 0
          disp('使用该函数至少需要一个输入参数!');
          c=[];
          return
    case 1
          c=a.^2;
    case 2
```

```
        c=a+b;
end
```

运行例 1.9, 在 MATLAB 命令行窗口中键入下面的指令:

```
>> A=[1 2 3];
B=[ 2 3 5];
testarg(A,B)
```

使用该函数必须指定一个输出参数!

```
>> C=testarg
```

使用该函数至少需要一个输入参数!

C=

    [ ]

```
>> C=testarg(A)
```

C=

    1   4   9

```
>> C=testarg(A,B)
```

C=

    3   5   8

```
>> C=testarg(A,B,C)
```

??? Error using==>testarg

Too many input arguments.

运行例 1.9 的代码时, 使用不同的输入、输出参数, 函数本身和 MATLAB 系统将自动检测参数的个数, 在最后一次调用时, 由于使用的输入参数个数超过了函数定义的个数, MATLAB 给出了错误信息。

MATLAB 的 M 函数文件还可以具有个数不确定的输入、输出参数, 也就是说, 在定义 M 函数文件的时候, 不指明输入、输出参数的个数, 而是在程序中通过编写程序完成具体参数的确定, 该功能主要依靠 varargin 和 varargout 函数实现。

当函数的定义具有以下形式的时候:

function y=function_name(varargin)

函数 function_name 可以接受任意个数的输入参数; 而当函数具有下面的形式时:

function varargout=function_name(n)

函数 function_name 可以输出任意个数的输出参数。

可以将 varargin 函数和 varargout 函数结合在同一个 M 函数文件中使用。

1.4.4.3 子函数和私有函数

同一个 M 函数文件中可以包含多个函数。如果在同一个 M 函数文件中包含了多个函数, 那么将出现在文件中的第一个 M 函数称为主函数 (primary function), 其余的函数称为子函数 (subfunction)。M 函数文件的名称一般与主函数的名称保持一致, 其他函数都必须按照函数的基本结构来书写, 每一个函数的开始都是函数定义行, 函数的结尾是另一个函数的定义行的开始或者整个 M 文件的结尾 (最后一个子函数的结尾就是文件结束符)。不过, 子函数不像主函数, 一般子函数没有在线帮助, 子函数的作用范围有限, 它只能被那些在定义子函数的 M 文件中定义的函数 (包括主函数和其他子函数) 调用, 不能被其他 M 文件定义的函数调用。

例 1.10 子函数应用例子。

MATLAB 程序代码如下:

```
function [avg,med]=newstats(u)          % 主函数
% NEWSTATS 计算均值和中间值
n=length(u);
avg=mean(u,n);                          % 调用子函数
med=median(u,n);                        % 调用子函数

function a=mean(v,n)                    % 子函数
% 计算平均值
a=sum(v)/n;

function m=median(v,n)                  % 子函数
% 计算中间值
w=sort(v);
if rem(n,2)==1
     m=w((n+1)/2);
else
     m=(w(n/2)+w(n/2+1))/2;
end
```

运行例 1.10, 在 MATALB 命令行窗口中键入下面的指令:

```
>> x=1:11;
[mean,mid]=newstats(x)
```

mean=

6

mid=

6

在 MATLAB 中有一类函数被称为私有函数, 这类函数放置在名称为 private 的子目录中。每一个函数文件都是标准的 M 语言函数文件, 没有特殊的关键字。但是, 这些函数仅能被那些位于 private 子目录的上一层目录中的函数调用。例如, 假设在 MATLAB 的搜索路径中包含路径 \ProjectA , 那么所有位于 \ProjectA\private 路径下的函数只能在其上一层路径 \ProjectA 中的函数文件中调用。由于私有函数作用范围的特殊性, 不同父路径下的私有函数可以使用相同的函数名。由于 MATLAB 搜索函数时优先搜索私有函数, 如果同时存在私有函数名 func1.m 和非私有函数名 func1.m, 则私有函数 func1.m 优先执行。

创建私有函数的方法非常简单, 只要将那些需要设置为私有的函数都复制到一个 private 子目录中, 则这些函数就能被那些位于父层目录中的 M 函数调用了。

表 1.5 总结了子函数和私有函数的区别。

表 1.5 子函数和私有函数比较

函数类型	子函数	私有函数
作用范围	同一个 M 函数文件内	在上层路径中的函数文件内
结构	保存在同一个 M 语言函数文件中, M 语言文件可以不包含任何子函数	保存在子目录 private 下

例 1.11 私有函数的例子。

创建一个新的函数文件, 代码如下:

```
function x=pmean(v,n)
%MEAN 私有函数例子
% 将该函数文件保存在 private 子目录中,
% 则该函数仅能在上层目录的函数文件
% 中调用
disp('私有函数 mean');
x=sum(v)/n;
```

接着, 修改 newstats 函数, 并将其另存为 newstats1.m。

```
function [avg,med]=newstats1(u)     % 主函数
% NEWSTATS 计算均值和中间值
n=length(u);
avg=mean(u,n);                      % 调用子函数
avg1=pmean(u,n)                     % 调用私有函数
```

```
med=median(u,n);                    % 调用子函数

function a=mean(v,n)                % 子函数
% 计算平均值
disp('子函数 mean');
    a=sum(v)/n;
...
```

然后在 MATLAB 命令行中, 执行 newstats1.m 函数:

```
>> newstats1(1:10);
```

子函数 mean

avg=

        5.5000

私有函数 mean

avg1=

        5.5000

1.4.4.4 局部变量和全局变量

同 C 语言类似, 在 M 语言函数中也存在局部变量和全局变量。所谓局部变量, 就是那些在 M 函数内部声明并使用的变量。这些变量仅能在函数调用执行期间被使用, 一旦函数结束运行, 则这些变量占用的内存空间将自动释放, 变量的数值也就不存在了。这是由于 MATLAB 的解释器在解释执行函数的时候, 为不同的函数创建不同的工作空间, 函数彼此的工作空间相互独立, 一旦函数执行完毕, 则函数的工作空间就不存在了。

在本章前面的例子中, 每个例子的函数内部声明使用的变量都是局部变量, 所以函数执行完毕后, MATLAB 的基本工作空间中就没有这些变量存在了, 参见例 1.12。

例 1.12 局部变量的例子。

MATLAB 程序代码如下:

```
function local
%LOCAL 察看局部变量的例子
x=rand(2,2);
y=zeros(2,2);
z='函数中的变量';
u={x,y,z};
```

```
disp(z)
whos
```

运行例 1.12, 在 MATLAB 命令行窗口中键入下面的指令:

```
>> local
```

函数中的变量

Name	Size	Bytes	Class
u	1×3	256	cell array
x	2×2	32	double array
y	2×2	32	double array
z	1×6	12	char array

Grand total is 31 elements using 332 bytes

\>> whos

通过运行 local 函数可以看到, 所有在函数中创建的变量在函数运行结束后就不存在了。也就是说, 局部变量的生存周期仅在函数的活动期间内。

与局部变量相对应的就是全局变量。MATLAB 将全局变量保存在特殊的工作空间进行统一维护、管理, 而将变量声明为全局变量的方法就是在使用变量前用关键字 global 声明, 例如声明全局变量 gXY:

\>> global gXY

\>> whos

Name	Size	Bytes	Class
gXY	0×0	0	double array (global)

Grand total is 0 elements using 0 bytes

需要强调一点, MATLAB 管理、维护全局变量和局部变量使用了不同的工作空间, 所以使用 global 关键字创建全局变量的时候有 3 种情况:

(1) 若声明为全局的变量在当前的工作空间和全局工作空间都不存在, 则创建一个新的变量, 然后为这个变量赋值为空数组, 该变量同时存在于局部工作空间和全局工作空间。

(2) 若声明为全局的变量已经存在于全局工作空间中, 则不会在全局工作空间创建新的变量, 其数值同时赋值给局部工作空间中的变量。

(3) 若声明为全局的变量存在于局部工作空间中, 而全局工作空间不存在, 则系统会给出一条警告信息, 同时将局部的变量 “挪” 到全局工作空间中。

例 1.13 全局变量的例子。

在 MATLAB 命令行窗口中键入下面的指令:

```
>> % 创建全局变量并赋值
>> global myx
```

```
>> myx=10;
>> % 变量的信息
>> whos
```

```
  Name      Size                    Bytes    Class
  myx       1×1                     8        double array (global)
Grand total is 1 element using 8 bytes
```

```
>> % 清除变量
>> clear myx
>> % 查看信息
>> whos
>> whos global
```

```
  Name      Size                    Bytes    Class
  myx       1×1                     8        double array (global)
Grand total is 1 element using 8 bytes
```

```
>> % 在局部工作空间再次创建变量
>> myx=23
```

```
myx=
         23
```

```
>> % 变量的信息
>> whos
```

```
  Name      Size                    Bytes    Class
  myx       1×1                     8        double array
Grand total is 1 element using 8 bytes
```

```
>> % 将其修改为全局变量 (注意警告信息)
>> global myx
```

```
  Warning: The value of local variables may have been changed to match the
           globals. Future versions of MATLAB will require that you declare
           a variable to be global before you use that variable.
```

```
>> % 看看变量的数值
>> myx
```

```
myx=
    10
```

```
>> % 清除当前的工作空间
```

```
>> clear
>> whos global
```

```
Name    Size         Bytes    Class
myx     1×1          8        double array (global)
Grand total is 1 element using 8 bytes
```

```
>> % 清除所有的内存空间
>> clear all
>> whos global
```

使用全局变量时, 需要小心留意, 因为全局变量可以在任何的函数中进行读写, 这样, 在比较复杂的程序中查找全局变量错误时就非常麻烦。

在 MATLAB 中还有一类变量被声明为 persistent, 本书将其称之为保留变量, 这类变量类似于 C 语言函数中被声明为 static 类型的变量。这类变量在函数退出的时候不被释放, 当函数再一次被调用的时候, 这些变量保留上次函数退出时的数值。被声明为 persistent 的变量具有以下特征:

(1) 变量仅能在声明变量的函数内使用, 其他函数不能直接使用这些变量。

(2) 函数执行退出后, MATLAB 不清除这些变量占用的内存。

(3) 当函数被清除或者重新编辑后, 保留的变量被清除。

1.4.5 M 文件调试

M 语言文件的编辑器 —— meditor 不仅仅是一个文件编辑器, 同时还是一个可视化的调试开发环境。在 M 文件编辑器中可以对 M 脚本文件、函数文件进行调试, 以排查程序的错误。M 文件的调试不仅可以在文件编辑器中进行, 而且还可以在命令行中结合具体的命令进行, 但是过程相对麻烦一些, 所以本小节将重点讲述在 M 文件编辑器中进行可视化调试的过程。

一般来说, 应用程序的错误有两类, 一类是语法错误, 另外一类是运行时的错误。其中, 语法错误包括了词法或者文法的错误, 例如函数名称的拼写错误等。而运行时的错误是指那些程序运行过程中得到的结果不是用户需要的情况。但是, 由于 M 文件是一种解释型语言, 语法错误和运行时的错误都只有在运行过程中才能发现, 所以程序的调试往往是在程序无法得到正确结果时进行程序修正的唯一手段。

为了能够有效地处理各种情况, M 语言的断点类型除了类似 C 语言的用户定义的断点外, 还有几种自动断点, 分别为:

(1) Stop if Error。

(2) Stop if Warning。

(3) Stop if NaN or Inf。

(4) Stop if All Errors。

如图 1.14 所示，这些自动断点可以在程序中设置，当程序运行过程中发生了错误或者警告，则程序运行中断，进入调试状态。

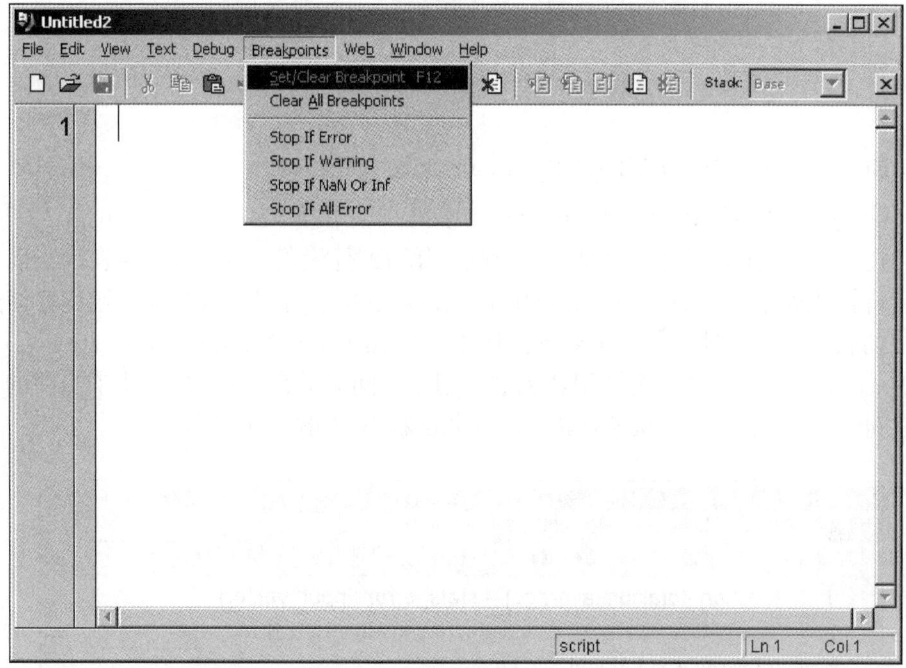

图 **1.14** M 文件编辑器的断点 (Breakpoints) 菜单

例 1.14 M 文件调试代码 —— stats_error.m。

MATLAB 程序代码如下:

```
function [totalsum,average]=stats_error (input_vector)
% STATS_ERROR - Calculates cumulative total & average
totalsum=sum(input_vector);
average=ourmean(input_vector);

function y=ourmean (x)
% OURMEAN - Calculates average
[m,n]=size(x);
if m==1
    m=n;
    end
y=sum(input_vector)/m;
```

首先在 MATLAB 环境中启动 M 文件编辑器，然后选择 M 文件编辑器

中 “Breakpoints” 菜单下的 “Stop if Error” 命令。注意, 这时不一定需要将 stats_error.m 文件在文件编辑器中打开。

然后, 在 MATLAB 命令行窗口中键入下面的指令:

```
>> [sum avg]=stats_error(rand(1,50))
```

??? Undefined function or variable 'input_vector'.

Error in==>D:\TEMP\ch4\stats_error.m (ourmean)

On line 12==>y=sum(input_vector)/m;

在 M 文件编辑器中, 如图 1.15 所示, 第 12 行代码前有个箭头, 表示当前程序运行在此处中断。通过用户界面中的 Stack 下拉框可以察看当前应用程序使用堆栈的状态, 如本例子中 Stack 下拉框中包含如下的内容: ourmean、stats_error 和 Base, 由下至上, 分别为调用者和被调用者之间的关系, 同时也显示了当前的工作空间。另外, 部分按钮从编辑状态进入调试状态, 如图 1.16 所示。

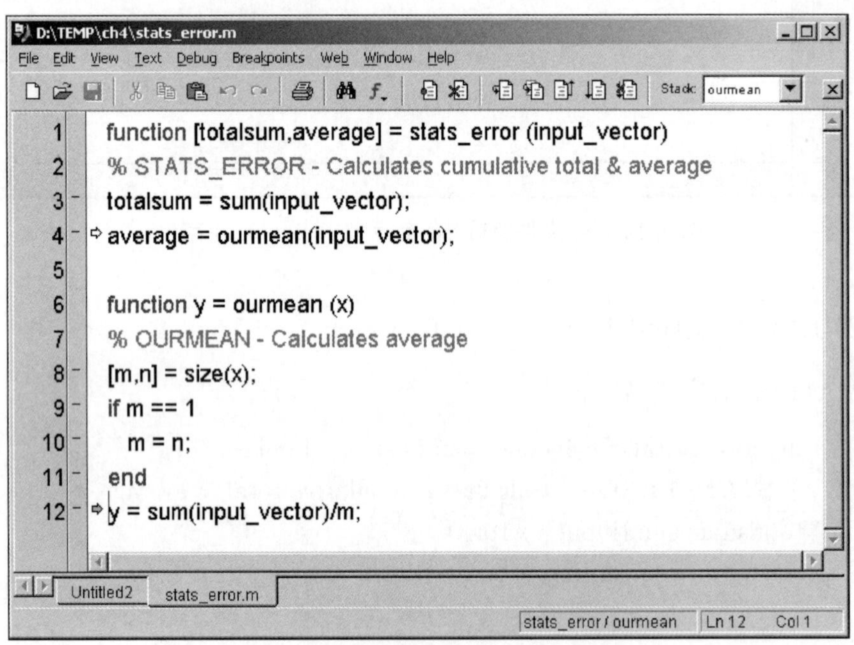

图 1.15 处于调试状态的 M 文件编辑器

图 1.16 调试程序的按钮

这些按钮分别执行增加断点、清除断点、单步执行等调试程序的功能。将鼠标光标移动到按钮处并保持几秒钟, MATLAB 的文件编辑器能够给出相应的提示。

此时, MATLAB 命令行窗口也处于调试状态, 在这种状态下命令行提示符为 "K>>", 在该命令行提示符后可以任意键入 MATLAB 指令, 进行运算和处理, 不过需要注意, 此时的工作空间是函数正在应用的空间, 若在命令行窗口中键入的指令影响了工作空间中的变量, 则可以直接影响程序运行的结果。

例如, 在当前的提示符 "K>>" 键入下面的指令:

```
K>> whos
```

Name	Size	Bytes	Class
m	1×1	8	double array
n	1×1	8	double array
x	1×50	400	double array

Grand total is 52 elements using 416 bytes

可以看到, 当前的工作空间下没有变量名 input_vector, 这也是该程序执行出错的原因, 将程序中第 12 行的 input_vector 修改成为 x 就能得到正确的答案了。

MATLAB 可视化程序调试功能相对于 Visual C++ 的可视化调试功能弱了一些, 但是, 在调试程序的过程中通过 MATLAB 命令行窗口的配合, 充分利用 MATLAB 命令行窗口的 "演算纸" 功能, 能够非常方便地调试 M 语言应用程序。

另外, MATLAB 也提供了一些指令用于进行 M 文件的调试, 表 1.6 对这些命令进行了总结。

表 1.6　应用与调试 M 文件的指令

指令	说明
dbclear	清除已经设置好的断点
dbcount	继续执行, 等同于工具栏中的 按钮
dbdow/dbup	修改当前工作空间的上、下文关系
dbquit	退出调试状态
dbstack	显示当前堆栈的状态
dbstatus	显示所有的已经设置好的断点
dbstep	执行应用程序的一行或者多行代码
dbstop	设置断点
dbtype	显示 M 文件代码和相应的行号

表 1.6 中指令的具体使用方法请读者查阅在线帮助或者 MATLAB 的帮助文档, 在本书中就不再赘述了。其中, 比较常用的指令是 dbquit, 在可视化调试过程中, 往往会出现没有退出调试状态就关闭了 M 文件编辑器的情况, 这时可以在 "K>>" 提示符下键入该指令退出调试状态。另外, 在 startup.m 文件中利用 dbstop 指令预先设置自动断点有效, 这样就不必每次在调试应用程序前设置自动断点了。

1.5 MATLAB 绘图及实用技巧

1.5.1 绘图

1.5.1.1 MATLAB 图形绘制基础

1. MATLAB 图形绘制的基本步骤

在 MATLAB 中, 一般按照下述几个步骤绘制图形。

1) 准备需绘制的数据或函数

常用的典型指令如下:

```
x=0:0.1:10;
y1=bessel(1,x);
y2=bessel(2,x);
y3=bessel(3,x);
```

2) 选择图形输出的窗口及位置

常用的典型指令如下:

```
figure(1)
subplot(m,n,k)
```

3) 调用基本的绘图函数

常用的典型指令如下:

```
plot(x,y1,x,y2,x,y3)
plot3(x,y,z,'r :')
```

4) 设置坐标轴的范围、标记号和网格线

常用的典型指令如下:

```
axis([0,10,-3,3])
axis([x1,x2,y1,y2,z1,z2])
grid on
```

5) 用名称、图例、坐标名、文本等对图形进行注释

常用的典型指令如下:

```
xlabel('x')
ylabel('y')
title('图 1')
text(1,1,'y=f(x)')
```

6) 打印输出图形

常用的典型指令如下:

```
print–dps2
```

2. MATLAB 基本绘图命令

MATLAB 提供了大量的指令用于将矢量数据以曲线图形的方式进行显示, 对这些曲线图形添加注释并打印。

1) plot 指令的常用调用格式

plot(y,'s')

plot(x,y,'s')

plot(x1,y1,'s1',x2,y2,'s2')

h=plot(···)

其中, 参数 s 是用来指定线型、色彩、数据点型的选项字符串。当其省略时, 图形中的线型、色彩等将由 MATLAB 的默认设置确定。

2) plot3 指令的常用调用格式

plot3(x,y,z,'s')

plot3(x1,y1,z1,'s1',x2,y2,z2,'s2',···)

h=plot3(···)

3) loglog、semilogx、semilogy 函数的常用调用格式

这 3 个指令的调用格式和 plot 指令的格式形同, 只不过显示的坐标轴比例不同。

4) plotyy 指令的常用调用格式

plotyy(x1,y1,x2,y2)

plotyy(x1,y1,x2,y2,'f')

plotyy(x1,y1,x2,y2,'f1','f2')

指令中出现的参数 f、f1、f2 代表绘制数据的方式, 可选择 plot、semilogx、semilogy、loglog 等不同的形式。

1.5.1.2 二维图形的绘制

1. 二维图形的创建及曲线颜色、线型、数据点型设置

这里通过一个简单的例子引入图形创建过程。

例 1.15 绘制正弦函数 y=sin(x) 的曲线。

MATLAB 程序代码如下:

```
x=0:0.01:10;        % 定义采样向量, 采样点步长为 0.01, 共计 101 个
y=sin(x);
plot(x,y)           % 在二维坐标轴中按线性比例绘制二维图形
```

运行后结果如图 1.17 所示。

有时为了便于观察, 可以在图形上加上网格, 此时只需在上例程序后加上 grid

on 即可。代码如下:

```
x=0:0.01:10;
y=sin(x);
plot(x,y)
grid on
```

运行后结果如图 1.18 所示。

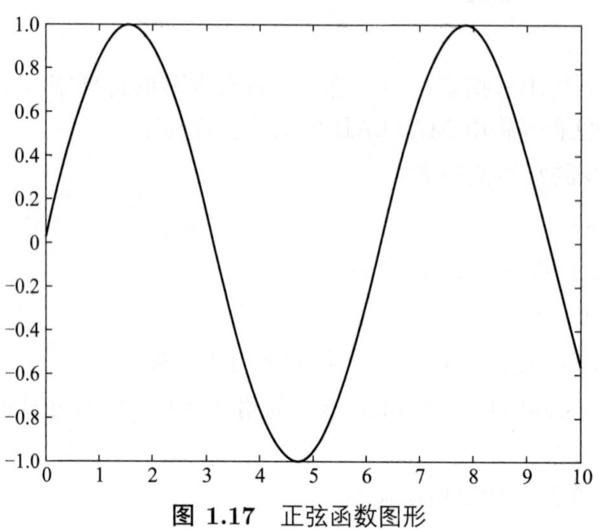

图 1.17 正弦函数图形

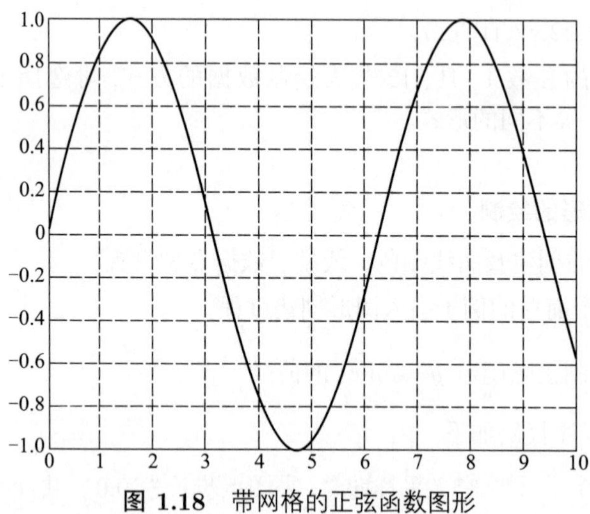

图 1.18 带网格的正弦函数图形

例 1.16 在一个图形窗口中绘制多条函数曲线。

MATLAB 程序代码如下:

```
x=0:0.01:10;
y1=sin(x);
y2=x.*sin(x);            %y2=xsinx
y3=exp(2*cos(x));        %y3=e^(2cos(x))
plot(x,y1,x,y2,x,y3)
```

运行后结果如图 1.19 所示。

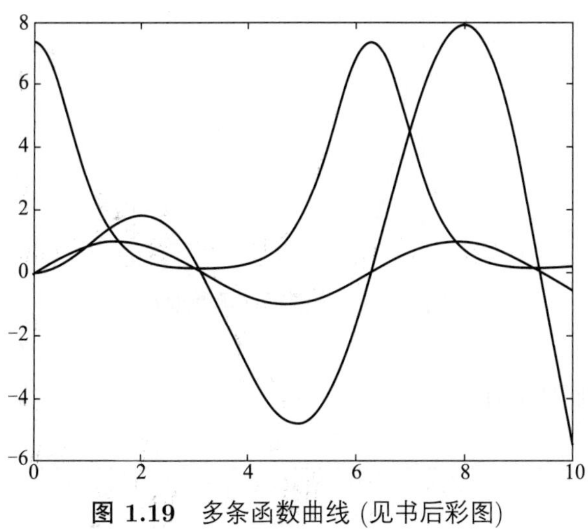

图 1.19 多条函数曲线 (见书后彩图)

MATLAB 虽然会自动为每条曲线赋予不同的颜色以示区别, 但有时却很难判断曲线和函数的对应关系, 可以通过两种方法来解决这个问题。第 1 种方法, 把这些曲线在同一个绘图窗口的不同区域分别显示, 将例 1.16 程序修改如下:

```
x=0:0.01:10;
y1=sin(x);
y2=x.*sin(x);
y3=exp(2*cos(x));
subplot(2,2,1),plot(x,y1)          % 在第 1 个子图中显示 y1
subplot(2,2,2),plot(x,y2)          % 在第 2 个子图中显示 y2
subplot(2,2,3),plot(x,y3)          % 在第 3 个子图中显示 y3
```

运行后结果如图 1.20 所示。程序中 `subplot(2, 2, 3), plot(x, y3)` 的含义是把绘图窗口划分成 2 行 2 列共 4 个区域 (可同时显示 4 个子图), 把 y3 显示在第 2 行第 1 列, 即第 3 个子图的位置。此时, 可以方便地区分 y1、y2、y3 并观察它们的形状。

另外一种方法, 可以通过自定义颜色、线型等来区别不同的曲线。对例 1.16 程序的最后一句修改如下:

```
plot(x,y1,'r: ',x,y2,'g--',x,y3,'b-.');
```

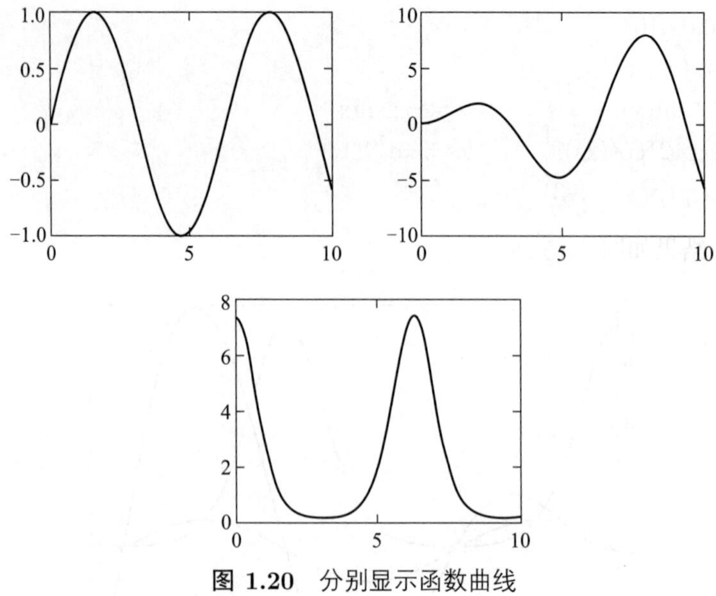

图 1.20　分别显示函数曲线

运行后结果如图 1.21 所示。

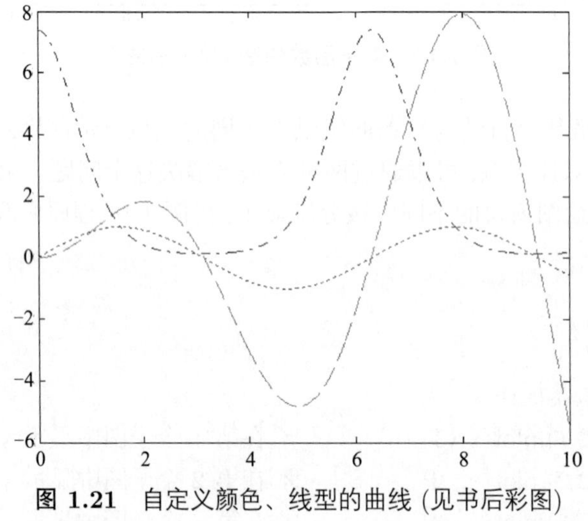

图 1.21　自定义颜色、线型的曲线 (见书后彩图)

在图 1.21 中, 用红色的虚线 (在程序中用 r: 表示) 表示函数 y1, 用绿色的长划线 (在程序中用 g-- 表示) 表示函数 y2, 用蓝色的点划线 (在程序中用 b-. 表示) 表示 y3。这样就能方便地区分同一窗口中的不同曲线。

此外还可以在不同函数曲线上标注不同的数据点型加以区别。例如, 对例 1.16 程序的第一句及最后一句作如下修改:

```
x=0:0.2:10;
plot(x,y1,'r:+',x,y2,'g--d',x,y3,'b-.o')
```

修改第一句的目的是增加数据取值步长, 以便于观察数据点。运行后结果如图 1.22 所示。

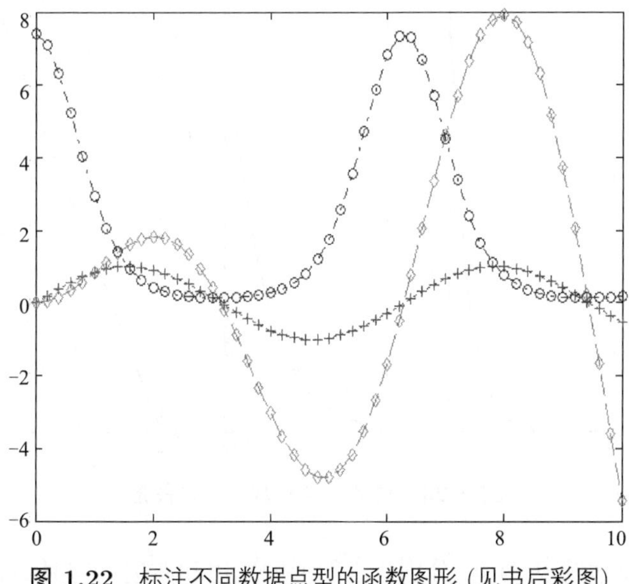

图 1.22 标注不同数据点型的函数图形 (见书后彩图)

在图 1.22 中, y1 上的数据点用加号表示, y2 上的数据点用菱形表示, y3 上的数据点用圆形表示。

2. 典型二维图形的绘制

1) 对数、半对数坐标轴图形的绘制

有些时候, 需要的函数可能在两个坐标轴或某个坐标轴上有较大的取值范围, 这时可以通过 loglog、semilogx、semilogy 等指令在 x 轴和 (或)y 轴按对数比例绘制二维图形。

例 1.17 对数、半对数坐标轴图形的绘制, 如图 1.23 所示。

MATLAB 程序代码如下:

```
x=0:0.1:10;
y=exp(x);
subplot(1,3,1)      % 显示在第 1 个子图上
plot(x,y)
subplot(1,3,2)
loglog(x,y)         % 在 x 轴和 y 轴都按对数比例绘制图形
subplot(1,3,3)
semilogy(x,y)       % 在 x 轴按线性比例、y 轴按对数比例绘制二维图形
```

2) 双 y 轴图形的绘制

利用 MATLAB 的 plotyy 指令可以同时绘制两条函数曲线, 这两条曲线共用

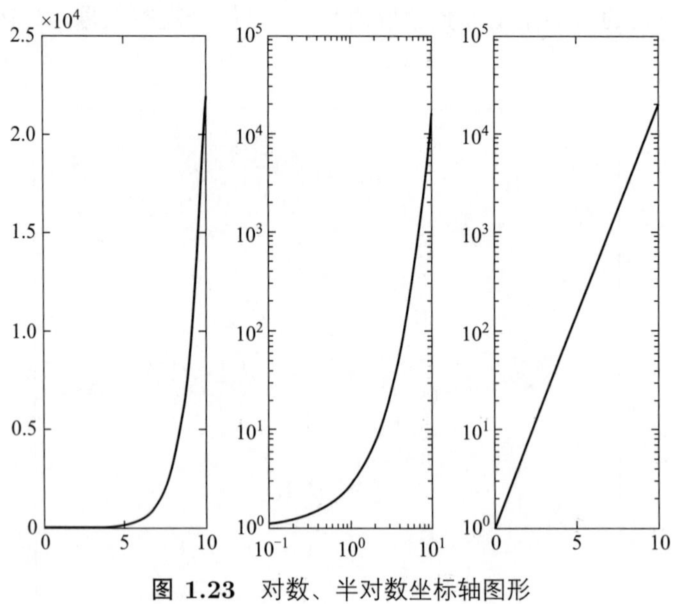

图 1.23 对数、半对数坐标轴图形

一个 x 轴, 而 y 轴则为两个, 分别位于图形的左边和右边。这时, 可以将具有不同取值范围的两条函数曲线放到一个图形中, 以便进行分析和比较。

例 1.18 双 y 轴图形的绘制, 如图 1.24 所示。

MATLAB 程序代码如下:

```
x=0:1000;
a=1000;b=0.01;c=0.01;
y1=a*exp(-b*x);
y2=cos(c*x);
plotyy(x,y1,x,y2,'semilogy','plot')
```

3) 极坐标图的绘制

极坐标也是一种常用的坐标形式, 在有些场合使用起来非常方便。极坐标图的绘制使用的指令是 polar, 其调用格式为 polar(theta, rho, linespec), 即用极角 theta 和极径 rho 画出极坐标图形, 参数 linespec 则可以指定极坐标图中线条的线型、标记符号和颜色等。

例 1.19 极坐标图的绘制, 如图 1.25 所示。

MATLAB 程序代码如下:

```
x=0:0.01:2*pi;
polar(x,sin(2*x).*cos(2*x),'r:')
title('八瓣玫瑰图')
```

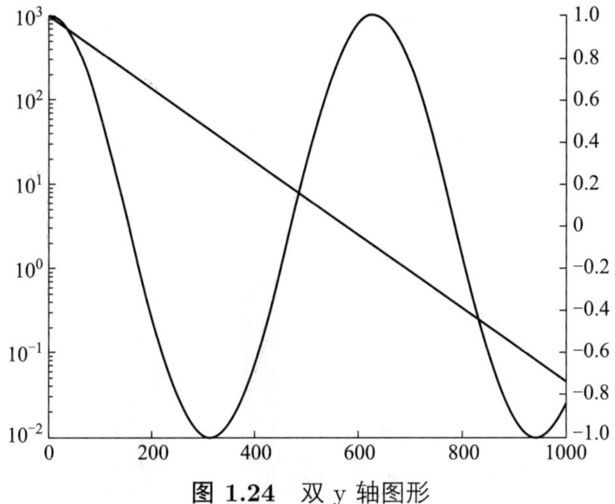

图 1.24 双 y 轴图形

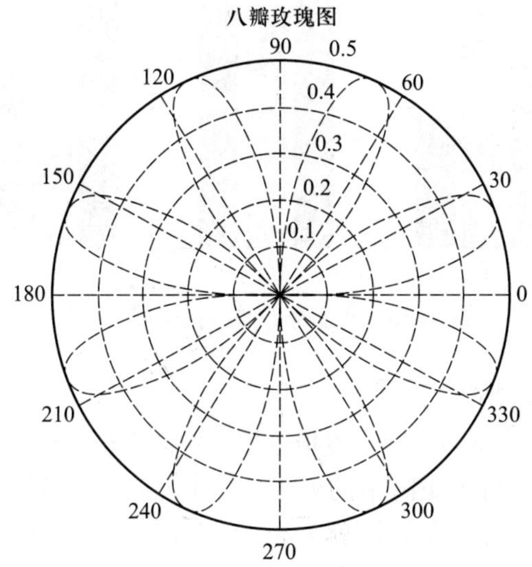

图 1.25 极坐标图形

4) 二维条形图的绘制

在 MATLAB 中, 用指令 bar 和 barh 来绘制二维条形图, 其中指令 bar 用来绘制垂直条形图, barh 用来绘制水平条形图。指令的调用格式为 bar(x, y,width,′style′,linespec) 或 barh(x, y,width,′style′,linespec), 其中的参数 width 代表条形的宽度, 默认值为 0.8, 当 width 的值大于 1 时, 条形将会出现交叠; 参数 style 用来定义条形的类型, 可选值为 group 或 stack, 其默认值为 group, 如选 stack, 则对 m∗n 矩阵只绘制 n 组条形, 每组一个条形, 且条形的高度为这一列中所有元素的和; 参数 linespec 用来定义条形的颜色。

例 1.20 垂直条形图的绘制, 如图 1.26 所示。

MATLAB 程序代码如下:

```
x=[1 2 3];        % 定义条形的位置
y=[3 5 2;
   4 6 8;
   7 5 3];        % 定义条形的高度
bar(x,y)
```

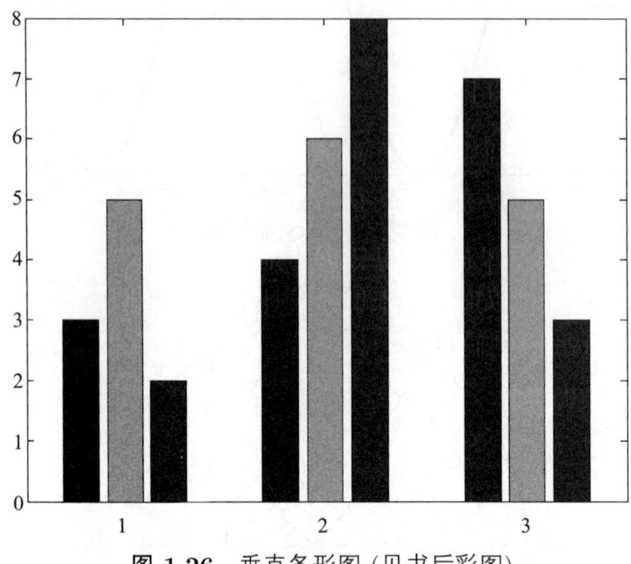

图 1.26 垂直条形图 (见书后彩图)

5) 二维区域图的绘制

区域图的绘制使用 area 指令, 该指令用于在图形窗口中显示一段曲线, 该曲线可由一个矢量生成, 也可由矩阵中的列生成 (其实在 MATLAB 中, 矢量是矩阵的一种特殊形式, 即列数为 1 的矩阵就是矢量)。如果矩阵的列数大于 1, 则 area 指令将矩阵中每一列的值都绘制为独立的曲线, 并且对曲线之间和曲线与 x 轴之间的区域进行填充。这种图形在 MATLAB 中就称为区域图。

例 1.21 根据矩阵数据来绘制区域图, 如图 1.27 所示。

MATLAB 程序代码如下:

```
A=[1 2 3 4
   2 4 6 8
   3 5 7 3
   7 5 3 2
   6 3 2 1];
area(A)                    % 绘制区域
set(gca,'xtick',1:5)       % 设定 x 轴的标识
grid on                    % 显示网格
```

```
set(gca,'layer','top')                % 将网格显示在图形上
```

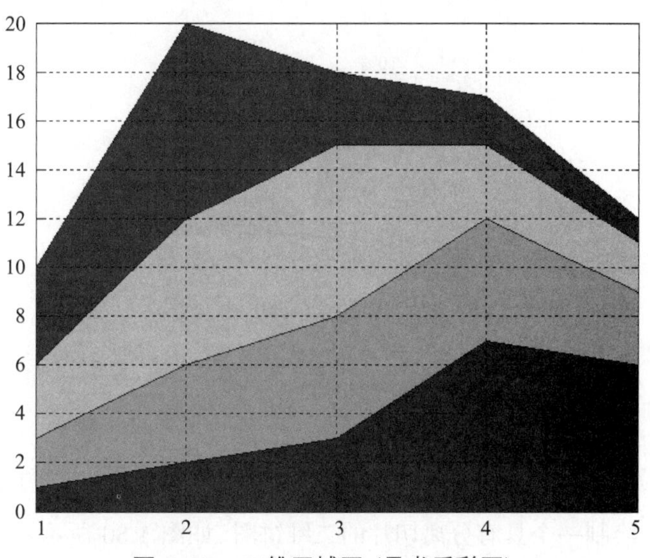

图 1.27 二维区域图 (见书后彩图)

6) 二维饼图的绘制

在 MATLAB 中, 饼图用来显示矢量或矩阵中的每个元素在其总和中所占的百分比。绘制二维饼图的指令是 pie。

例 1.22 绘制一个二维饼图, 如图 1.28 所示。

MATLAB 程序代码如下:

```
x=[5 8 10 6];
pie(x)
```

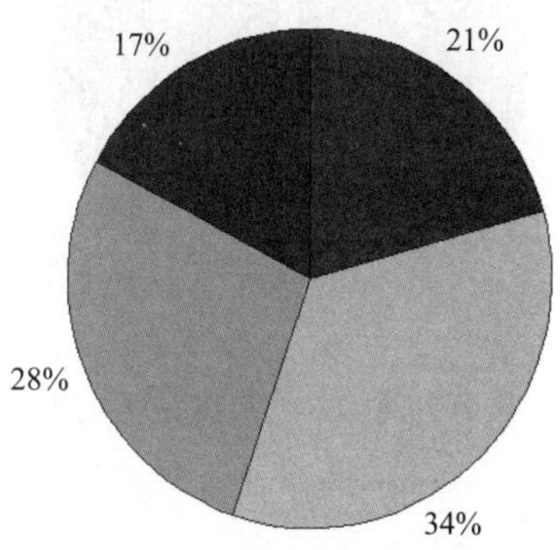

图 1.28 二维饼图 (见书后彩图)

如果 x 中的元素的和小于 1, 则绘制出来的就是一个不完整的饼图, 如图 1.29 所示。例如:

```
x=[0.1 0.25 0.4 0.15];
pie(x)
```

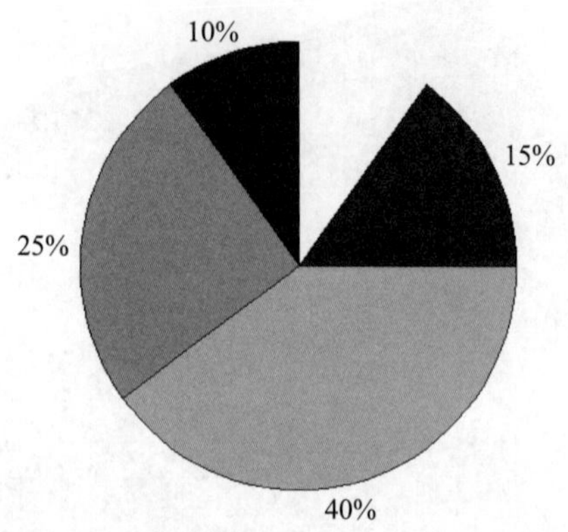

图 1.29 不完整的饼图 (见书后彩图)

例 1.23 绘制一个具有分离切片的二维饼图, 如图 1.30 所示。

MATLAB 程序代码如下:

```
x=[1 2 3 4];
explode=[0 0 1 1];        % 饼图中的第 3、第 4 元素切片分离
pie(x,explode)
```

需要说明的是: 指令 explode 中非零元素个数必须与 x 的维数相同, 其中非零元素所对应的切片即为分离的切片。

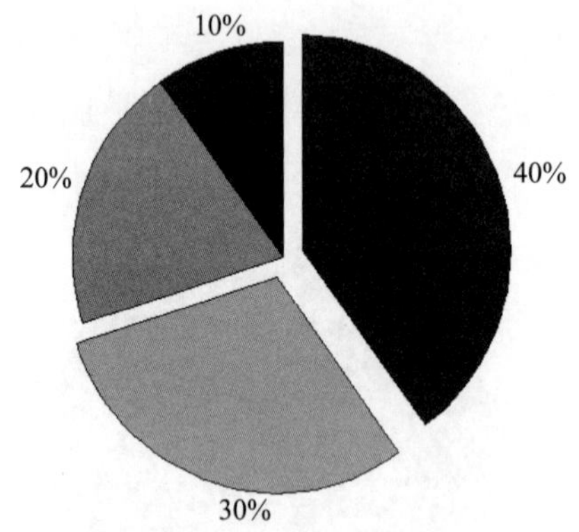

图 1.30 具有分离切片的二维饼图 (见书后彩图)

7) 离散数据的图形绘制

离散数据的图形常见的有两种: 枝干图和阶梯图。枝干图是将每个离散数据显示为末端带有标记符号的线条, 所用指令是 stem。在二维枝干图中, 枝干线条的起点在 x 坐标轴上。

例 1.24 二维枝干图的绘制, 如图 1.31 所示。

MATLAB 程序代码如下:

```
x1=0.5;x2=0.1;
t=0:50;
y=sin(x1*t).*exp(-x2*t);
stem(t,y)
```

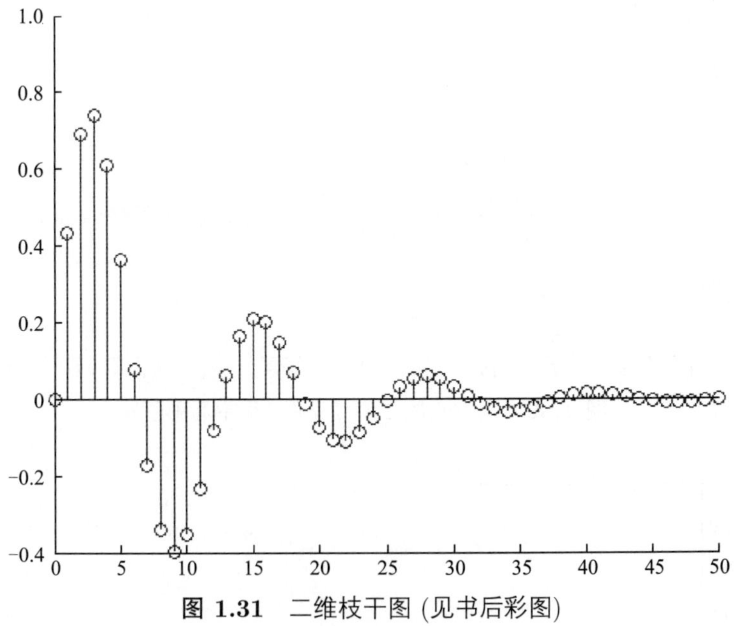

图 1.31 二维枝干图 (见书后彩图)

图 1.31 中线型、颜色、数据点符号等都是 MATLAB 默认的。如果想自定义, 只需在调用 stem 指令时添加相应参数。例如, 将例 1.24 最后一句程序作如下修改:

```
stem(t,y,':dr','fill')
```

其表示的含义为: 将枝干图的枝干设为虚线 (即程序中参数:), 数据点标识符设置为菱形 (即程序中参数 d), 线条和标识符颜色设置为红色 (即程序中参数 r), 且把标识符号填充为红色 (即程序中参数 fill), 绘制结果如图 1.32 所示。

另外一种常见的离散数据图形是阶梯图。阶梯图以一个恒定间隔的边沿显示数据点, 绘制阶梯图所用的是 stairs 指令。

例 1.25 阶梯图的绘制, 如图 1.33 所示。

MATLAB 程序代码如下:

```
x=1:0.5:10;
y=cos(x);
stairs(x,y,'-sr')            % 自定义线型、线条颜色和数据标识符
```

```
axis([0 10 -1.2 1.2])        % 设置坐标轴的显示范围
hold on
plot(x,y,':')                % 画出 y 的连续曲线与阶梯图进行比较
```

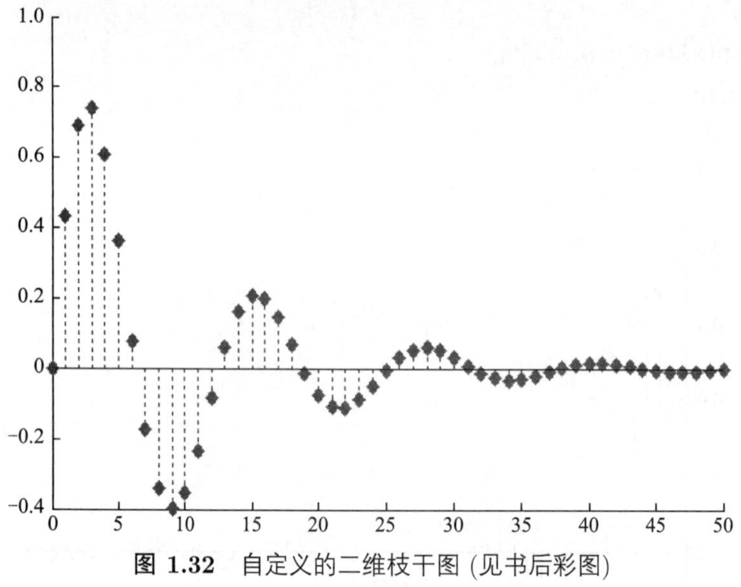

图 1.32 自定义的二维枝干图 (见书后彩图)

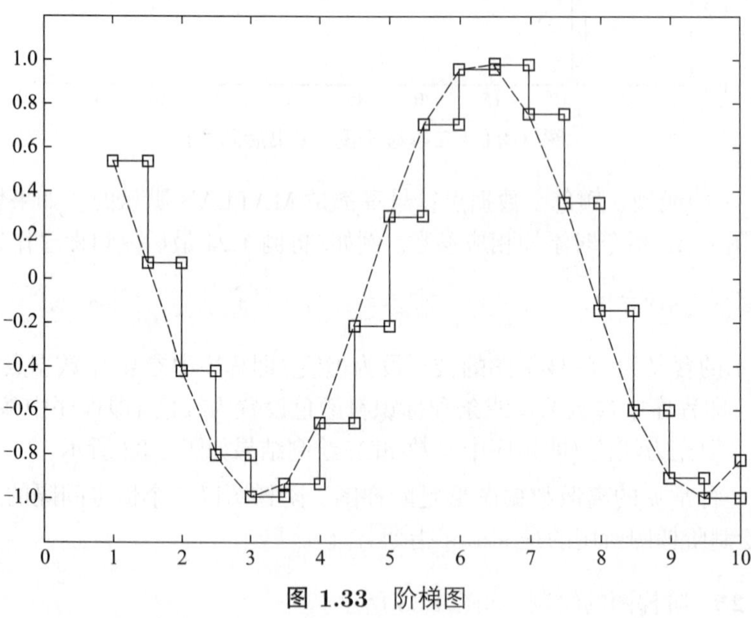

图 1.33 阶梯图

8) 二维轮廓图的绘制

MATLAB 中的轮廓图是指将相对于某一平面具有同一高度的点连成一条曲线, 该高度则由高度矩阵来反映。绘制二维轮廓图使用 contour 指令。

例 1.26 绘制简单的轮廓图, 如图 1.34 所示。

MATLAB 程序代码如下:

```
[x,y,z]=peaks;
contour(x,y,z,30)
```

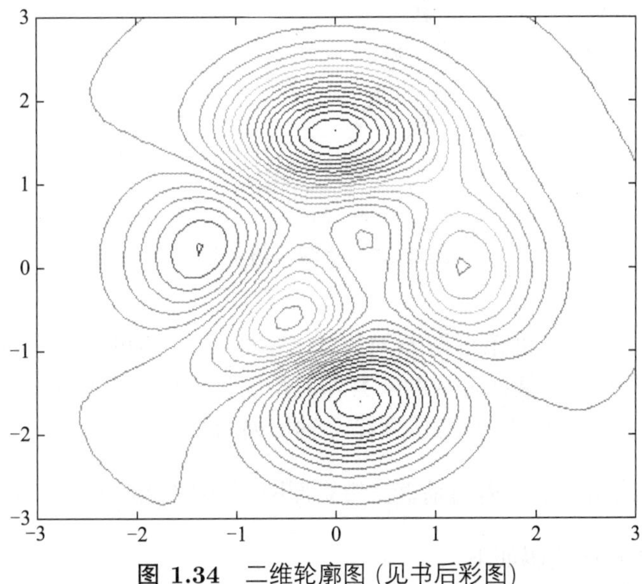

图 1.34 二维轮廓图 (见书后彩图)

1.5.1.3 三维图形的绘制

1. 三维图形的基本绘制方法

MATLAB 提供了丰富的函数来创建各种形式的三维图形。在 MATLAB 中, 三维图形的绘制步骤及方法和前面介绍的二维图形差不多, 只是一些绘图函数命令及图形修饰方法有所不同。

例 1.27 简单三维图形的绘制, 如图 1.35 所示。

MATLAB 程序代码如下:

```
t=0:pi/50:20*pi;
x=sin(t);
y=cos(2*t);
z=sin(t)+cos(t);
plot3(x,y,z,'-rd')    % 绘制的函数曲线为实线, 数据点用菱形表示
```

2. 典型三维图形的绘制

1) 三维条形图的绘制

在 MATLAB 中, 用指令 bar3 和 bar3h 分别来绘制三维垂直条形图和三维水平条形图。调用格式为 bar3(x, y, width, 'style', linespec) 和 bar3h(x, y, width,

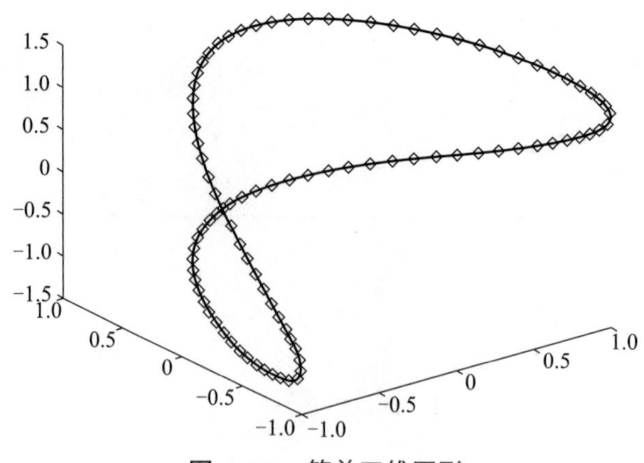

图 1.35 简单三维图形

′style′, linespec)。与二维条形图不同的是, 参数 style 还可取 detached, 此时在 x 轴方向的各个实心块是彼此分离的。另外需要说明的是: 三维条形图各组的实心块是沿着 y 轴分布的, 而不同的组是沿着 x 轴排列的。

例 1.28 绘制一个分离的垂直三维条形图, 如图 1.36 所示。

MATLAB 程序代码如下:

```
x=[0.5 1.5 3];
y=[3 5 2
   4 8 5
   2 6 7];
bar3(x,y,'detached')
xlabel('x 轴')
ylabel('y 轴')
zlabel('z 轴')
```

在三维条形图中, 可能会出现若干实心块被遮挡的情况, 例如, 图 1.36 中 y(3, 1) 即被遮挡。此时, 可以设置参数 group 对图形进行分组, 把所有的实心块都显示出来。例如, 将上例中 bar3(x, y, ′detached′) 修改为 bar3(x, y,′group′), 运行后结果如图 1.37 所示。

2) 三维枝干图的绘制

在 MATLAB 中用 stem3 函数绘制起点在 xy 平面上的三维枝干图, 其常用调用格式如下:

stem3(z)

stem3(x,y, z, 'linestyle or color or maket','fill')

如果函数只带有一个矢量参数, 则将只在 x=1 (当该参量为一个列向量时) 或 y=1 (当该参量为一个行向量时) 处绘制一行枝干图。

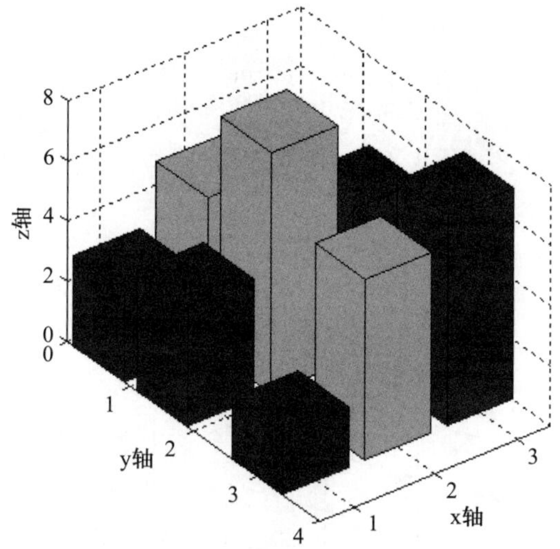

图 1.36　分离的垂直三维条形图 (见书后彩图)

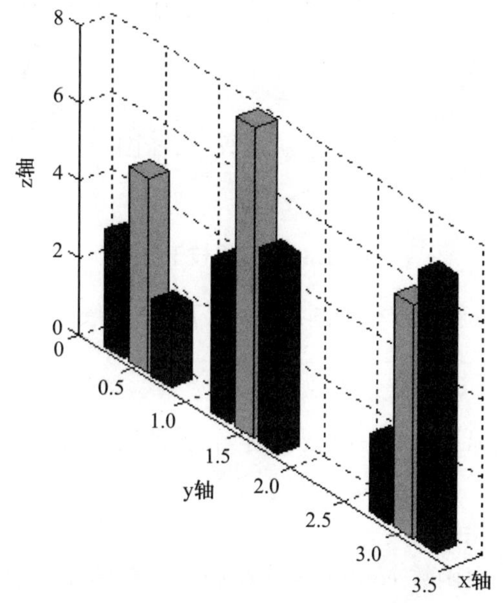

图 1.37　分组后的三维条形图 (见书后彩图)

例 1.29　利用三维枝干图显示快速 Fourier 变换的计算过程, 如图 1.38 所示。

MATLAB 程序代码如下:

```
t=(0:127)/128*2*pi;
x=cos(t);
y=sin(t);
z=(abs(fft(ones(10,1),128)));
```

```
stem3(x,y,z,'o')
xlabel('实部')       % 在 x 轴标注 “实部”
ylabel('虚部')       % 在 y 轴标注 “虚部”
zlabel('幅值')       % 在 z 轴标注 “幅值”
title('频率响应')    % 在图形上方标注标题
```

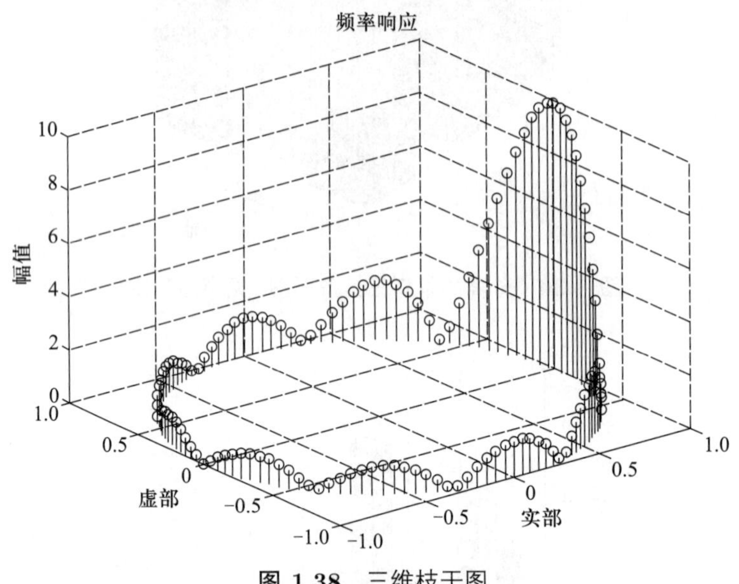

图 1.38　三维枝干图

如果想换个角度查看三维枝干图, 可执行下面的指令:

```
rotate3d on
```

然后就可以用鼠标拖动该三维枝干图, 旋转到用户所希望的角度进行观察, 如图 1.39 所示。

3) 三维轮廓图的绘制

在 MATLAB 中用函数 contour3 来绘制三维轮廓图, 其调用格式及其中的各项参数设置与二维轮廓图的绘制函数相同。

例 1.30　绘制一个带有标注的三维轮廓图, 如图 1.40 所示。

MATLAB 程序代码如下:

```
[x,y,z]=peaks;
contour3(x,y,z,30)
xlabel('x')
ylabel('y')
zlabel('z')
```

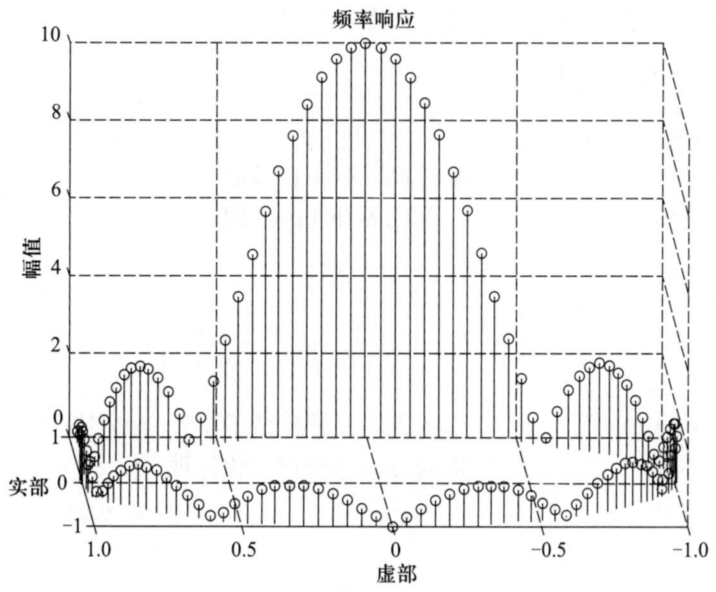

图 1.39 旋转角度后的三维枝干图

title('具有 30 条轮廓线的 peaks 函数')

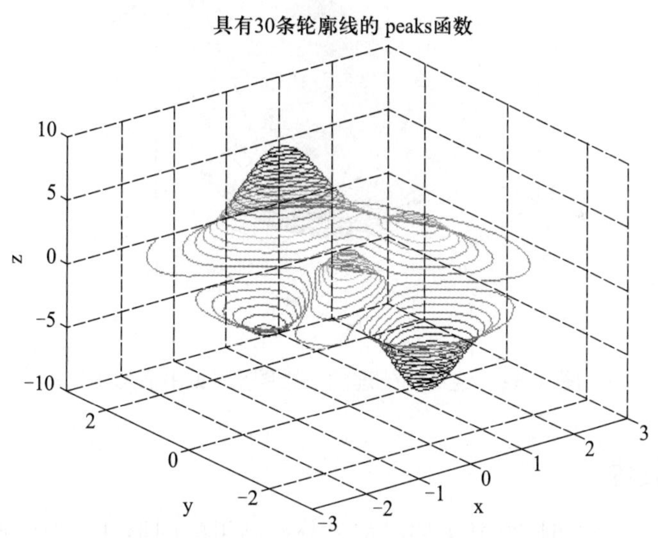

图 1.40 带有标注的三维轮廓图 (见书后彩图)

4) 表面图形的透明处理

在默认情况下, MATLAB 将由 mesh 指令绘制的图形后面的所有线条都隐藏起来, 包括没有添加颜色的小面后的线条。也就是说, 通常所看到的表面图形都是不透明的。有时为了便于观察, 可以使用 hidden off 指令将表面图形设置为透明的。需要说明的是: 该指令对由 surf 指令绘制的图形没有任何影响。

例 1.31 三维图形的透明处理, 如图 1.41 所示。

MATLAB 程序代码如下:

```
[x,y,z]=sphere(30);
surf(x,y,z)                % 绘制三维单位球面
shading interp             % 采用插补明暗处理
hold on
x1=2*x;
y1=2*y;
z1=2*z;
mesh(x1,y1,z1)             % 绘制由线框构成的半径为 2 的三维球面
hidden off                 % 对球面进行透明化处理
axis equal
```

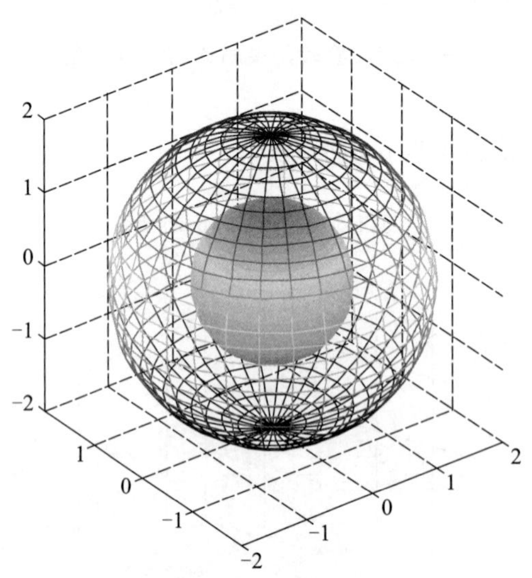

图 1.41 经透明处理的三维图形 (见书后彩图)

1.5.2 实用技巧

在发表学术论文时, 常常需要对信号分析结果的图形进行坐标轴物理量的标注, 主要包括上下角标和希腊字母的表示, 这里统一列于表 1.7, 方便大家使用。

表 1.7 MATLAB 图中特殊字符和上下角标的表示

序号	特殊字符	MATLAB 表示	序号	特殊字符	MATLAB 表示
1	下标	_(下划线)	4	β	\beta
2	上标	^	5	γ	\gamma
3	α	\alpha	6	θ	\theta

续表

序号	特殊字符	MATLAB 表示	序号	特殊字符	MATLAB 表示
7	Θ	\Theta	20	Λ	\Lamda
8	Γ	\Gamma	21	π	\pi
9	δ	\delta	22	Π	\Pi
10	Δ	\Delta	23	σ	\sigma
11	ξ	\xi	24	Σ	\Sigma
12	Ξ	\Xi	25	φ	\phi
13	η	\elta	26	Φ	\Phi
14	ε	\epsilong	27	ψ	\psi
15	ζ	\zeta	28	Ψ	\Psi
16	μ	\miu	29	χ	\chi
17	υ	\nu	30	ω	\ommiga
18	τ	\tau	31	Ω	\Ommiga
19	λ	\lamda			

例 1.32 为图 1.41 进行坐标轴物理量标注。

在语句 “axis equal” 后添加下面的语句:

```
xlabel('\alpha=x^2');
ylabel('\beta=x^2');
ylabel('\gamma=x^2');
```

效果如图 1.42 所示。

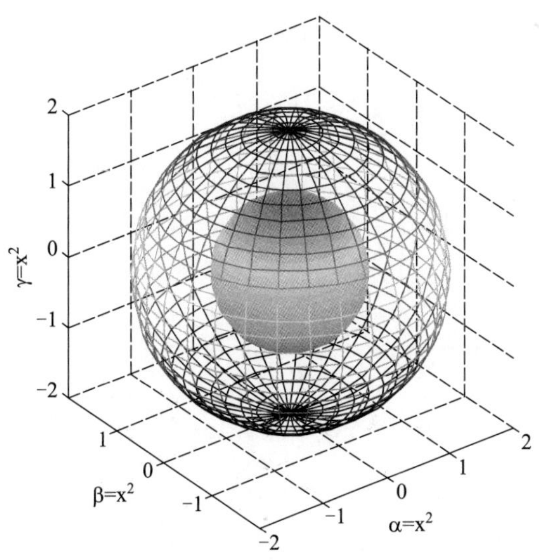

图 1.42 进行坐标轴物理量标注后的图形 (见书后彩图)

第二篇

信号处理篇

第 2 章 信号处理分析基础

2.1 信号的分类和采样定理

根据信号的取值在时间上是否连续 (不考虑个别不连续点), 可以将信号分为时间连续信号和时间离散信号。

除个别不连续点外, 如果信号在所讨论的时间段内的任意时间点都有确定的函数值, 则称此类信号为时间连续信号, 简称连续信号。连续信号的函数值可以是连续的, 也可以是离散的。

以时间为自变量的离散信号为离散时间信号。离散信号是在连续信号上采样得到的。与连续信号的自变量是连续的不同, 离散信号是一个序列, 即其自变量是 "离散" 的。这个序列的每一个值都可以被看作连续信号的一个采样。

实际的离散信号都是从连续信号采样而来, 由此引出了采样定理。采样定理指出, 如果信号是带限的, 并且采样频率大于信号带宽的 2 倍, 那么, 原来的连续信号可以从采样样本中完全重建出来。

从信号处理的角度来看, 采样定理描述了两个过程: 其一是采样, 这一过程将连续时间信号转换为离散时间信号; 其二是信号的重建, 这一过程将离散信号还原为连续信号。

连续信号在时间 (或空间) 上以某种方式变化着, 而采样过程则是在时间 (或空间) 上, 以 T 为单位间隔来测量连续信号的值。T 称为采样间隔。在实际中, 如果信号是时间的函数, 通常它们的采样间隔都很小, 一般在毫秒、微秒量级。采样过程产生一系列的数字, 称为样本。样本代表了原来的信号。每一个样本都对应着测量这一样本的特定时间点, 而采样间隔的倒数, 1/T 即为采样频率 fs, 其单位为样本数/秒, 即赫兹 (Hz)。信号的重建是对样本进行插值的过程, 即在离散的样本 x[n] 中用数学的方法确定连续信号 x(t)。

2.2 常用信号的产生

2.2.1 基本信号的产生

1. sawtooth

功能: 产生锯齿波或三角波。

格式:

x=sawtooth(t)

x=sawtooth(t,width)

说明:

sawtooth(t) 类似于 sin(t), 产生周期为 2π、幅值为 –1~+1 的锯齿波。在 2π 的整数倍处, 值为 –1, −1 ∼ +1 这一段波形的斜率为 1/π。

sawtooth(t,width) 产生三角波。

例 2.1 利用函数 sawtooth 生成一个三角波形, 如图 2.1 所示。

MATLAB 程序代码如下:

```
clc;
clear;
fs=256;% 采样频率
f1=50;
t=0:1/fs:1-1/fs;
y=sawtooth(2*pi*f1.*t);
plot(t,y);
xlabel('时间 t/s');
ylabel('幅值');
```

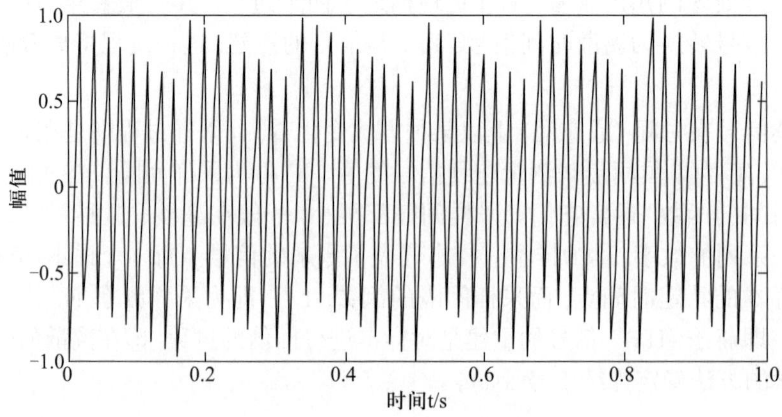

图 2.1 三角波形信号图

2. square

功能: 产生方波。

格式:

x=square(t)

x=square(t,duty)

说明:

square(t) 产生周期为 2π、幅值为 ±1 的方波。

square(t,duty) 产生指定周期的方波, duty 为正半周期的比例。

例 2.2 利用函数 square 生成一个方波信号, 如图 2.2 所示。

MATLAB 程序代码如下:

```
clc;
clear;
fs=2048;% 采样频率
f1=20;
t=0:1/fs:1-1/fs;
y=square(2*pi*f1.*t,0.5);
plot(t,y);
xlabel('时间 t/s');
ylabel('幅值');
```

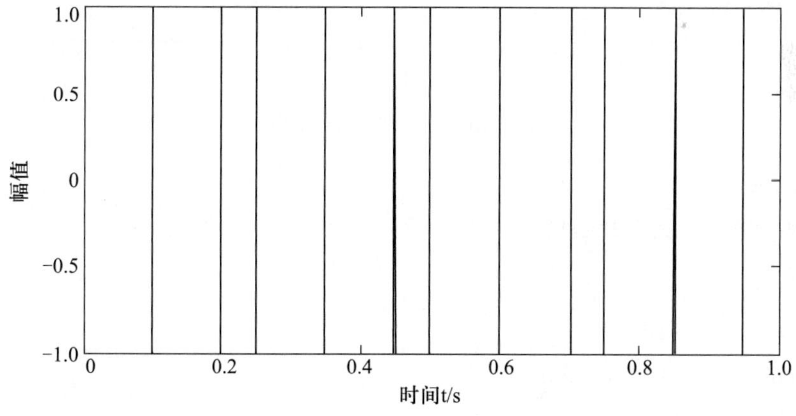

图 2.2 方波波形信号图

3. sinc

功能: 产生 sinc 或 sin(πt)/ πt 函数波形。

格式:

y=sinc(x)

说明:

sinc(x) 用于计算 sinc 函数。sinc 函数之所以重要, 是因为其 Fourier 变换正好是幅值为 1 的矩形脉冲。

例 2.3 利用函数 sinc 生成波形, 如图 2.3 所示。

MATLAB 程序代码如下:

```
clc;
clear;
t=linspace(-5,15);
y=sinc(t);
plot(t,y);
xlabel('时间 t/s');
ylabel('幅值');
```

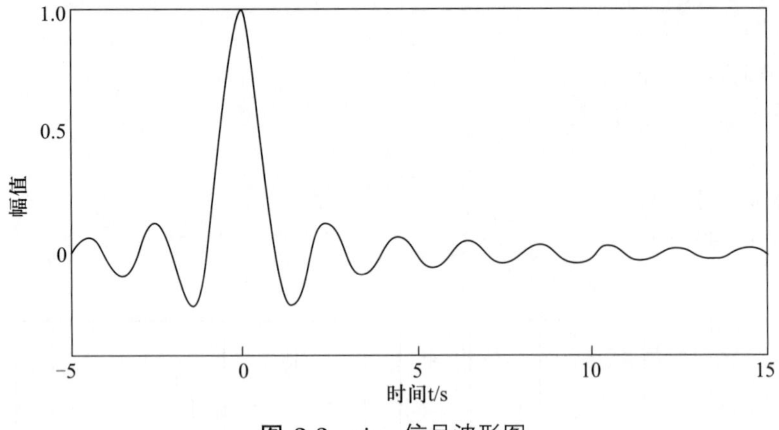

图 2.3 sinc 信号波形图

4. chirp

功能: 产生调频余弦信号。

格式:

y=chirp(t,f0,t1,f1)

y=chirp(t,f0,t1,f1,'method')

y=chirp(t,f0,t1,f1,'method',phi)

说明:

chirp 函数产生调频余弦信号, 即信号的频率随时间的增长而变化。这种变化可以是线性的, 也可以是非线性的。

y=chirp(t,f0,t1,f1) 产生调频余弦信号 y, t 为时间轴。在 t=0 时, 信号的频率为 f0, 在 t=t1 时, 信号的频率为 f1, 此处频率的单位为 Hz。信号的频率随时间作线性变化。

y=chirp(t,f0,t1,f1,'method') 通过 method 参数设置频率随时间变化的方式。

例 2.4 利用函数 chirp 生成一个线性调频信号, 如图 2.4 所示。

MATLAB 程序代码如下:

```
clc;
clear;
fs=256;% 采样频率
f0=0;
f1=100;
t=0:1/fs:1-1/fs;
y=chirp(t,f0,0.5,f1);
plot(t,y);
xlabel('时间 t/s');
ylabel('幅值');
```

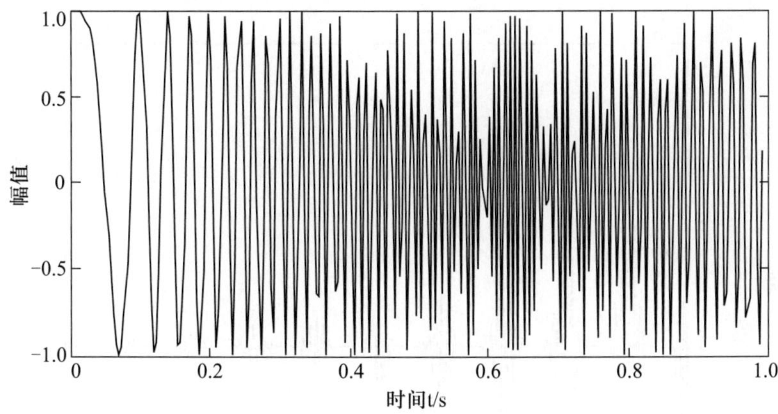

图 2.4 线性调频信号波形图

5. pulstran

功能: 产生重复冲击串。

格式:

y=pulstran(t,d,'func')

y=pulstran(t,d,p,Fs)

y=pulstran(t,d,p)

说明:

y=pulstran(t,d,'func') 产生由连续函数 func 指定形状的冲击串。t 为时间轴, d 为采样间隔。参数 func 的可选值如下: gauspuls, 高斯调制正弦信号; rectpuls,

非周期的矩形波; tripuls, 非周期的三角波。

y=pulstran(t,d,p,Fs) 由冲击函数原型向量 p 通过采样与延迟组合成冲击串 y, d 为采样间隔, Fs 为采样频率, 缺省值为 1 Hz。

例 2.5 利用函数 pulstran 生成一个在 10 kHz, 通带 30% 的周期高斯脉冲信号, 重复频率是 1 kHz, 脉冲序列宽度为 0.01 s, 衰减率为 0.7, 采样频率为 50 kHz 的信号, 如图 2.5 所示。

MATLAB 程序代码如下:

```
clc;
clear;
t=0 : 1/50e3 : 10e-3;
d=[0 : 1/1e3 : 10e-3 ; 0.7.^(0:10)]';
y=pulstran(t,d,@gauspuls,10e3,0.3);
plot(t,y);
xlabel('时间 t/s');
ylabel('幅值');
```

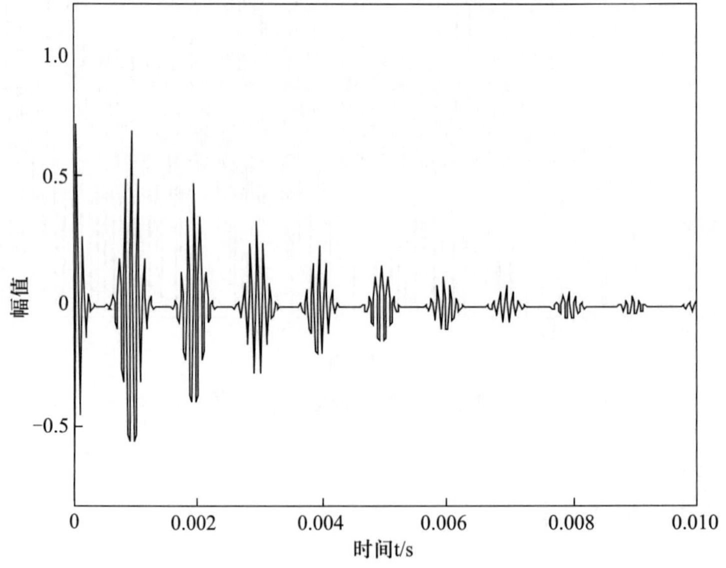

图 2.5 pulstran 信号波形图

6. rectpuls

功能: 产生非周期的方波信号。

格式:

y=rectpuls(t)

y=rectpuls(t,w)

说明:

y=rectpuls(t) 产生非周期的方波信号, 方波的宽度为时间轴的一半。

y=rectpuls(t,w) 指定方波的宽度 w。

例 2.6 利用函数 rectpuls 生成一个非周期的方波信号, 如图 2.6 所示。

MATLAB 程序代码如下:

```
clc;
clear;
fs=1000;% 采样频率
t=-1:1/fs:1;
y=rectpuls(t,0.6);
plot(t,y);
xlabel('时间 t/s');
ylabel('幅值');
```

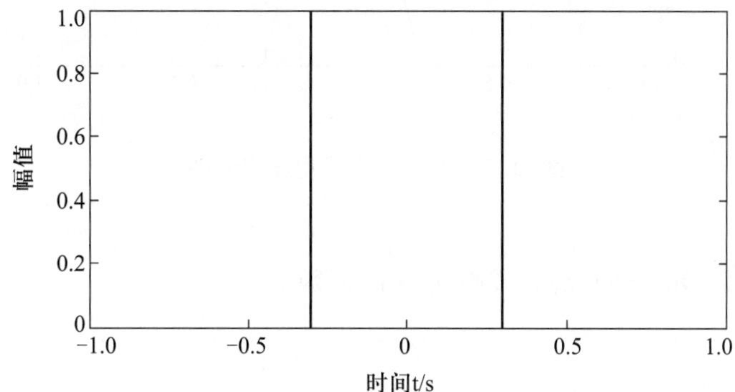

图 2.6 非周期的方波信号图

7. tripuls

功能: 产生非周期的三角波信号。

格式:

y=tripuls(t)

y=tripuls(t,w)

y=tripuls(t,w,s)

说明:

y=tripuls(t) 返回单位高度的三角波 y, t 为时间轴。

y=tripuls(t,w) 返回指定宽度为 w 的三角波。

y=tripuls(t,w,s) 返回指定斜率为 s($-1< s < 1$) 的三角波。

例 2.7 利用函数 tripuls 生成一个非周期的三角波形, 如图 2.7 所示。

MATLAB 程序代码如下:

```
clc;
clear;
fs=1000;% 采样频率
t=-1:1/fs:1;
y=tripuls(t,0.5);
plot(t,y);
xlabel('时间 t/s');
ylabel('幅值');
```

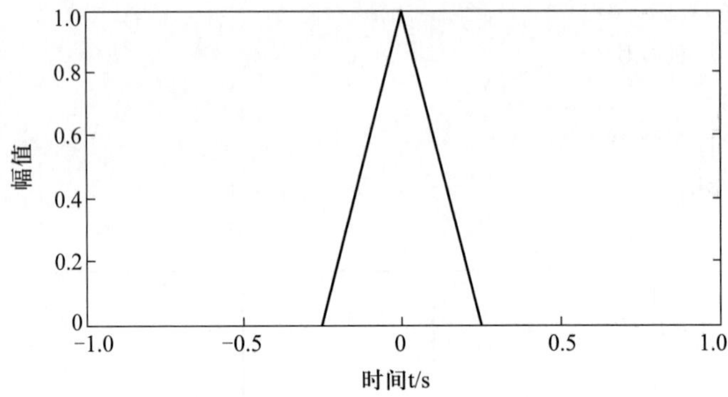

图 2.7 非周期的三角波信号图

8. diric

功能: 产生 Dirichlet 函数或周期 sinc 函数。

格式:

y=diric(x,n)

说明:

diric(x,n) 用于产生 x 的 Dirichlet 函数。

例 2.8 利用函数 diric 生成信号, 如图 2.8 所示。

MATLAB 程序代码如下:

```
clc;
clear;
fs=1000;% 采样频率
t=-1:1/fs:1;
y=diric(t,1000);
plot(t,y);
xlabel('时间 t/s');
ylabel('幅值');
```

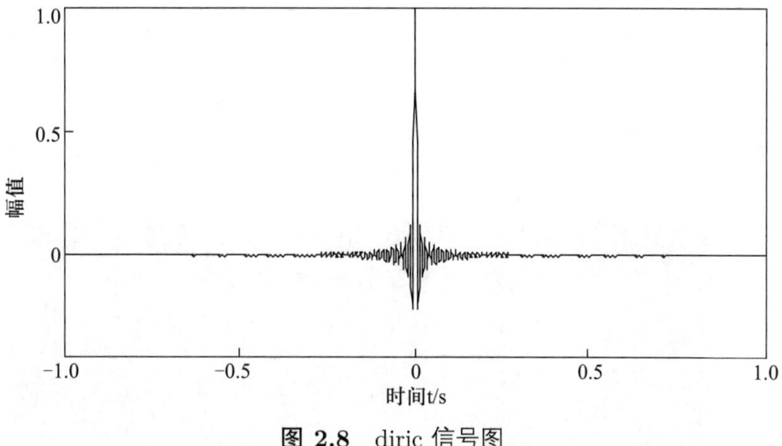

图 2.8 diric 信号图

2.2.2 仿真信号的生成

1. 不同频率的正弦累加周期信号 y 的生成

例 2.9 生成不同频率的正弦累加周期信号。

MATLAB 程序代码如下:

```
clc;
clear;
fs=256;
f1=25;
f2=100;
t=0:1/fs:1-1/fs;
y=2*sin(2*pi*f1.*t)+ sin(2*pi*f2.*t);
tfrstft(y');
```

信号的时域波形和时频分布如图 2.9 所示。

2. 不同调频累加信号 y 的生成

例 2.10 生成不同调频累加信号。

MATLAB 程序代码如下:

```
clc;
clear;
fs=256;
t=0:1/fs:1-1/fs;
y=cos(20*pi.*t.*t)+cos(2*pi.*cos(6*pi.*t)+120*pi.*t);
tfrgabor (y',64,32);
```

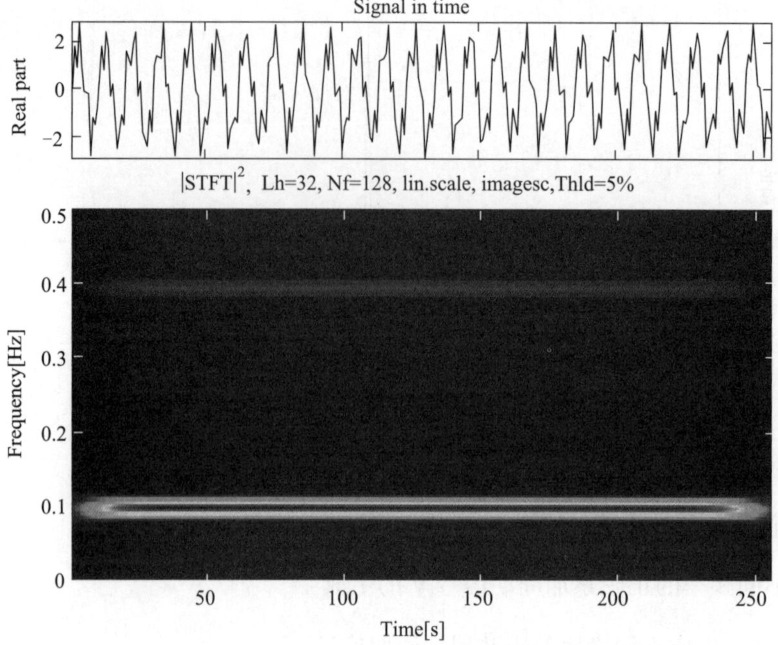

图 2.9 仿真信号 1 的时域波形和时频分布 (见书后彩图)

信号的时域波形和时频分布如图 2.10 所示。

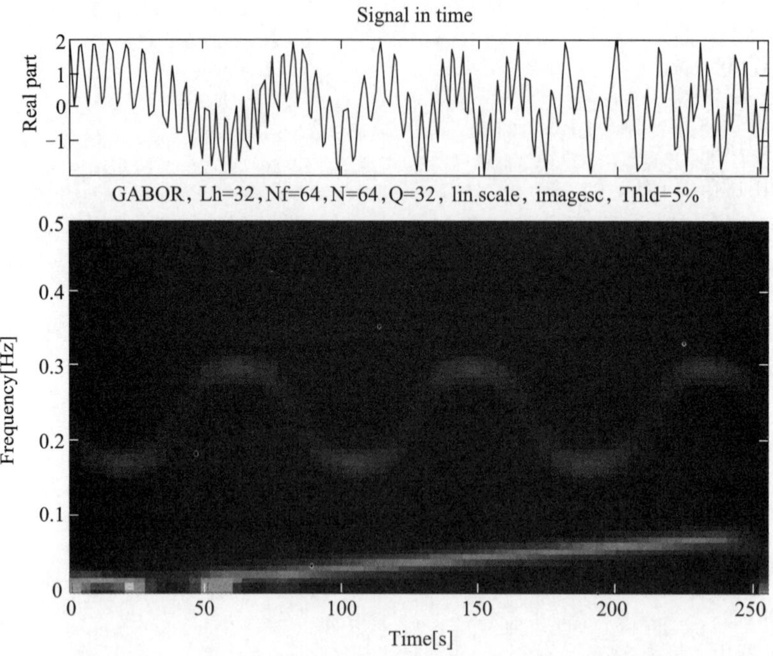

图 2.10 仿真信号 2 的时域波形和时频分布 (见书后彩图)

3. 周期性振动冲击仿真信号 y 的生成

例 2.11 生成周期性振动冲击仿真信号。

MATLAB 程序代码如下:

```
clc
clear
fs=20e3;                        % 采样频率
fn=3e3;                         % 固有频率
y0=3;                           % 位移常数
g=0.1;                          % 阻尼系数
T=0.02;                         % 重复周期
N=4096;                         % 采样点数
NT=round(fs* T);                % 单周期采样点数
t=0:1/fs:(N-1)/fs;              % 采样时刻
t0=0:1/fs:(NT-1)/fs;            % 单周期采样时刻
K=ceil(N/NT)+1;                 % 重复次数
y=[];
for i=1:K
    y=[y,y0* exp(-g* 2* pi* fn* t0).* sin(2* pi* fn* sqrt(1-g∧ 2)* t0)];
end
y=y(1:N);
tfrgabor(y',128,32);
```

信号的时域波形和时频分布如图 2.11 所示。

4. 加噪信号 y 的生成

例 2.12 生成加噪信号。

MATLAB 程序代码如下:

```
clc;
clear;
fs=256;
f1=80;
t=0:1/fs:1-1/fs;
sig=2*sin(2*pi*f1.*t)        % 产生需要加噪的信号
SNR=5;                        % 信噪比为 5db
NOISE=randn(size(sig));
NOISE=NOISE-mean(NOISE);
```

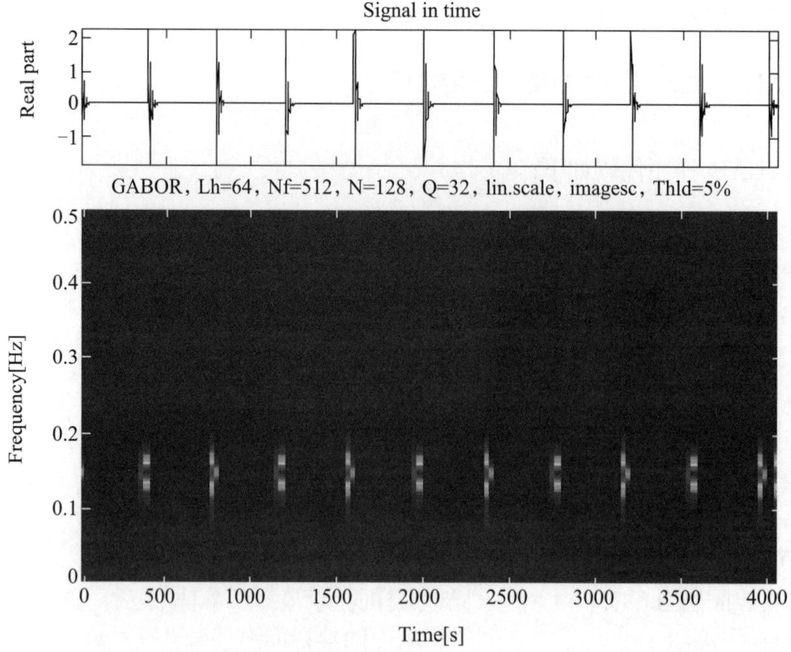

图 2.11 仿真信号 3 的时域波形和时频分布 (见书后彩图)

```
signal_power=1/length(sig)*sum(sig.*sig);
noise_variance=signal_power/(10^(SNR/10));
NOISE=sqrt(noise_variance)/std(NOISE)*NOISE;
y=sig+NOISE;
figure(1)
subplot(211)
plot(t,sig);
title('未加噪信号');
subplot(212)
plot(t,y);
title('加噪后信号');
```

信号的时域波形如图 2.12 所示。

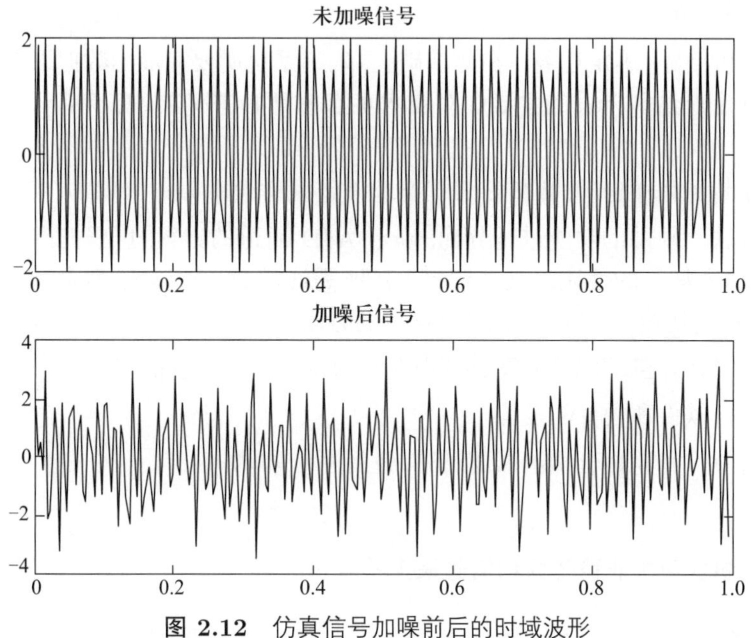

图 2.12 仿真信号加噪前后的时域波形

2.3 实际信号的采集

机械设备故障诊断技术主要包括信号采集、信号处理和模式识别 3 个环节, 其中, 信号的准确采集是首要条件。如果得不到真正反映机器状态的信号, 后期的信号处理和模式识别会变得无任何意义; 而要确保获得真实的机器信息, 数据采集系统的设计就尤为重要。数据采集系统技术主要包括数据采集系统的结构和功能、采样定理与 A/D 转换器、数据采集常用电路、采集数据的预处理 (采样数据的标度变换、数字滤波、去除采样数据的趋势项)、传感器技术等。本书不作详细阐述, 只是简单介绍一下数据采集系统设计的一般步骤, 并以柴油发动机非稳态振动信号采集为例, 以便对下一步所要分析的信号增加认识。

2.3.1 数据采集系统设计的基本原则与一般步骤

1. 基本原则

数据采集系统硬件的设计原则是满足功能要求的前提下, 追求经济合理、安全可靠以及较强的抗干扰能力。即针对功能要求, 合理选择硬件配置, 充分发挥硬件系统的技术性能; 同时, 考虑工作环境的温度、湿度、压力、振动、粉尘等要求, 保证系统在工作环境下性能稳定、可靠。

数据采集系统软件的设计原则是结构合理, 层次分明, 操作性好, 具有自检功能。一般采用 “自顶向下, 逐层细分” 的方法, 将软件系统分解成若干功能模块, 各功能模块之间既互相联系, 又保持一定的独立性, 以便于软件的开发、调试和维护。对于实时性要求较高的采集系统, 还可采用合理方法提高执行速度。

2. 一般步骤

(1) 分析问题, 确定任务。在此基础上, 确定系统所要完成的数据采集任务和技术指标, 确定调试和开发的手段。对技术难点做到心中有数, 初步定出系统设计的技术路线。

(2) 在满足采样定理的同时, 根据要求确定采样频率。

(3) 对软、硬件的功能进行分配, 确定 A/D 通道的方案, 可根据以下几点综合考虑: ① 输入信号的性质、最高频率; ② 所需通道数; ③ 输入范围、分辨率指标; ④ 多路通道的切换率; ⑤ 期望采样/保持的时间等。

(4) 确定计算机的配置方案、操作面板的设计、抗干扰措施等。

(5) 进行软件和硬件的设计。

(6) 对硬件和软件分别调试通过后, 进行系统联调。

2.3.2 柴油发动机非稳态振动信号采集系统

柴油发动机是一个多机构组合、结构非常复杂的系统, 为了对其运行状态进行监控和故障诊断, 通常采用测量振动信号、提取振动特征的方法。在诊断发动机机械故障的过程中, 维修专家经常采用加速的方法辅助诊断, 以提高故障诊断的准确性。例如诊断连杆轴承故障时, 采用一次性加速的方法, 其声响最明显; 诊断曲轴轴承故障时, 采用连续加速的方法, 使异响故障表现更明显。由此推断, 发动机加速或减速过程中, 各配合副处于非稳态激励状态, 冲击增大; 若发生机械故障, 其振动特征往往比平稳状态下的表现更明显, 这样就可以依据振动特征甄别故障。鉴于此, 首先需要设计非稳态信号的数据采集系统。

由于非稳态振动信号的特殊性, 系统在设计时要特别解决下述难题:

(1) 能准确捕捉到加速或减速过程中含有特定机械故障信息的振动信号, 也就是要求传感器的频响特性可以覆盖振动信号的整个频率范围, 同时传感器的安装位置要合适; 采集系统的采样频率选取要合适, 采样样本要足够长; 采集的初始条件即启动采集的触发转速要合适等。

(2) 解决加速或减速过程中信号测试的重复性, 即保证数据采集系统初始条件不变的情况下多次重复采集的数据具有一定的重复性和稳定性。

根据上述要求, 从传感器选型、测试部位的确定、触发转速的确定和采样频率的选择、调理电路设计、重复性设计等方面讨论发动机非稳态振动信号采集系统的设计过程。

1. 传感器与测试部位的确定

1) 传感器选型

根据发动机的工作环境 (如冲击加速度、温度范围)、机械故障的振动信号特征频段范围和可靠性要求等, 选取美国 PCB 公司生产的 601A01 型 ICP 工业加速度传感器, 该振动传感器具有良好的稳定性能和环境适应性能。

2) 测试部位的确定

振动传感器通过加装强力磁座吸合于测试部位表面。对于每一种故障, 应该选择最敏感部位进行检查。一般来说, 测试点振动幅值的大小与它到振源的距离成比例, 也与传递通道的特性有关。距离越远, 信号衰减得越厉害; 传递通道特性越差, 则特定频带信号衰减得越厉害。经过比较, 曲轴轴承、连杆轴承、活塞与活塞销等类型故障在图 2.13 所示的几个部位最为敏感。

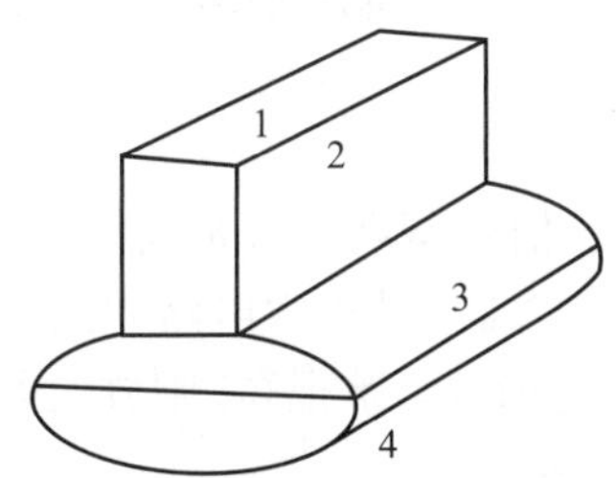

图 2.13 加速度振动传感器放置位置

1—缸盖顶部; 2—缸体上部第 3 缸左右位置; 3—油底与缸体接合处第 3 缸左右位置; 4—油底下部第 3 缸位置

2. 触发转速的确定和采样频率的选择

1) 触发转速的确定

柴油机每个机构总是对一定的激励最敏感, 即在特定的转速下, 柴油机特定的机构产生共振, 进而利用加速度传感器可以检测到该机构的技术状况信息。采用加速度传感器测试发动机机械故障, 正是要寻找每一个机构对应的发动机最敏感的转速。因为事先对各种故障的敏感转速未知, 所以采用遍历发动机工况的方法来设计采集系统, 即选取 800 r/min、1 300 r/min、1 800 r/min 和 2 100 r/min 4 种触发转速, 分别对应发动机怠速、怠速稍高、中速和中速稍高几种工况, 然后在后续数据处理中通过软件分析寻找故障特征合适的触发转速。

2) 采样频率的选择

对某型柴油发动机的实验表明, 发动机振动信号的频谱范围大约在 4 000 Hz 以内。根据采样定理, 采样频率不得低于最高谐振频率的两倍, 考虑到留有一定余量, 确定数据采集器的采样频率为 12.8 kHz。采样点数确定为 16 384, 即便在最低触发转速 800 r/min 下, 也可以保证采集 8 个发动机工作循环以上, 保证了足够的数据量。采样频率与数据采集器硬件配置相关, 也可以设置更高的采样频率。

3. 调理电路设计

1) 恒流源电路

ICP 传感器要求系统提供 2~20 mA 的恒流源, 其默认工作电流为 4 mA, 故采用 LM334 电流源芯片, 工作电压为 24 V, 如图 2.14 所示。通过调整 R, 可以得到不同的工作电流, 为保证各通道的工作电流值一致, 当调整电阻 $R = 20\ \Omega$ 时, 可以保证传感器工作电流为 3.84 mA。

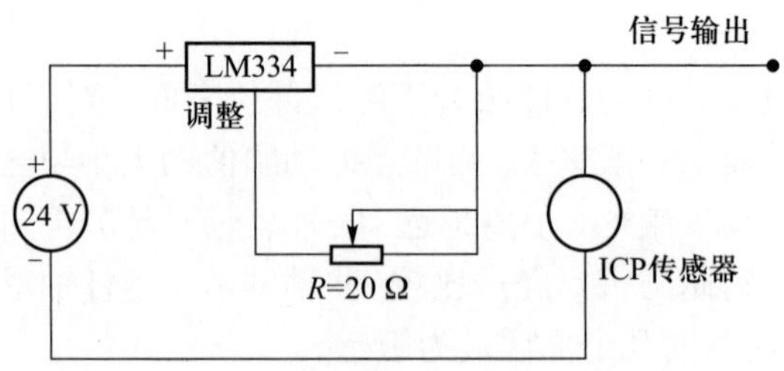

图 2.14　ICP 加速度传感器信号调理电路

2) 电荷放大器

对压电陶瓷振动传感器的信号调理通常是设计电荷放大器。电荷放大器是一个具有深度负反馈的高增益放大器，其等效电路如图 2.15 所示。若放大器的开环增益 A_0 足够大，并且放大器的输入阻抗很高，则放大器输入端几乎没有分流，运算电流仅流入反馈回路 C_F 与 R_F。

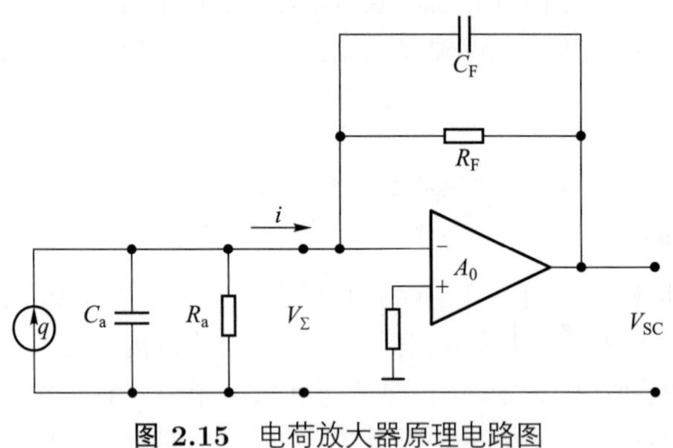

图 2.15　电荷放大器原理电路图

3) 滤波电路

ICP 传感器的输出信号有 10 V 的直流分量，该直流分量对于故障分析毫无意义。在电路中引入高通滤波电路，利用电容的隔直特性将直流信号滤去。为消除电路中的噪声干扰，在电路中还引入了低通滤波电路。图 2.16 是滤波器处理前后的信号波形图。

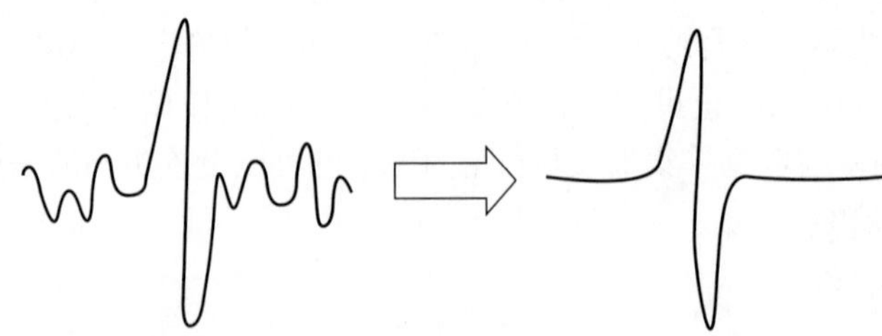

图 2.16　滤波器处理前后的信号波形图

4. 非稳态信号采集的重复性设计

为解决非稳态振动信号测试的重复性问题，采用定转速触发采集一次性加速信号的方式解决上述问题。即采集系统可以随时监测加速过程中的发动机转速, 一旦达到了预先设定值, 立即启动信号采集系统开始数据采集, 达到预设的采样点数后停止。图 2.17 中, 转速监测装置 4、调理电路及 A/D 转换器 5 和计算机 6 构成了非稳态数据采集系统。它们与传感器、计算机及连接线路构成了定转速非稳态数据采集系统。该系统的工作过程如下:

(1) 由专门设计的软件系统通过计算机向定转速非稳态数据采集器设定启动 A/D 转换器的起始转速和采样点数。

(2) 发动机加速运转, 转速传感器向转速监测装置输出转速脉冲。转速监测装置根据两脉冲间隔时间计算此时发动机的转速。当发动机转速达到预先设定值时, 输出控制信号, 启动 A/D 转换器, 振动传感器输入的模拟信号转换成数字信号, 由 USB 口传输到计算机。

(3) 当采样点数达到预先设定值, A/D 转换器停止工作。

柴油机振动信号测试系统由振动传感器、转速传感器、模拟信号示波器、A/D 变换器、计算机等几部分组成。

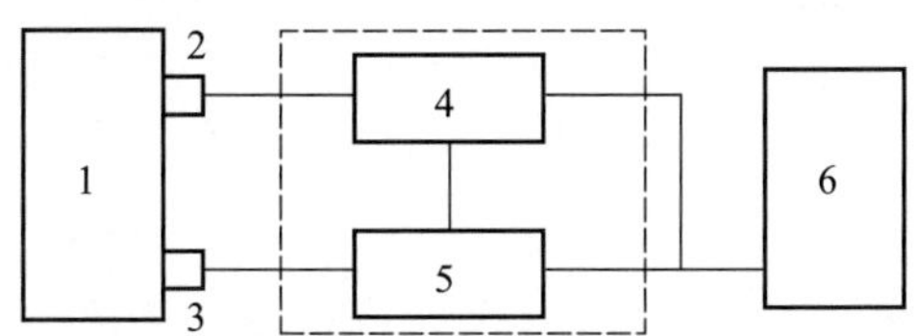

图 2.17 定转速非稳态数据采集系统逻辑图

1—发动机; 2—转速传感器; 3—振动信号传感器; 4—转速监测装置; 5—调理电路及 A/D 转换器; 6—计算机

2.4 信号的基本分析方法

2.4.1 信号的时域分析

1. mean

功能: 求均值。

格式:

s=mean(x)

s=mean(x,dim)

说明:

用 mean(x)(默认 dim=1) 就会求每一列的均值, 用 mean(x,2) 就会求每一行的均值。

例 2.13 求均值。

MATLAB 程序代码如下:

```
>> x=[1 2 3; 3 3 6; 4 6 8; 4 7 7];
>> mean(x)
```

ans=

    3.0000   4.5000   6.0000

```
>> mean(x,2)
```

ans=

    2
    4
    6
    6

2. std

功能: 计算时间序列的标准差。

格式:

s=std (x)

s=std (x,0)

s=std (x,1)

说明:

std(x)、std (x,0) 利用公式 (2.1) 计算序列的标准差, std (x,1) 利用公式 (2.2) 计算序列的标准差。

$$s=\left[\frac{1}{n-1}\sum_{i=1}^{n}(x_i-\overline{x})^2\right]^{1/2} \tag{2.1}$$

$$s=\left[\frac{1}{n}\sum_{i=1}^{n}(x_i-\overline{x})^2\right]^{1/2} \tag{2.2}$$

例 2.14 求标准差。

MATLAB 程序代码如下:

```
>> x=[1 2 3; 3 3 6; 4 6 8; 4 7 7];
>>std(x)
```

ans=

    1.4142   2.3805   2.1602

```
>> std(x,1)
```

ans=

```
        1.2247    2.0616    1.8708
```

3. var

功能: 计算时间序列的方差。

格式:

s=var(x)

s=var(x,1)

s=var(x,w)

说明:

当 x 是向量时, 把向量中每个元素看作一个样本, 函数 s=var(x) 计算输出向量 x 中元素样本方差的无偏估计值 s; s=var(x,1) 计算输出样本方差 s。当 x 是矩阵时, 函数 s=var(x) 把矩阵中每行作为一个观察值, 每列作为一个变量, 计算输出一个行向量 s, s 中每个元素为每列变量的方差。当 w 取值为 0 时, 函数 s=var(x,w) 等同于 s=var(x); 当 w 取值为 1 时, 函数 s=var(x,w) 等同于 s=var(x,1)。

例 2.15 求方差。

MATLAB 程序代码如下:

```
>> x=[4 -2 1; 9 5 7];
>> var(x)
```

```
ans=
        12.5000    24.5000    18.0000
```

4. mad

功能: 计算时间序列的平均绝对偏差

格式:

y=mad(x)

y=mad(x,1)

y=mad(x,0)

说明:

y=mad(x) 用来计算时间序列 x 的平均绝对偏差, 即 mean(abs(X-mean(X)))。

y=mad(x, 1) 等价于 median(abs(X-median(X)))。

y=mad(x, 0) 等价于 mean(abs(X-mean(X)))。

例 2.16 函数 mad 示例。

MATLAB 程序代码如下:

```
>> x=normrnd(0,1,1,50);% 产生正态分布随机数
>> xo=[x 10]; % 加入一个异常值
```

```
>> r1=std(xo)/std(x) % 可以看到由于异常值的存在, 严重影响了序列的标准差
```

r1=

    1.6746

```
>> r2=mad(xo,0)/mad(x,0) % 平均绝对偏差减小了异常值的影响
```

r2=

    1.2375

```
>> r3=mad(xo,1)/mad(x,1) % 中值绝对偏差很好地减小了异常值的影响
```

r3=

    1.0099

5. kurtosis

功能: 计算时间序列的峰度。

格式:

k=kurtosis(x)

k=kurtosis(x,flag)

说明:

k=kurtosis(x) 计算时间序列 x 的峰度, 峰度用于度量 x 偏离某分布的情况, 正态分布的峰度为 3。当时间序列的曲线峰值比正态分布的高时, 峰度大于 3, 当比正态分布的低时, 峰度小于 3。

k=kurtosis(x, flag) 指定是否校正系统偏差, 当 flag=0 时进行校正, flag=1 时不校正, 缺省为不校正。

例 2.17 函数 kurtosis 示例。

MATLAB 程序代码如下:

```
>> x=randn([5 4])
```

```
x=
      0.8404    -0.6003    -2.1384     0.1240
     -0.8880     0.4900    -0.8396     1.4367
      0.1001     0.7394     1.3546    -1.9609
     -0.5445     1.7119    -1.0722    -0.1977
      0.3035    -0.1941     0.9610    -1.2078
```

```
>> k=kurtosis(x)
```

k=

1.6822 1.9561 1.4891 1.9161

6. skewness

功能: 计算时间序列的偏度。

格式:

y=skewness(x)

y=skewness(x,flag)

说明:

y=skewness(x) 计算时间序列 x 的偏度, 偏度用于衡量 x 的对称性。若偏度为负, 则 x 均值左侧的离散度比右侧强; 若偏度为正, 则 x 均值左侧的离散度比右侧弱。对于正态分布 (或严格对称分布) 偏度等于 0。

y=skewness(x, flag) 指定是否校正系统偏差, 当 flag=0 时进行校正, flag=1 时不校正, 缺省为不校正。

例 2.18 函数 skewness 示例。

MATLAB 程序代码如下:

```
>> x=randn([5 4])
```

```
x=
     2.9080   -0.2725   -0.3538    0.0335
     0.8252    1.0984   -0.8236   -1.3337
     1.3790   -0.2779   -1.5771    1.1275
    -1.0582    0.7015    0.5080    0.3502
    -0.4686   -2.0518    0.2820   -0.2991
```

```
>> y=skewness(x)
```

```
y=
     0.2582   -0.6399   -0.3250   -0.2601
```

7. xcorr

功能: 估计随机过程中的互相关序列, 自相关是 xcorr 的一个特例。

格式:

c=xcorr(x,y)

c=xcorr(x)

c=xcorr(x,y,'option')

c=xcorr(x,'option')

c=xcorr(x,y,maxlags)

c=xcorr(x,maxlags)

c=xcorr(x,y,maxlags,'option')

c=xcorr(x,maxlags,'option')

[c,lags]=xcorr(⋯)

说明:

x(n) 和 y(n) 为统计的随机序列, $-\infty <n< \infty$, 其中 E {·} 为预期的数值操作, 且 xcorr 函数只能估计有限序列。c=xcorr(x,y) 返回矢量长度为 2*N–1 互相关函数序列, 其中 x 和 y 的矢量长度均为 N, 如果 x 和 y 的长度不一样, 则在短的序列后补零, 直到两者长度相等。

一般情况下, xcorr 计算无正规化的原始相关系数。

输出矢量 c 通过 c(m)=Rxy(m–N), m=1, ⋯, 2N–1 得到。

通常, 互相关函数需要正规化以得到更准确的估计值。

c=xcorr(x) 为矢量 x 的自相关估计。

c=xcorr(x,y,'option') 为有正规化选项的互相关计算, 其中选项 "biased"为有偏的互相关函数估计; "unbiased"为无偏的互相关函数估计; "coeff"为零延时的正规化序列的自相关计算; "none"为原始的互相关计算。

c=xcorr(x,'option') 特指以上某个选项的自相关估计。

c=xcorr(x,y,maxlags) 返回一个延迟范围在 [–maxlags,maxlags] 的互相关函数序列, 输出 c 的程度为 2*maxlags+1。

c=xcorr(x,maxlags) 返回一个延迟范围在 [–maxlags,maxlags] 的自相关函数序列, 输出 c 的程度为 2*maxlags+1。

c=xcorr(x,y,maxlags,'option') 同时指定 maxlags 和 option 的互相关计算。

c=xcorr(x,maxlags,'option') 同时指定 maxlags 和 option 的自相关计算。

[c,lags]=xcorr(⋯) 返回一个在 c 进行相关估计的延迟矢量 lags, 其范围为 [–maxlags:maxlags], 当 maxlags 没有指定时, 其范围为 [–N+1,N–1]。

例 2.19 求带噪声干扰的正弦信号和白噪声信号的自相关函数, 并进行比较, 如图 2.18 所示。

MATLAB 程序代码如下:

```
clc;
clear;
fs=256;% 采样频率
t=0:1/fs:2-1/fs;% 信号的时间序列
p=length(t);
lag=100;% 延迟点数
randn('state',0);% 设置随机数的初始状态
y=sin(2*pi*30.*t)+0.6*randn(1,p);% 产生原始信号
```

```
[c,lags]=xcorr(y,lag,'unbiased') ;% 对信号进行无偏自相关估计
ns=randn(1,p);% 产生一个长度与信号 y 一样的随机信号
[cns,lags]=xcorr(ns,lag,'unbiased') ;% 对随机信号进行无偏自相关估计
figure(221)
subplot(221)
plot(t,y);
xlabel('时间/s');ylabel('y(t)');
title('带噪声干扰的正弦信号');
subplot(222)
plot(lags/fs,c);
xlabel('时间/s');ylabel('Ry(t)');
title('带噪声干扰的正弦信号的自相关');
subplot(223)
plot(t,ns);
xlabel('时间/s');ylabel('ns(t)');
title('噪声的信号');
subplot(224)
```

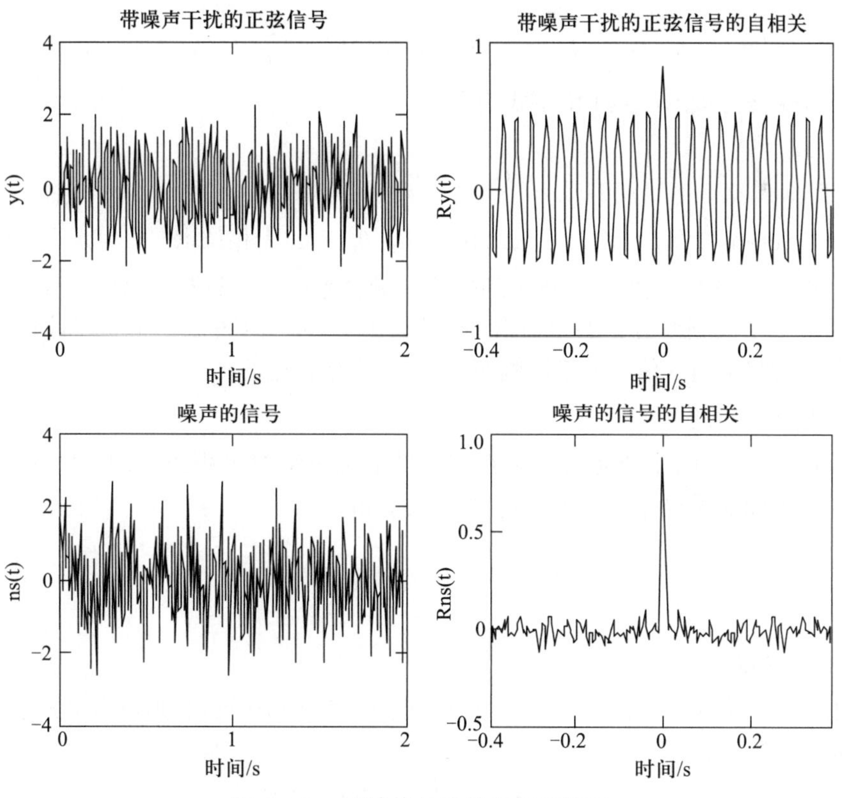

图 2.18　原始信号及其自相关信号

```
plot(lags/fs,cns);
xlabel('时间/s');ylabel('Rns(t)');
title('噪声的信号的自相关');
```

2.4.2 信号的频域分析

较为复杂的频域分析方法将在后面章节介绍, 这里仅对 Fourier 变换和功率谱估计作简要介绍。

2.4.2.1 Fourier 变换基本原理

在信号处理中的重要方法之一是 Fourier 变换 (Fourier transform), 它构架起时间域和频率域的桥梁。

1. Fourier 级数

一个周期为 T 且满足狄利克雷 (Dirichlet) 条件的周期函数 $X(t)$ 可以分解为许多谐波分量之和

$$x(t) = \frac{a_0}{2} + \sum_{n=1}^{\infty}(a_n \cos n\omega_0 t + b_n \sin n\omega_0 t) \tag{2.3}$$

式中, $\omega_0 = 2\pi/T$; $a_n = \dfrac{2}{T}\displaystyle\int_0^T x(t)\cos n\omega_0 t\mathrm{d}t$; $b_n = \dfrac{2}{T}\displaystyle\int_0^T x(t)\sin n\omega_0 t\mathrm{d}t$。

$a_n(n \in z)$、$b_n(n \in z)$ 由下式确定:

$$c_n = \sqrt{a_n^2 + b_n^2} \tag{2.4}$$

令 $\theta_n = \arctan(b_n/a_n)$, 称 $c_n - \omega$ 为幅值谱, $\theta_n - \omega$ 为相位谱, $c_n^2 - \omega$ 为功率谱。

将式 (2.3) 中的谐波分量投影到幅值 – 频谱坐标上, 可以得到许多离散的分量, 它们反映了不同频率分量的幅值谱, 如图 2.19 所示。由图 2.19 可见, 时域分析与频域分析反映了同一信号的不同侧面, 它们是互相补充的。

2. Fourier 变换

Fourier 变换的本质是将一个在实数域上满足绝对可积条件的任意函数 $x(t)$ 展开成一个标准函数 $\{\mathrm{e}^{i\omega t}/\omega \in \mathrm{R}\}$ 的加权求和。

$$X(\omega) = \int_{-\infty}^{\infty} x(t)\mathrm{e}^{-i\omega t}\mathrm{d}t \tag{2.5}$$

式中, $\omega = 2\pi f$。

由于 $x(t)$ 绝对可积, $X(\omega)$ 一定存在, 反之, 若 $X(\omega)$ 已知, 则可由下式求 $X(\omega)$ 的 Fourier 逆变换:

$$x(t) = \frac{1}{2\pi}\int_{-\infty}^{\infty} X(\omega)\mathrm{e}^{i\omega t}\mathrm{d}t \tag{2.6}$$

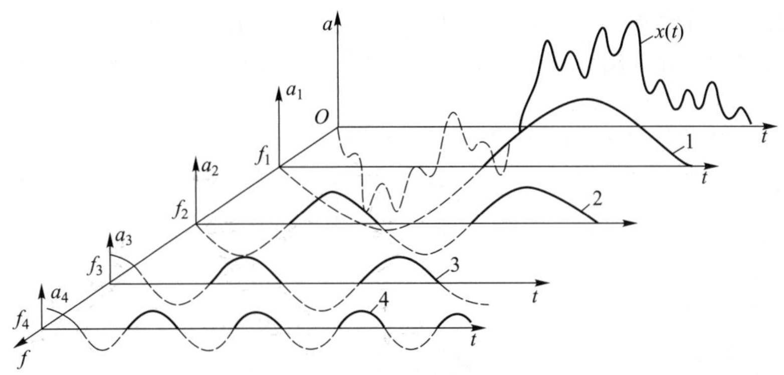

图 2.19 时域信号的频域展开图

1—$a_1\cos(2\pi f_1 t+\theta_1)$; 2—$a_2\cos(2\pi f_2 t+\theta_2)$; 3—$a_3\cos(2\pi f_3 t+\theta_3)$; 4—$a_4\cos(2\pi f_4 t+\theta_4)$

式 (2.5) 和式 (2.6) 称为傅氏变换对。

为了能在计算机上实现信号的频谱分析, 要求时域信号是离散的, 且是有限长。这样, 由前面的连续 Fourier 变换可以导出离散的 Fourier 变换公式如下:

$$X(k)=\sum_{n=0}^{N-1}x(n)\mathrm{e}^{-j\frac{2\pi}{N}nk} \tag{2.7}$$

$$x(n)=\frac{1}{N}\sum_{k=0}^{N-1}X(k)\mathrm{e}^{j\frac{2\pi}{N}nk} \tag{2.8}$$

在式 (2.7) 和式 (2.8) 中, $x(n)$、$X(k)$ 分别是实测信号 $\widehat{x}(nT_s)$、$\widehat{X}(k\omega_0)$ 的一个周期, 此处将 T_s、ω_0 都归一化为 1。

信号经过 Fourier 变换由时间 t 的函数变为角频率 ω 的函数, 即由时域转换到频域。变换结果显示了信号的频域特性, 对部分信号而言, Fourier 分析是非常有效的, 因为它给出了信号所含的各频率成分。但是 Fourier 分析也有其不足之处, 即变换之后的信号完全失去了时间信息, 无法反映频率随时间的变化。

2.4.2.2 离散 Fourier 变换的 MATLAB 实现

1. fft

功能: 实现快速 Fourier 变换。

格式:

```
y=fft(x)
y=fft(x,n)
```

说明:

x 为向量时, y 是 x 的快速 Fourier 变换结果, 与 x 具有相同的长度; x 为矩阵时, y 是对 x 的每一列向量进行 fft, 参数 n 表示执行 n 点 fft。

若 x 的长度是 2 的整数次幂, 函数 fft 运行速度最佳。

例 2.20 对信号 y=2*sin(2*pi*f1.*t)+ sin(2*pi*f2.*t) 分别进行 64 点和 256 点 Fourier 变换, 并画出幅频图, 其中采样频率为 256 Hz, f1=30 Hz, f2=80 Hz。

MATLAB 程序代码如下:

```
clc;
clear;
fs=256;
f1=30;f2=80;
t=0:1/fs:1-1/fs;% 信号的时间序列
p=length(t);% 信号长度
y=2*sin(2*pi*f1.*t)+sin(2*pi*f2.*t);
nfft1=64;nfft2=256;
rfft1=fft(y,nfft1);
ys1=abs(rfft1);
fz1=(1:nfft1/2)*fs/nfft1;% 信号的真实频率序列
rfft2=fft(y,nfft2);
ys2=abs(rfft2);
fz2=(1:nfft2/2)*fs/nfft2;% 信号的真实频率序列
figure(1)
subplot(121)
plot(fz1,ys1(1:nfft1/2)*2/p);
xlabel('频率/Hz');ylabel('幅值');
title('64 点 fft');
subplot(122)
plot(fz2,ys2(1:nfft2/2)*2/p);
xlabel('频率/Hz');ylabel('幅值');
title('256 点 fft');
```

幅频图如图 2.20 所示。

2. ifft

功能: 实现快速 Fourier 逆变换。

格式:

y=ifft(x)

y=ifft(x,n)

说明:

x 为需要 Fourier 逆变换的信号, 一般情况下为复数; y 为逆变换的输出, 包括实部和虚部。

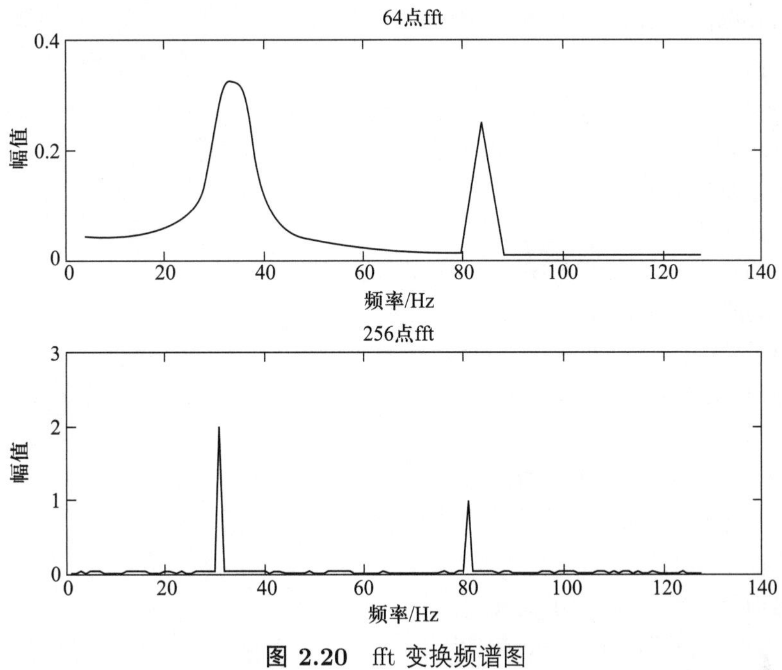

图 2.20 fft 变换频谱图

例 2.21 对例 2.20 信号进行 Fourier 逆变换, 并与原信号进行比较, 如图 2.21 所示。

MATLAB 程序代码如下:

```
clc;
clear;
fs=256;
f1=30;f2=80;
t=0:1/fs:1-1/fs;% 信号的时间序列
p=length(t);% 信号长度
y=2*sin(2*pi*f1.*t)+sin(2*pi*f2.*t);
nfft=256;
rfft=fft(y,nfft);% 进行 Fourier 变换
ys=abs(rfft);
fz=(1:nfft/2)*fs/nfft;% 信号的真实频率序列
xifft=ifft(rfft);% 进行 Fourier 逆变换
realx=real(xifft);% 求得逆变换的实部
ti=[0:length(xifft)-1]/fs;% 逆变换后信号的时间序列
yfft=fft(xifft,nfft);% 对 Fourier 逆变换后的信号进行 Fourier 变换
myfft=abs(yfft);
p1=length(xifft);
```

```
figure(1)
subplot(221)
plot(t,y);
xlabel('时间/s');ylabel('幅值');
title('原始信号');
subplot(222)
plot(fz,ys(1:nfft/2)*2/p);
xlabel('频率/Hz');ylabel('幅值');
title('原始信号的 fft');
subplot(223)
plot(ti,realx);
xlabel('时间/s');ylabel('幅值');
title('逆变换后得到的信号');
subplot(224)
plot(fz,myfft(1:nfft/2)*2/p1);
xlabel('频率/Hz');ylabel('幅值');
title('逆变换后得到的信号的 fft');
```

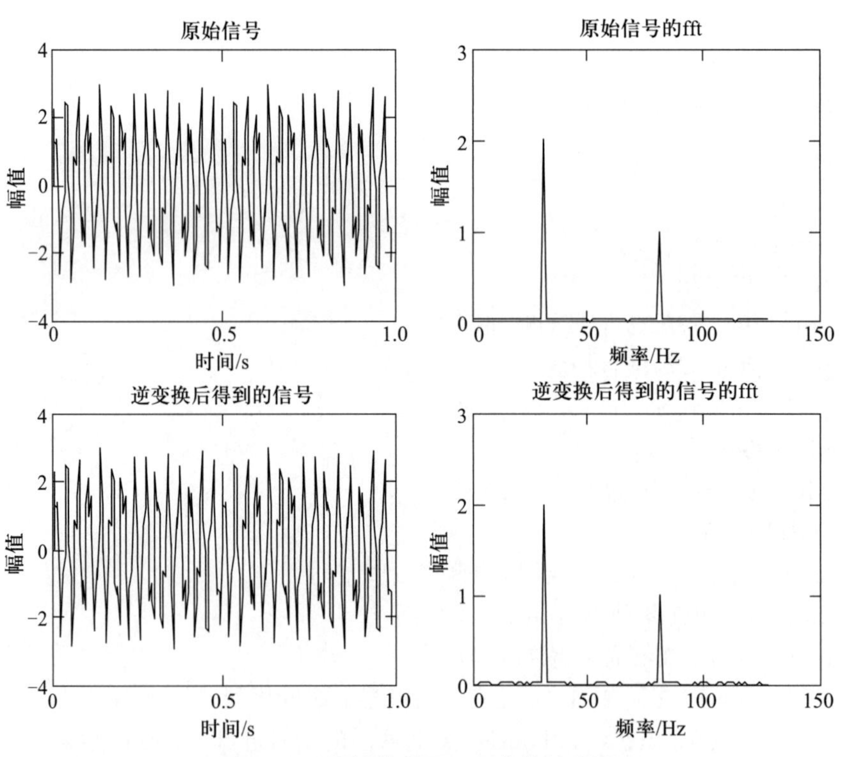

图 2.21　原始信号及 ifft 变换效果图

2.4.2.3 功率谱估计基本原理简介

随机信号是时域无限信号, 不具备可积分条件, 因此不能直接进行 Fourier 变换。一般用具有统计特性的功率谱来作为谱分析的依据。功率谱与自相关函数是一个傅氏变换对。功率谱具有单位频率的平均功率量纲, 所以标准叫法是功率谱密度。通过功率谱密度函数, 可以看出随机信号的能量随着频率的分布情况。fft 作出来的是频谱, 功率谱估计函数作出来的是功率谱, 功率谱丢失了频谱的相位信息; 频谱不同的信号其功率谱可能是相同的; 功率谱是幅度取模后平方, 结果是个实数。

谱估计方法主要包括经典谱估计和 AR 模型功率谱估计。人们最初使用的是经典功率谱估计, 但经典功率谱估计使用周期图法时假定数据窗以外的数据全为零, 使用自相关法时又假定自相关函数全为零, 而这些假定不符合实际, 最终导致经典功率谱估计较差的频率分辨率。基于参数建模的 AR 谱估计则能够弥补这一不足, 改善了功率谱估计的频率分辨率, 其基本思路是: 先对时间序列信号建立 AR 模型, 再用模型系数计算信号的自功率谱, 具体步骤如下:

(1) 建立一个有白噪声的序列 $u(n)$ 就可以产生平稳信号序列 $x(n)$ 的系统 $H(z)$;

(2) 由已知的序列 $x(n)$ 或其自相关函数 $r_x(m)$ 估计出系统 $H(z)$ 的参数;

(3) 根据 $H(z)$ 的参数估计序列 $x(n)$ 的功率谱 $\widehat{P}_x(k)$。

AR(N) 模型的一般表达式为

$$x(n) = u(n) - \sum_{k=1}^{N} a_k x[n-k] \tag{2.9}$$

式中 $x(n)$ 为自回归时间序列; $u(n)$ 为具有零均值、方差为 σ_B^2 的正态分布的有限带宽白噪声; N 为模型的阶次。

如果将式 (2.9) 看作一个系统的输入/输出方程, 则 $u(n)$ 可视为系统的白噪声输入, $x(n)$ 为系统在有限带宽白噪声激励下的相应输出。

根据自谱的定义, 利用传递函数可求出信号的单边谱为

$$G_y(f) = \frac{2T_s\sigma_B^2}{\left|1+\sum_{k=1}^{N} a_k \mathrm{e}^{-i2\pi kT_s}\right|^2} \tag{2.10}$$

式中, 取 $f \in [0 \sim f_s/2]$ (一般取 $f \in [0 \sim f_s/2.56]$); $T_s = 1/f_s$, f_s 为采样频率。

2.4.2.4 常用功率谱估计方法的 MATLAB 实现

1. pwelch

功能: 用改进的周期图法进行功率谱估计。

格式:

[Pxx,w]=pwelch(x)

[Pxx,w]=pwelch(x,window)

[Pxx,w]=pwelch(x,window,noverlap)

[Pxx,w]=pwelch(x,window,noverlap,nfft)

[Pxx,w]=pwelch(x,window,noverlap,w)

[Pxx,f]=pwelch(x,window,noverlap,nfft,fs)

[Pxx,f]=pwelch(x,window,noverlap,f,fs)

[· · ·]=pwelch(x,window,noverlap,· · · ,'range')

pwelch(x,· · ·)

说明:

经典功率谱估计常用的方法属于周改进的期图法, Welch 法对 Bartlett 法进行了两方面的修正: 一是选择适当的窗函数 $w(n)$, 并在周期图计算前直接加进去, 加窗的优点是无论什么样的窗函数均可使谱估计非负; 二是在分段时, 可使各段之间有重叠, 这样会使方差减小。

例 2.22 函数 pwelch 示例, 如图 2.22 所示。

MATLAB 程序代码如下:

```
clc;
clear;
Fs=1000;
n=0:1/Fs:1;
xn=cos(2*pi*40*n)+3*cos(2*pi*100*n)+randn(size(n));
nfft=1024;
window=boxcar(100); % 矩形窗
window1=hamming(100); % Hamming 窗
noverlap=20; % 数据无重叠
range='half'; % 频率间隔为 [0 Fs/2], 只计算一半的频率
[Pxx,f]=pwelch(xn,window,noverlap,nfft,Fs,range);
[Pxx1,f]=pwelch(xn,window1,noverlap,nfft,Fs,range);
plot_Pxx=10*log10(Pxx);
plot_Pxx1=10*log10(Pxx1);
figure(1)
subplot(211)
plot(f,plot_Pxx);
title('Welch 方法 - 矩形窗');
xlabel('频率/Hz');ylabel('功率谱/dB');
```

```
subplot(212)
plot(f,plot_Pxx1);
title('Welch 方法 – Hamming 窗');
xlabel('频率/Hz');ylabel('功率谱/dB');
```

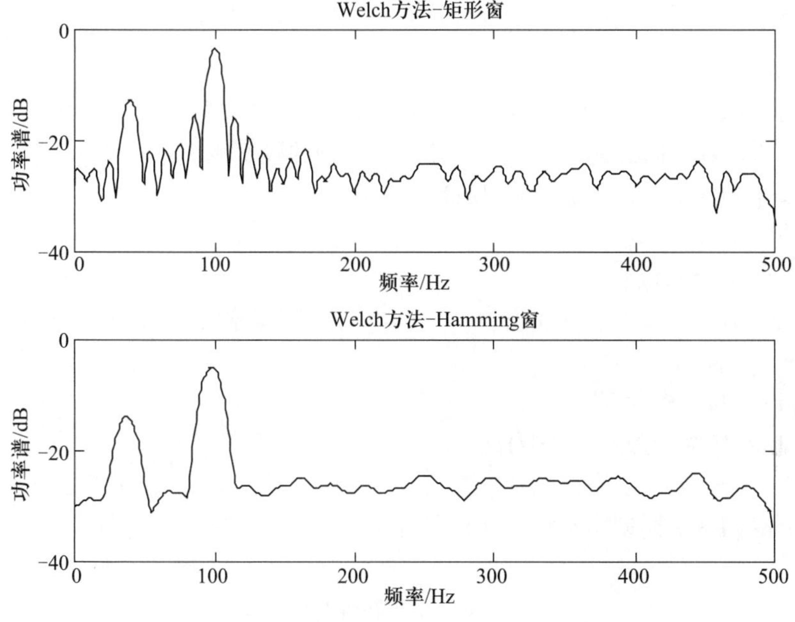

图 2.22 Welch 方法功率谱估计的效果图

2. pburg

功能: burg 法进行功率谱估计。

格式:

```
Pxx=pburg(x,p)
Pxx=pburg(x,p,nfft)
[Pxx,w]=pburg(···)
[Pxx,w]=pburg(x,p,w)
Pxx=pburg(x,p,nfft,fs)
Pxx=pburg(x,p,f,fs)
[Pxx,f]=pburg(x,p,nfft,fs)
[Pxx,f]=pburg(x,p,f,fs)
[Pxx,f]=pburg(x,p,nfft,fs,'range')
[Pxx,w]=pburg(x,p,nfft,'range')
```

说明:

现代谱估计常用的方法, 避开了自相关函数的计算, 能够在低噪声的信号中分辨出非常接近的正弦信号, 可以使用较少的数据记录来进行功率谱估计, 估计的结果接近真实值。

例 2.23 函数 pburg 示例, 如图 2.23 所示。

MATLAB 程序代码如下:

```
clc;
clear;
a=[1 -2.2137 2.9403 -2.1697 0.9606]; % 定义 AR 模型
[H,w]=freqz(1,a,256);              % AR 模型的频率响应
Hp=plot(w/pi,20*log10(2*abs(H)/(2*pi)),'*');
hold on;
randn('state',1);
x=filter(1,a,randn(256,1));         % AR 模型输出
pburg(x,4,511);
xlabel('归一化频率')
ylabel('功率谱密度 /(dB/Hz)')
title('burg 方法功率谱估计')
legend('PSD 模型输出','PSD 谱估计')
```

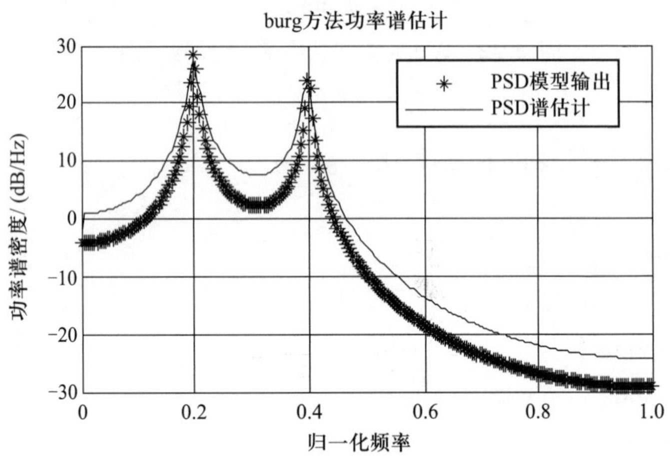

图 2.23 burg 方法功率谱估计的效果图

第 3 章　时频分析方法的 MATLAB 实现及应用研究

经典 Fourier 变换只能反映信号的整体特性 (完全是时域或者频域)。另外, 还要求信号满足平稳条件。

由公式 $\widehat{f}(\omega)=\int_{-\infty}^{\infty} f(x)\mathrm{e}^{-i\omega x}\mathrm{d}x$ 可知, 若用 Fourier 变换研究时域信号频谱特性, 必须获得时域中的全部信息。另外, 若信号在某时刻的一个小的邻域内发生变化, 那么信号的整个频谱都会受到影响, 而频谱分析和功率谱估计从根本上来说无法标定发生变化的时间位置和变化的剧烈程度。为此, 就需要使用时间和频率的联合函数来表示信号, 这种表示方法为信号的时频分析。

时频分析方法包括线性时频表示和非线性时频表示, 典型的线性时频表示有短时 Fourier 变换和 Gabor 变换, 非线性时频表示主要有 Wigner–Ville 时频分布等二次型表示。

MATLAB 提供的 tftoolbox 工具箱中的函数可以实现各种方法的时频分析。

3.1　短时 Fourier 变换的 MATLAB 实现

3.1.1　短时 Fourier 变换基本原理

1. 连续短时 Fourier 变换

给定一个时间宽度很短的窗函数 $\gamma(t)$, 令窗滑动, 则信号 $z(t)$ 的短时 Fourier 变换定义为

$$STFT_z(t,f)=\int_{-\infty}^{\infty}[z(t')\gamma^*(t'-t)]\mathrm{e}^{-j2\pi ft'}\mathrm{d}t' \tag{3.1}$$

在式 (3.1) 中, * 代表复数共轭, 正是 $\gamma(t)$ 的时间移位和频率移位, 使得短时 Fourier 变换具有局域的时频特性。它既是时间的函数, 又是频率的函数。对于一定时刻 t,

$STFT_z(t,f)$ 可视为该时刻的 "局域频谱"。短时 Fourier 变换有正变换和逆变换之分。式 (3.1) 为正变换公式, 则信号 $z(t)$ 的重构公式为

$$p(u)=\int_{-\infty}^{\infty}\int_{-\infty}^{\infty}STFT_z(t,f)g(u-t)\mathrm{e}^{j2\pi fu}\mathrm{d}t\mathrm{d}f \tag{3.2}$$

通过对 f 进行积分, 得式 (3.3)

$$p(u)=z(u)\int_{-\infty}^{\infty}\gamma^*(u-t)g(u-t)\mathrm{d}t=z(u)\int_{-\infty}^{\infty}\gamma^*(t)g(t)\mathrm{d}t \tag{3.3}$$

为了能实现完全重构, 令 $p(u)=z(u)$, 则

$$\int_{-\infty}^{\infty}\gamma^*(t)g(t)\mathrm{d}t=1 \tag{3.4}$$

式中, $\gamma(t)$ 为分析窗; $g(t)$ 为综合窗; $\gamma^*(t)$ 为分析窗的对偶窗。

2. 离散短时 Fourier 变换

在实际应用中需要将 Fourier 变换离散化。信号的离散短时 Fourier 变换定义为

$$STFT(n,\omega)=\sum_{m=-\infty}^{\infty}z[n+m]w[m]\mathrm{e}^{-j\omega m} \tag{3.5}$$

式中, $w[m]$ 为窗函数。对于离散短时 Fourier 变换, 式 (3.5) 中 m 的取值应满足: $w[m]\neq 0(0\leqslant m\leqslant L-1)$, 在 $[0,L-1]$ 以外, $w[m]=0$。这样, 式 (3.5) 可表示为

$$STFT(n,\omega)=\sum_{m=0}^{L-1}z[n+m]w[m]\mathrm{e}^{-j\omega m} \tag{3.6}$$

如果对 $STFT_z(n,\omega)$ 在 N 个等间隔的频率 $\omega_f=2\pi f/N$ 处采样, 且 $N\geqslant f$, 那么由采样后的短时 Fourier 变换可表示为

$$\begin{aligned}STFT(n,f)&=STFT(n,2\pi f/N)\\&=\sum_{m=0}^{L-1}z[n+m]w[m]\mathrm{e}^{-j(2\pi/N)fm},\quad 0\leqslant f\leqslant N-1\end{aligned} \tag{3.7}$$

$STFT_z(n,f)$ 是加窗序列 $z[n+m]w[m]$ 的离散 Fourier 变换, 利用离散 Fourier 逆变换, 有

$$z[n+m]w[m]=\frac{1}{N}\sum_{f=0}^{N-1}STFT(n,f)\mathrm{e}^{j(2\pi/N)fm},\quad 0\leqslant m\leqslant L-1 \tag{3.8}$$

由于 $w[m]\neq 0(0\leqslant m\leqslant L-1)$, 可得下式:

$$z[n+m]=\frac{1}{Nw[m]}\sum_{f=0}^{N-1}STFT(n,f)\mathrm{e}^{j(2\pi/N)fm},\quad 0\leqslant m\leqslant L-1 \tag{3.9}$$

在 n 到 $n+L-1$ 的区间内恢复时间序列值。由于 $w[m]\neq 0(0\leqslant m\leqslant L-1)$, 式 (3.7) 相当于将式 (3.5) 对 f 进行了采样。若将 $STFT(n,f)$ 对时间 n 采样, 则可以在 $-\infty\leqslant n\leqslant\infty$ 内重构 $z[n]$。具体地讲, 利用式 (3.9) 可以由 $STFT(n_0,f)$ 在区间 $n_0\leqslant n\leqslant n_0+L-1$ 上重构该段信号, 也可以由 $STFT(n_0+L,f)$ 在区间 $n_0+L\leqslant n\leqslant n_0+2L-1$ 上重构该段信号, 等等。这样, 由同时在频率维和时间维采样的短时 Fourier 变换完全可以重构 $z[n]$。对于窗函数 $w[m]\neq 0(0\leqslant m\leqslant L-1)$, 采用式 (3.10) 的定义可以表示得更清楚

$$STFT(rR,f)=STFT(rR,2\pi f/N)=\sum_{m=0}^{L-1}z[rR+m]w[m]\mathrm{e}^{-j(2\pi/N)fm} \tag{3.10}$$

式中, r 和 f 均为整数, $-\infty<r<\infty, 0\leqslant f\leqslant N-1$。

式 (3.10) 涉及如下整数型参数: 窗的长度 L; 在频率维中的样本数 N 以及时间维中的采样区间 R。并不是任意选择这些参数就能完全重构信号。选择 $L\leqslant N$ 可以保证由块变换 $STFT(n,f)$ 来重构加窗信号段。若 $R<L$, 则信号段有重叠; 但若 $R>L$, 则信号的一些样本用不上。这样不能由 $STFT(n,f)$ 重构原信号。通常在离散短时 Fourier 变换中, 采样的 3 个参数满足关系式 $N\geqslant L\geqslant R$。

3.1.2 短时 Fourier 变换的 MATLAB 函数及举例

函数: tfrstft

功能: 实现离散序列的短时 Fourier 变换, 是 tftoolbox 工具箱中的函数。

格式:

[tfr, t, f]=tfrstft(x): 计算时间序列 x 的短时 Fourier 变换, 参数 tfr 为短时 Fourier 变换系数, t 为系数 tfr 对应的时刻, f 为归一化频率向量。

[tfr, t, f]=tfrstft(x, t): 计算对应时刻 t 的短时 Fourier 变换。

[tfr, t, f]=tfrstft(x, t, n): 计算 n 点对应时刻 t 的短时 Fourier 变换。

[tfr, t, f]=tfrstft(x, t, n, h): 参数 h 为归一化频率平滑窗。

[tfr, t, f]=tfrstft(x t, n, h, trace): trace 显示算法进程。

说明:

x 为信号;

t 为时间 (缺省值为 1: length(x));

n 为频率数 (缺省值为 length(x));

h 为频率滑窗, h 归一化为单位能量 [缺省值为 hamming(n/4)];

trace 为非零, 则显示算法的进程 (缺省值为 0);

tfr 为时频分解 (为复值), 频率轴观察范围为 $-0.5\sim 0.5$;

f 为归一化频率。

例 3.1 构建一个 256 点仿真信号 $x(N)$, 采样频率为 256 Hz, 在区间 (30,80) 和 (140,190) 内正弦信号的频率分别为 32 Hz 和 64 Hz, 采用函数 tfrstft 对其进行时频分析。

MATLAB 程序代码如下:

```
clc;
clear;
FS=256;% 采样频率
Ts=1/FS;% 时间间隔
N=256;% 信号的长度
pt=0*Ts:Ts:(N-1)*Ts;% 信号的时间间隔序列
t1=zeros(N,1);t2=zeros(N,1);
t1(30:80)=pt(30:80);t2(140:190)=pt(140:190);
f1=32;f2=64;% 不同区间正弦信号的频率, 根据采样频率可以计算得到归一
化频率分别为 0.125,0.25
x=sin(2*pi*f1*t1)+sin(2*pi*f2*t2);% 构建出仿真信号
figure(1);
plot(pt,x);% 画出仿真新的时域波形图
xlabel('时间/s');ylabel('幅值');
title('仿真信号时域波形图')
figure(2)
subplot(2,1,1)
[tfr,t,f]=tfrstft(x);% 进行短时 Fourier 变换, Hamming 窗长度采用的默认
长度 65
pcolor(t,f(1:N/2,1),abs(tfr([1:N/2],:)));
colorbar;% 加上能量映射条
xlabel('采样点数');ylabel('归一化频率');title('时频分布图')
subplot(2,1,2)
t=(t-1)/FS;% 横坐标为时间
f=f*FS;% 纵坐标为实际频率
pcolor(t,f(1:N/2,1),abs(tfr([1:N/2],:)));
xlabel('时间/s');ylabel('频率/Hz');
colorbar;% 加上能量映射条
```

程序运行后, 可以得到仿真信号的时域波形图如图 3.1 所示, 时频分布图如图 3.2 所示, Hamming 窗长度采用的默认长度 65, 在时频分布图上可以明显看出仿真信号含有两个频率成分以及它们随时间变化的情况, f1、f2 即归一化频率 0.125 和 0.25 分别出现在区间 (30,80) 和 (140,190)。

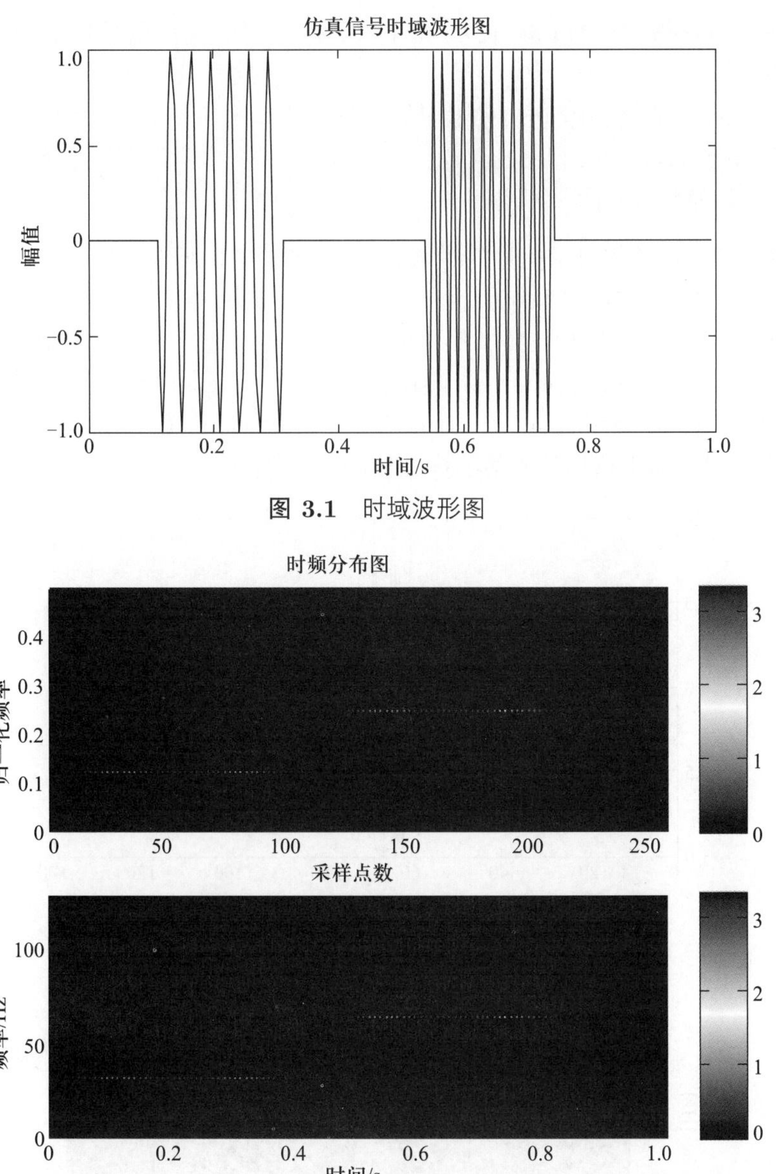

图 3.1 时域波形图

图 3.2 时频分布图

例 3.2 构建经过高斯信号进行幅度调制的线性调频信号 $x(N)$, 采用函数 tfrstft 对其进行时频分析, 并通过 "tfrqview menu" 设置时频分布的不同显示方式。

MATLAB 程序代码如下:

```
clc
clear all
close all
```

```
x=amgauss(128).*fmlin(128,0.05,0.45,64);% 产生高斯信号幅度调制的线性调频信号
plot(real(x));% 画出仿真信号时域波形图
tfrstft(x,1:length(x),length(x),hamming(31));% 由于没有输出参数, 系统直接画出时频分布图
```

运行程序后, 首先显示信号的时域波形图, 如图 3.3 所示, 进行短时 Fourier 变换后, 由于没有输出参数, 系统会直接给出时频分布图, 如图 3.4 所示, 为了能同时看到时域信号、时频分布及频域信号分布特点, 通过选择 “TFRQVIEW” 菜单中的 “change the display layout”→“display signal”→“signal only”, 再选择 “change the display layout”→“display spectrum” →“linear scale”, 就可以得到图 3.5。读者可以按照自己的需求选择其他菜单获得时频分布图。

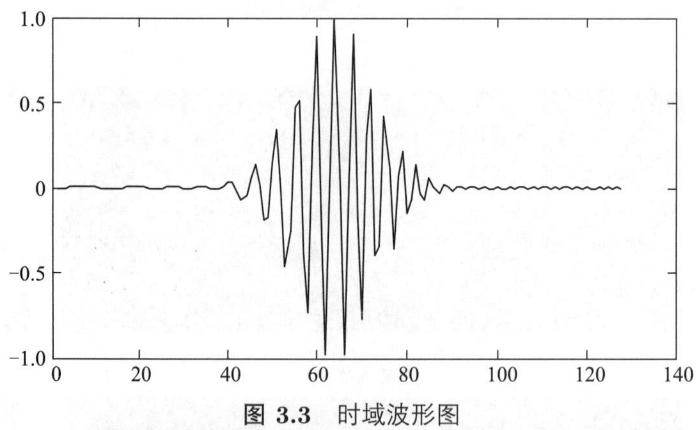

图 3.3 时域波形图

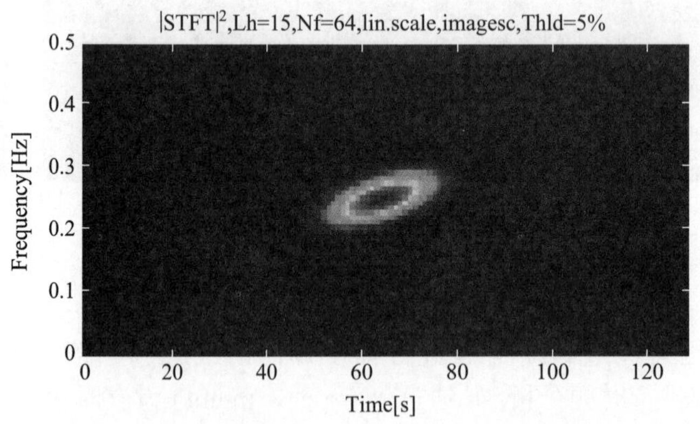

图 3.4 系统直接给出的时频分布图 (见书后彩图)

例 3.3 对例 3.2 中的仿真信号采用不同长度的 Hamming 窗, 说明短时 Fourier 变换频率分辨率和时间分辨率的测不准原理。

MATLAB 程序代码如下:

```
clc
clear all
close all
x=amgauss(128).*fmlin(128,0.05,0.45,64);% 产生高斯信号幅度调制的线性
调频信号
tfrstft(x,1:length(x),length(x),Hamming(1));%Hamming 窗的长度为 1
tfrstft(x,1:length(x),length(x),Hamming(127));%Hamming 窗的长度为 127
```

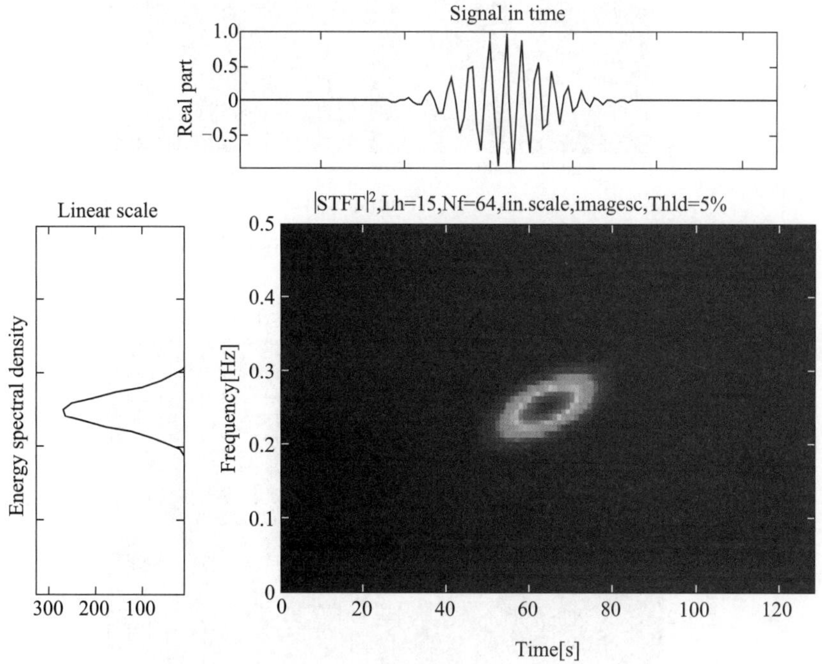

图 3.5 选择得到的时频分布图 (见书后彩图)

根据测不准原理, 对于短时 Fourier 变换, 当 Hamming 窗的长度为 1, 信号的 stft 在时域内被很好地局域化了, 时频分析结果的时间分辨率好, 但是不能反映任何频率信息, 如图 3.6 所示; 当 Hamming 窗的长度为 127, 信号的 stft 在时域内被很好地局域化了, 时频分析结果的频率分辨率好, 但是不能反映任何时间信息, 如图 3.7 所示。

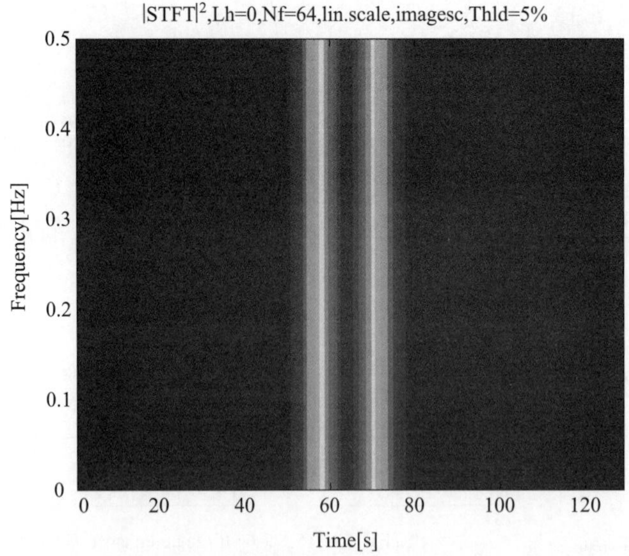

图 3.6 Hamming 窗长度为 1 的时频分布图 (见书后彩图)

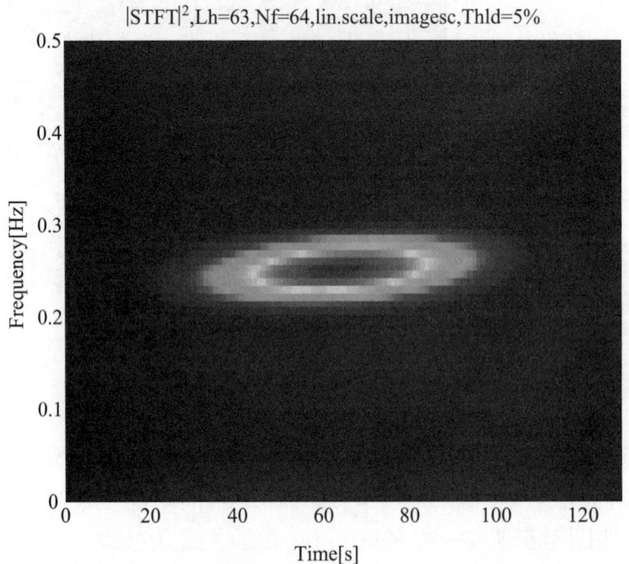

图 3.7 Hamming 窗长度为 127 的时频分布图 (见书后彩图)

3.2 Gabor 变换的 MATLAB 实现

3.2.1 Gabor 变换

设函数 f 为具体的高斯函数, 且 $f \in L^2(R)$, 则 Gabor 变换定义为

$$G_f(a,b,\omega) = \int_{-\infty}^{\infty} f(t) g_a^*(t-b) \mathrm{e}^{-i\omega t} \mathrm{d}t \tag{3.11}$$

式中, $g_a(t)=\dfrac{1}{2\sqrt{\pi a}}\exp\left(-\dfrac{t^2}{4a}\right)$, 是高斯函数, 称为窗函数, $a>0, b>0$; $g_a(t-b)$ 是一个时间局部化的 "窗函数", 参数 b 用于平行移动窗口, 以便于覆盖整个时域。

对参数 b 积分, 则有

$$\int_{-\infty}^{\infty} G_f(a,b,\omega)\mathrm{d}b=\hat{f}(\omega), \quad \omega\in R \tag{3.12}$$

信号的重构表达式为

$$f(t)=\frac{1}{2\pi}\int_{-\infty}^{\infty}\int_{-\infty}^{\infty} G_f(a,b,\omega)g_a(t-b)\mathrm{e}^{i\omega t}\mathrm{d}\omega\mathrm{d}b \tag{3.13}$$

Gabor 取 $g(t)$ 为一个高斯函数有两个原因: 一是高斯函数的 Fourier 变换仍为高斯函数, 这使得 Fourier 逆变换也是用窗函数局部化, 同时体现了频域的局部化; 二是 Gabor 变换是最优的窗口 Fourier 变换。其意义在于 Gabor 变换出现之后, 才有了真正意义上的时间 – 频率分析。即 Gabor 变换可以达到时频局部化的目的: 它能够在整体上提供信号的全部信息而又能提供在任一局部时间内信号变化剧烈程度的信息。简言之, 它可以同时提供时域和频域局部化的信息。

经理论推导可以得出高斯窗函数条件下的窗口宽度与高度, 且积为一固定值, 如下式所示:

$$\begin{aligned}&[b-\sqrt{a},b+\sqrt{a}]\times\left[\omega-\frac{1}{a\sqrt{a}},\omega-\frac{1}{a\sqrt{a}}\right]\\&\qquad=(2\Delta G_{b,w}^{a})(2\Delta H_{b,w}^{a})=(2\Delta g_a)(2\Delta g_{1/4,a})=2\end{aligned} \tag{3.14}$$

矩形时间 – 频率窗: 宽为 $2\sqrt{a}$, 高为 $1/\sqrt{a}$。

由此, 可以看出 Gabor 变换的局限性: 时间频率的宽度对所有频率是固定不变的。实际要求是: 窗口的大小应随频率而变化, 频率越高窗口应越小, 这才符合实际问题中的高频信号的分辨率应低于低频信号的分辨率。

3.2.2 Gabor 变换的 MATLAB 函数及举例

函数: tfrgabor

功能: 实现离散序列的 Gabor 变换, 是 tftoolbox 工具箱中的函数。

格式:

[tfr, dgr, gam]=tfrgabor (x)

[tfr, dgr, gam]=tfrgabor (x, N)

[tfr, dgr, gam]=tfrgabor (x, N,Q)

[tfr, dgr, gam]=tfrgabor (x, N,Q,h)

[tfr, dgr, gam]=tfrgabor (x, N,Q,h,trace)

说明:

x 为信号, N1=length(x);

N 为时域 Gabor 系数的个数 (N1 必须是 N 的倍数);

Q 为过采样度, 是 N 的除数;

h 表示时频面上大小为 (N,M) 矩形格内的一个综合窗, M 和 N 必须满足 N1=M*N/Q, 归一化为单位能量 [缺省值为 hamming(n/4)];

trace 如果非零, 则显示算法的进程 (缺省值为 0)。

例 3.4 对例 2.10 的仿真信号用 Gabor 变换进行时频分析。

MATLAB 程序代码如下:

```
clc;
clear;
fs=256;
t=0:1/fs:1-1/fs;
y=cos(20*pi.*t.*t)+cos(2*pi.*cos(6*pi.*t)+120*pi.*t);
tfrgabor(y',64,32);
```

程序运行结果如图 3.8 所示。

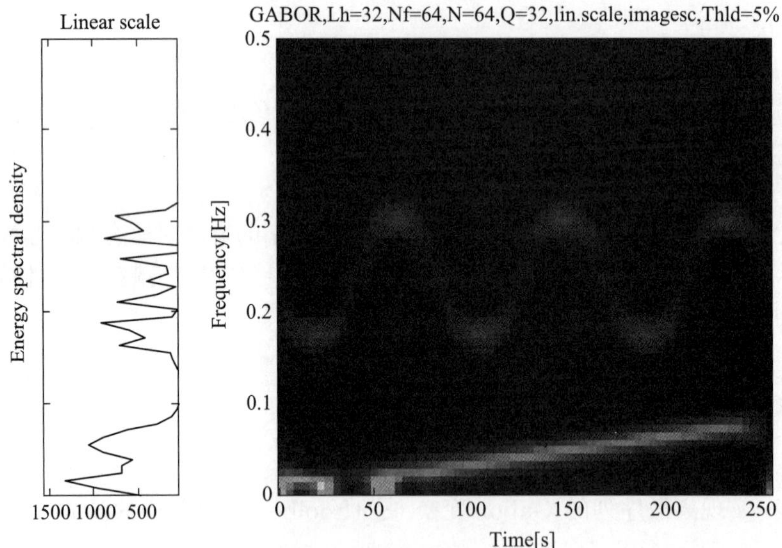

图 3.8 信号的能量谱密度和时频分布图 (见书后彩图)

3.3 Wigner–Ville 时频分布的 MATLAB 实现

3.3.1 Wigner–Ville 时频分布

信号 $x(t)$ 的 Wigner–Ville 分布的定义为

$$WVD_x(t,\omega)=\frac{1}{2\pi}\int_{-\infty}^{\infty}x^*\left(t-\frac{1}{2}\tau\right)x\left(t+\frac{1}{2}\tau\right)\mathrm{e}^{-i\tau\omega}\mathrm{d}\tau \tag{3.15}$$

虽然 Wigner–Ville 分布具有很多优良的数学性质, 但它却并不满足可加性。考虑信号 $x(t)=x_1(t)+x_2(t)$, 将它代入式 (3.15) 可知信号 $x(t)$ 的 Wigner–Ville 分布为

$$\begin{aligned}WVD_x(t,\omega)=&WVD_{x1}(t,\omega)+WVD_{x2}(t,\omega)+WVD_{x1x2}(t,\omega)\\&+WVD_{x2x1}(t,\omega)\end{aligned} \tag{3.16}$$

$$WVD_{x_1x_2}(t,\omega)=\frac{1}{2\pi}\int_{-\infty}^{\infty}x_1^*\left(t-\frac{1}{2}\tau\right)x_2\left(t+\frac{1}{2}\tau\right)\mathrm{e}^{-i\tau\omega}\mathrm{d}\tau \tag{3.17}$$

$$WVD_{x_2x_1}(t,\omega)=\frac{1}{2\pi}\int_{-\infty}^{\infty}x_2^*\left(t-\frac{1}{2}\tau\right)x_1\left(t+\frac{1}{2}\tau\right)\mathrm{e}^{-i\tau\omega}\mathrm{d}\tau \tag{3.18}$$

附加项 $WVD_{x1x2}(t,\omega)+WVD_{x2x1}(t,\omega)$ 通常称为交叉项。

通过 Wigner–Ville 分布的定义即可解释交叉项是如何出现的: 信号某时刻的 Wigner–Ville 分布是位于该点过去的信号等长度地乘以位于该点未来的信号, 然后作 Fourier 变换。因此, 只要该点右边部分和左边部分存在重叠, 则即使信号在该点的值为零, 该点的 Wigner–Ville 分布也不会为零。

考虑到 Wigner–Ville 分布是一种高度非局部变换, 在计算信号任一时刻的 Wigner–Ville 分布时, 都要利用信号该时刻过去和未来的数据, 并且这些数据在计算中所起的作用都是一样的。一种自然的想法就是对信号进行加窗处理, 突出式中位于 $t=0$ 附近的信号特征, 而抑制远处信号的特征, 这样计算得到的 Wigner–Ville 分布称为伪 Wigner–Ville 分布, 定义如下:

$$PW_x(t,\omega)=\frac{1}{2\pi}\int_{-\infty}^{\infty}h(\tau)x^*\left(t-\frac{1}{2}\tau\right)x\left(t+\frac{1}{2}\tau\right)\mathrm{e}^{-i\tau\omega}\mathrm{d}\tau \tag{3.19}$$

式中, $h(\tau)$ 为窗函数。常用的窗函数是 Gauss 函数

$$h(t)=\mathrm{e}^{-\alpha t^2/2} \tag{3.20}$$

加窗后只有当信号某点的右边部分和左边部分在窗内存在重叠部分, 该点的 Wigner–Ville 分布才非零, 因此 Wigner–Ville 分布可以很好地抑制在时间轴方向的交叉项, 并且通过控制窗函数的宽度, 可以调节交叉项的抑制程度。但伪 Wigner–Ville 分布对频率轴方向的交叉项抑制效果不是很明显。

如果同时在频率轴方向加窗来抑制频率轴方向的交叉项, 就可以同时抑制两个方向的交叉项, 这种两个方向都加窗处理的 Wigner–Ville 分布称为平滑伪 Wigner–Ville 分布, 定义如下:

$$SPW_x(t,\omega)=\frac{1}{2\pi}\int_{-\infty}^{\infty}\int_{-\infty}^{\infty}h(\tau)g(s-t)x^*\left(s-\frac{1}{2}\tau\right)x\left(s+\frac{1}{2}\tau\right)\mathrm{e}^{-i\tau\omega}\mathrm{d}s\mathrm{d}\tau \tag{3.21}$$

式中, $g(t)$ 是用来在频率轴方向做平滑的窗函数。同样, $g(t)$ 也可以使用 Gauss 函数。

3.3.2 Wigner–Ville 时频分布的 MATLAB 函数及举例

1. tfrwv

功能: 计算时间序列的 Wigner–Ville 时频分布, 是 tftoolbox 工具箱中的函数。

格式:

[tfr, t, f]=tfrwv(x)

[tfr, t, f]=tfrwv(x, t)

[tfr, t, f]=tfrwv(x, t, n)

[tfr, t, f]=tfrwv(x, t, n, trace)

说明:

x 为信号;

t 为时间 [缺省值为 1: length(x)];

n 为频率数 [缺省值为 length(x)];

trace 如果非零, 则显示算法的进程 (缺省值为 0);

tfr 为时频分解 (为复值), 频率轴观察范围为 $-0.5\sim0.5$;

f 为归一化频率。

例 3.5 使用函数 atoms 产生一个 128 点包含 2 个高斯核的线性组合信号, 采用函数 tfrwv 对其进行时频分析。

MATLAB 程序代码如下:

```
sig=atoms(128,[32,0.15,20,1;96,0.32,20,1]);
tfrwv(sig);
```

从图 3.9 所示的时频分布图上可以看出, 信号的能量并没有按照我们所期望的分布, 虽然在时频面被很好地局域化, 但是由于 Wigner–Ville 分布的双线性产生了相干项, 使得信号能量在不该出现的地方出现, 要考虑消除交叉项的影响。

2. tfrpwv

功能: 计算时间序列的伪 Wigner–Ville 时频分布图, 是 tftoolbox 工具箱中的

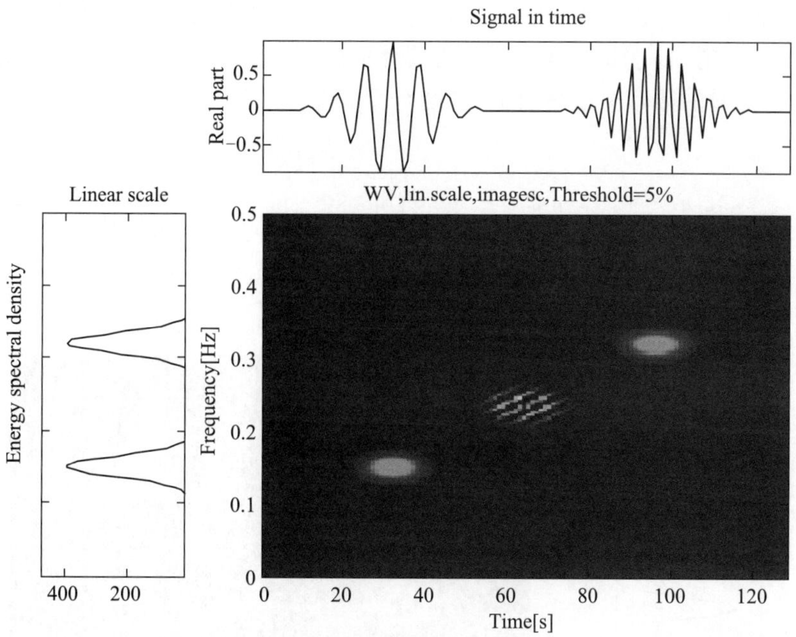

图 3.9 信号的时域波形、能量谱密度和时频分布图 (见书后彩图)

函数。

格式:

[tfr, t, f]=tfrpwv(x)

[tfr, t, f]=tfrpwv(x, t)

[tfr, t, f]=tfrpwv(x, t, n)

[tfr, t, f]=tfrpwv(x, t, n, trace)

说明:

x 为信号;

t 为时间 [缺省值为 1: length(x)];

n 为频率数 [缺省值为 length(x)];

trace 如果非零, 则显示算法的进程 (缺省值为 0);

tfr 为时频分解 (为复值), 频率轴观察范围为 $-0.5 \sim 0.5$;

f 为归一化频率。

例 3.6 对例 3.5 的仿真信号采用函数 tfrpwv 对其进行时频分析。

MATLAB 程序代码如下:

```
sig=atoms(128,[32,0.15,20,1;96,0.32,20,1]);
tfrpwv(sig);
```

从图 3.10 中可以看出, 经过伪 Wigner–Ville 分布的窗函数处理后, 信号能量中的相干项被削弱, 能量分布结果的可读性提高, 但是建立在损失 WVD 优良性质的基础上, 信号的频率宽度增加了, 精度有所下降。

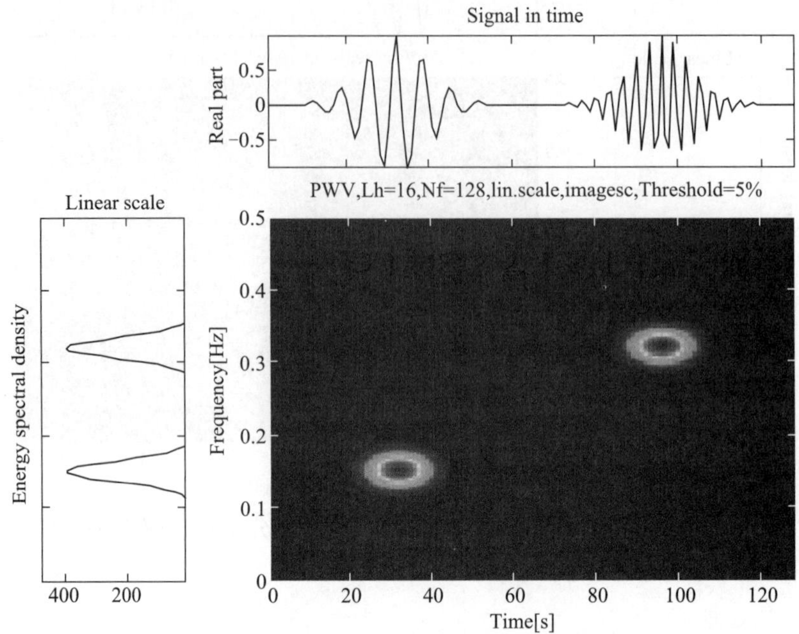

图 3.10 信号的时域波形、能量谱密度和时频分布图 (见书后彩图)

3.4 时频分布在机械故障诊断中的应用实例

例 3.7 利用短时 Fourier 变换分析柴油机漏油故障。诊断实例为斯太尔实车发动机漏油故障, 振动传感器放置在第 3、第 4 缸中间, 设置故障为第 3 缸油路漏油, 同时采集振动信号和第 4 缸喷油压力信号, 采样频率为 12.8 kHz, 发动机转速为 1 300 r/min, Sig1.txt 是正常工况下第 4 缸上止点后两个工作循环的振动信号, Sig2.txt 是第 3 缸漏油工况下的振动信号。

MATLAB 程序代码如下:

```
clc;
clear;
fs=12800;% 采样频率
s1=load('Sig1.txt');
s2=load('Sig2.txt');
ls=length(s1);
figure(1)
subplot(211)
```

```
plot(s1);
title('正常振动信号');xlim([1 ls]);
xlabel('采样点数');ylabel('幅值');
subplot(212)
plot(s2);
xlabel('采样点数');ylabel('幅值');
title('漏油振动信号');xlim([1 ls]);
%%%% 进行短时 Fourier 变换
nfft=1024; %fft 点数
[tfr,t,f]=tfrstft(s1,1:ls,nfft); % 对正常信号进行短时 Fourier 变换
[a,b]=size(tfr);
y=(1:a)./nfft*fs;% 实际频率
x=(1:b);
figure(2)
subplot(211)
contour(x,y(1:nfft/2),abs(tfr(1:nfft/2,:)));
xlabel('采样点数');ylabel('频率/Hz');colorbar
title('正常振动信号时频分布');
[tfr,t,f]=tfrstft(s2,1:ls,nfft); % 对漏油信号进行短时 Fourier 变换
[a,b]=size(tfr);
subplot(212)
contour(x,y(1:nfft/2),abs(tfr(1:nfft/2,:)));
xlabel('采样点数');ylabel('频率/Hz');colorbar;
title('漏油振动信号时频分布');
```

程序运行结果如图 3.11 和图 3.12 所示。

从时频分布图上可以明显看出, 正常工况下, 由于振动传感器的放置依照发动机 “1—5—3—6—2—4” 的做功顺序, 第 3 缸和第 4 缸的能量高于其他缸; 当第 3 缸发生漏油故障后, 第 3 缸的能量明显降低, 由此可以得到诊断结果。

对于 Wigner–Ville 时频分布, 目前主要是与其他方法相结合来应用, 例如进行经验模态分解 (EMD) 预处理削弱交叉项的影响后, 再进行 Wigner–Ville 时频分布变换, 具体应用实例将在第 5 章介绍。

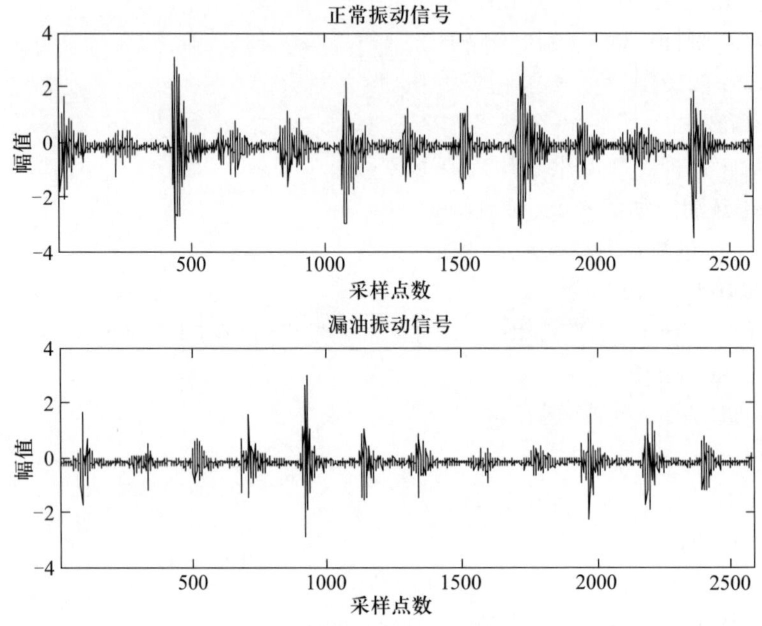

图 3.11 振动信号时域波形图

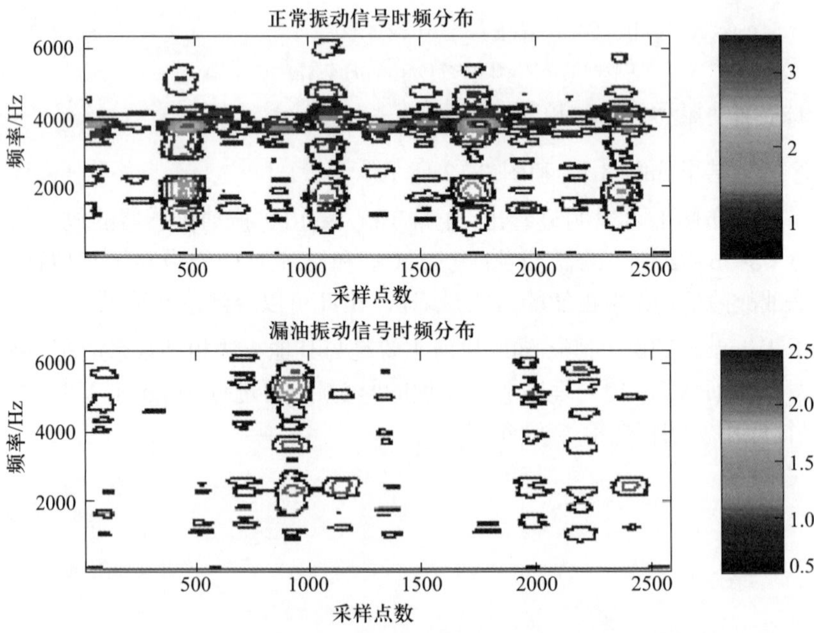

图 3.12 不同工况下信号的时频分布 (见书后彩图)

第 4 章　小波分析的 MATLAB 实现及应用研究

小波分析属于时频分析的一种方法，是具有“变焦”功能的时频分析方法。小波分析的时频分辨率是随分解尺度而变化的，对于信号的低频成分，其时间分辨率高而频率分辨率低；对于信号的高频成分，其时间分辨率低而频率分辨率高，被誉为分析信号的显微镜。为弥补小波分析中高频分解不够精细的不足，学者们提出了小波包变换，其优点在于：能将频带进行多层次划分，可对多分辨分析没有细分的高频部分进一步分解，并能够根据分析信号的特征自适应地选择相应的频带，使之与信号频率相匹配，从而提高频率分辨率。

4.1　小波分析的基本理论

4.1.1　连续小波变换

小波变换的基本思想与 Fourier 变换是一致的，它也是利用一族函数来表示信号，这一族函数称为小波函数系。

设函数 $\varPsi \in L^2(R) \cap L^1(R)$，并且 $\widehat{\varPsi}(0) = 0$，由 $\varPsi$ 经伸缩和平移得到一族函数

$$\varPsi_{a,b}(t) = |a|^{-1/2}\varPsi\left(\frac{t-b}{a}\right), \quad a,b \in R, \quad a \neq 0 \tag{4.1}$$

称 $\{\varPsi_{a,b}\}$ 为分析小波或连续小波，称 $\varPsi$ 为基本小波或母小波。其中，a 为伸缩因子，b 为平移因子。伸缩因子改变连续小波的形状，平移因子改变连续小波的位移。

设 $\varPsi$ 为基本小波，$\{\varPsi_{a,b}\}$ 是由式 (4.1) 定义的连续小波，对于信号 $f \in L^2(R)$，其积分小波变换 (连续小波变换) 定义为

$$W_f(a,b) = \langle f, \varPsi_{a,b} \rangle = |a|^{-1/2} \int_{-\infty}^{+\infty} f(t)\overline{\varPsi\left(\frac{t-b}{a}\right)}\mathrm{d}t \tag{4.2}$$

式中, $\overline{\Psi(t)}$ 表示 $\Psi(t)$ 的复共轭; 符号 $\langle f, \Psi_{a,b}\rangle$ 表示两者的内积。其中 a 和 b 都是连续变量, 因此称之为连续小波变换, 简记为 CWT。

设 Ψ 为任一基本小波, 并且 Ψ 及其 Fourier 变换 $\widehat{\Psi}$ 都是窗函数, 它们的中心和半径分别是 t^*、ω^*、$\Delta\Psi$、$\Delta\widehat{\Psi}$, 则 $\Psi_{a,b}$ 也是一个窗函数, 其中心为 $b+at^*$, 半径为 $a\Delta\Psi$。

连续小波变换的定义 [见式 (4.2)] 表明, $W_f(a,b)$ 将信号 $f(t)$ 限制在 "时间窗"$[b+at^*-a\Delta\Psi, b+at^*+a\Delta\Psi]$ 内, 其中心为 $b+at^*$, 宽度为 $2a\Delta\Psi$, 在信号分析中称之为 "时间局部化"。

由 Parseval 恒等式, 连续小波变换改写为

$$\begin{aligned} W_f(a,b) &= \langle f, \Psi_{a,b}\rangle = \frac{1}{2\pi}\langle \widehat{f}, \widehat{\Psi}_{a,b}\rangle \\ &= \frac{1}{2\pi}\int_{-\infty}^{+\infty} \widehat{f}(\omega)|a|^{\frac{-1}{2}}\overline{\widehat{\Psi}(a\omega)}\mathrm{e}^{-jb\omega}\mathrm{d}\omega \\ &= \frac{|a|^{-1/2}}{2\pi}\int_{-\infty}^{+\infty} \widehat{f}(\omega)\overline{\widehat{\Psi}(a\omega)}\mathrm{e}^{-jb\omega}\mathrm{d}\omega \end{aligned} \tag{4.3}$$

式中, $\widehat{\Psi}(a\omega)$ 也是窗函数, 其中心为 $\dfrac{\omega^*}{a}$, 半径为 $\dfrac{1}{a}\Delta\widehat{\Psi}$。式 (4.3) 表明, $W_f(a,b)$ 还给出了信号 $f(\omega)$ 在 "频率窗"$\left[\dfrac{\omega^*}{a}-\dfrac{1}{a}\Delta\widehat{\Psi}, \dfrac{\omega^*}{a}+\dfrac{1}{a}\Delta\widehat{\Psi}\right]$ 的局部化信息, 这个窗的中心在 $\dfrac{\omega^*}{a}$, 宽度为 $\dfrac{2\Delta\widehat{\Psi}}{a}$, 称之为 "频率局部化"。可以发现

$$\frac{\omega^*/a}{2\Delta\widehat{\Psi}/a} = \frac{\omega^*}{2\Delta\widehat{\Psi}} \tag{4.4}$$

式 (4.4) 表明, 中心频率与带宽之比与 a 无关, 即与中心频率的位置无关。

综合上面的分析可知, $W_f(a,b)$ 给出了信号 f 在时间 – 频率平面中一个矩形的时间 – 频率窗上的局部信息, 即小波变换具有时 – 频局部化特性, 即

$$[b+at^*-a\Delta\Psi, b+at^*+a\Delta\Psi]\times\left[\frac{\omega^*}{a}-\frac{1}{a}\Delta\widehat{\Psi}, \frac{\omega^*}{a}+\frac{1}{a}\Delta\widehat{\Psi}\right]$$

当检测到高频信息时 (即对于小的 $a>0$), 时间窗会自动变窄; 而当检测到低频信息时 (即对于较大的 $a>0$), 时间窗又会自动变宽。

4.1.2 离散小波变换

在数字计算中, 需要把连续小波及其变换离散化。一般对小波变换进行二进离散, 即取 a 为离散值 $a_j=\dfrac{1}{2^j}$, $j\in Z$, 而 b 仍取连续的值。将这种离散化的小波和相应的小波变换称为二进小波变换。

设函数 $\Psi\in L^2(R)\cap L^1(R)$, 若存在常数 A 和 B, 且 $0<A\leqslant B<\infty$, 使得几乎处处有

$$A\leqslant\sum_{k\in Z}|\Psi(2^{-k}\omega)|^2\leqslant B \tag{4.5}$$

则称 Ψ 是一个二进小波。称式 (4.5) 为稳定条件, 若 $A = B$, 则称为最稳定条件。

对于小波函数 Ψ, 令

$$\Psi_{2^j}(x) = \frac{1}{2^j}\Psi\left(\frac{x}{2^j}\right) \tag{4.6}$$

f 在尺度 2^j 和 x 位置的小波变换定义为

$$W_{2^j}f(x) = f * \Psi_{2^j}(x) = 2^{-j}\int_{\mathrm{R}} f(t)\Psi\left(\frac{x-t}{2^j}\right)\mathrm{d}t \tag{4.7}$$

称序列 $Wf = \{W_{2^j}f(x)\}_{j\in Z}$ 为二进小波, W 为二进小波变换算子。

4.1.3 多分辨率分析

多分辨率分析的概念是 S. Mallat 在 1988 年构造正交小波基时提出的, 并于 1989 年首先应用于小波分析。多分辨率分析的小波分解树如图 4.1 所示。

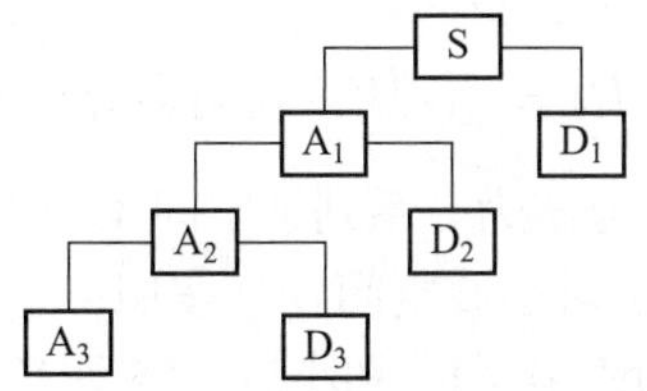

图 4.1 3 层多分辨率分析树结构图

S—待分析信号; A_1—第 1 层分解低频部分; A_2—第 2 层分解低频部分; A_3—第 3 层分解低频部分; D_1—第 1 层分解高频部分; D_2—第 2 层分解高频部分; D_3—第 3 层分解高频部分

从图 4.1 中可以明显看出, 多分辨率分析实际相当于一个带通滤波器, 每层只是对低频部分进行进一步的分解, 而高频部分则不予考虑。具体分解过程是: 设信号 S 的频率范围为 $[0, f]$, S 经多分辨率分析的第 1 层分解后得到两部分; 高频部分 D_1 和低频部分 A_1。其中高频部分信号的频率范围为 $[f/2, f]$, 低频部分的频率范围为 $[0, f/2]$。作第 2 层分解时, 原第 1 层分解得到的高频部分 D_1 不进行分解, 只将低频部分 A_1 进行分解, 分解时也分解成两部分: 高频部分 D_2 和低频部分 A_2。其中高频部分 D_2 的频率范围为 $[f/4, f/2]$, 低频部分 A_2 的频率范围为 $[0, f/4]$。第 3 层分解与第 2 层分解一样, 只将第 2 层分解得到的低频部分 A_2 分解成两部分: 高频部分 D_3 和低频部分 $\mathrm{A}_3\cdots\cdots$ 以此类推, 将信号进行层层分解。信号 S 经图中所示的 3 层多分辨率分解后, 就得到了信号 A_3、D_3、D_2、D_1, 其对应的频率范围分别为 $[0, f/8]$、$[f/8, f/4]$、$[f/4, f/2]$、$[f/2, f]$, 即信号

$$\mathrm{S} = \mathrm{A}_3 + \mathrm{D}_3 + \mathrm{D}_2 + \mathrm{D}_1 \tag{4.8}$$

实际上, 多分辨率分析的最终目的是力求构造一个在频率上高度逼近 $L^2(R)$ 空间的正交小波基, 这些频率分辨率不同的正交小波基相当于带宽各异的带通滤波

器。从图 4.1 和上述分析可以看出，多分辨率分析只对低频空间进行进一步的分解，使频率的分辨率变得越来越高。

多分辨率分析可以对信号进行有效的时频分解，但由于其尺度是按二进制变化的，所以在高频段其频率分辨率较差，而在低频段其时间分辨率较差，即对信号的频带进行指数等间隔划分 (具有等 Q 结构)。

4.1.4 小波包分析

小波分析优于 Fourier 变换的地方是：在时域和频域都具有良好的局域化性质。小波包优于小波分析的地方是：将频带进行多层次划分，对多分辨率分析没有细分的高频部分可作进一步分解，并能根据分析信号的特征自适应地选择相应的频带，使之与信号频率相匹配，从而提高频率分辨率。

对信号进行小波包分解的层数视具体信号和对特征参数的要求而定。若细分层过多，计算工作量增大。如果分解层数过少，很多有价值的细节信息就不能分辨出来。

在多分辨率分析中，$L^2(R) = \bigoplus\limits_{j \in \mathrm{Z}} W_j$，表明多分辨率分析是按照不同的尺度因子 j 将 Hilbert 空间 $L^2(R)$ 分解为一系列子空间 $W_j(j \in \mathrm{Z})$ 的正交和，W_j 为小波函数 $\Psi(t)$ 的子空间。进一步对小波空间 W_j 按照二进制方式进行细化，以达到提高频率分辨率的目的。将尺度空间 V_j 和小波子空间 W_j 用一个新的子空间 U_j^n 统一起来，令

$$\begin{cases} U_j^0 = V_j \\ U_j^1 = W_j \end{cases}, \quad j \in Z \tag{4.9}$$

定义子空间 U_j^n 是函数 $\omega_n(t)$ 的闭包空间，而 U_j^{2n} 是函数 $\omega_{2n}(t)$ 的闭包空间，并令 $\omega_{2n}(t)$ 满足下列双尺度方程：

$$\omega_{2n}(t) = \sqrt{2} \sum_k h(k) \omega_n(2t - k) \tag{4.10}$$

$$\omega_{2n+1}(t) = \sqrt{2} \sum_k g(k) \omega_n(2t - k) \tag{4.11}$$

式中，$g(k) = (-1)^k h(1-k)$，即两系数具有正交关系。

由式 (4.10) 和式 (4.11) 构造出的序列 $\{\omega_n(t), n \in \mathrm{Z}\}$ 称为基函数 $\omega_0(t) = \Phi(t)$ 确定的正交小波包。当 $n = 0$ 时，$\omega_0(t)$ 和 $\omega_1(t)$ 分别是尺度函数 $\Phi(t)$ 和小波基函数 $\Psi(t)$，因 $\{\omega_n(t), n \in \mathrm{Z}\}$ 是正交尺度函数 $\Phi(t)$ 确定的正交小波包，则 $\langle \omega_n(t-k), \omega_n(t-l) \rangle = \delta_{kl}$，即 $\{\omega_n(t), n \in \mathrm{Z}\}$ 构成了 $L^2(R)$ 的规范正交基。

$\{\omega_n(t), n \in \mathrm{Z}\}$ 是关于 $h(k)$ 的小波包族，设有一信号 $c_j^n(t) \in U_j^n$，则 $c_j^n(t)$ 可表示为

$$c_j^n(t) = \sum_t d_l^{k,n} \omega_n(2^j t - l) \tag{4.12}$$

由式 (4.12) 可知, $U_j^{2n} \perp U_j^{2n+1}, U_{j+1}^n = U_j^{2n} \oplus U_j^{2n+1}$, 小波包分解是由 $c_{j+1}^n(t)$ 分解为 $c_j^{2n}(t)$ 与 $c_j^{2n+1}(t)$。

小波包分解算法如下

由 $\{d_l^{j+1,n}\}$ 求 $\{d_l^{j,2n}\}$ 与 $\{d_l^{j,2n+1}\}$ 的公式

$$d_l^{j,2n} = \sum_k h_{k-2l} d_k^{j+1,n} \tag{4.13}$$

$$d_l^{j,2n+1} = \sum_k g_{k-2l} d_k^{j+1,n} \tag{4.14}$$

小波重构算法如下:

由 $\{d_l^{j,2n}\}$ 与 $\{d_l^{j,2n+1}\}$ 求 $\{d_l^{j+1,n}\}$ 的公式

$$d_l^{j+1,n} = \sum_k (p_{l-2k} d_k^{j,2n} + q_{l-2k} d_k^{j,2n+1}) \tag{4.15}$$

式中, p_k、q_k 分别是 h_k、g_k 的对偶滤波器。

一个 3 层小波包分解的结构如图 4.2 所示。

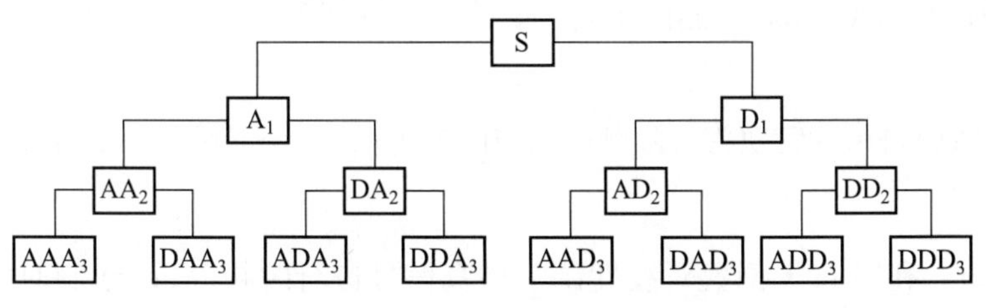

图 4.2 小波包分解结构示意图

其具体分解过程是: 设信号 S 的频率范围为 $[0, f]$, S 经多分辨率分析的第 1 层分解后得到两部分: 高频部分 D_1 和低频部分 A_1。其中, 高频部分信号的频率范围为 $[f/2, f]$, 低频部分信号的频率为 $[0, f/2]$。作第 2 层分解时, 除了将原第 1 层分解得到的低频部分 A_1 分解得到低频部分 AA_2 和高频部分 DA_2 外, 还将原第 1 层分解得到的高频部分 D_1 进行分解, 分别得到其低频部分 AD_2 和高频部分 DD_2, 所对应的频率范围分别为 $[0, f/4]$、$[f/4, f/2]$、$[f/2, 3f/4]$、$[3f/4, f]$。以此类推, 将原信号进行层层分解。图 4.2 中信号 S 的分解关系为

$$\mathrm{S} = \mathrm{AAA}_3 + \mathrm{DAA}_3 + \mathrm{ADA}_3 + \mathrm{DDA}_3 + \mathrm{AAD}_3 + \mathrm{DAD}_3 + \mathrm{ADD}_3 + \mathrm{DDD}_3$$

4.2 小波分析的主要函数介绍

4.2.1 一维连续小波变换

1. cwt

功能: 一维连续小波变换。

格式:

COEFS=cwt(S,SCALES,'wname')

说明:

S 为输入信号, SCALES 为尺度, wname 为小波名称, COEFS 为连续小波变换后的系数。

2. centfrq

功能: 求取母小波的中心频率。

格式:

FREQ=centfrq('wname')

说明:

FREQ 为以 wname 命名的母小波的中心频率。

3. scal2frq

功能: 将尺度转换为实际频率。

格式:

F=scal2frq(A,'wname',DELTA)

说明:

该函数能将尺度转换为实际频率, 其中 A 为尺度, wname 为小波名称, DELTA 为采样周期。

例 4.1 利用 cwt 函数对线性调频仿真信号进行时频分析, 绘制时频分布图, 并与短时 Fourier 变换结果进行比较。

MATLAB 程序代码如下:

```
clc;
clear;
fs=1000;
t=0:1/fs:1;
s=chirp(t,30,1,500,'q');% 线性调频仿真信号
figure(1)
plot(t, s)
xlabel('时间 t/s');ylabel('幅值');
% 连续小波变换时频图
wavename='cmor3-3';% 复 morlet 小波
totalscal=256;
Fc=centfrq(wavename); % 小波的中心频率
c=2*Fc*totalscal;
scals=c./(1:totalscal);
```

```
f=scal2frq(scals,wavename,1/fs); % 将尺度转换为频率
coefs=cwt(s,scals,wavename); % 得到连续小波系数
figure(2)
imagesc(t,f,abs(coefs));
set(gca,'YDir','normal')
colorbar;
xlabel('时间 t/s');
ylabel('频率 f/Hz');
title('小波时频图');
% 短时 Fourier 变换时频图
f=0:fs/2;
tfr=tfrstft(s');
tfr=tfr(1:floor(length(s)/2), :);
figure(3)
imagesc(t, f, abs(tfr));
set(gca,'YDir','normal')
colorbar;
xlabel('时间 t/s');
ylabel('频率 f/Hz');
title('短时 Fourier 变换时频图');
```

运行程序后的结果如图 4.3～ 图 4.5 所示。

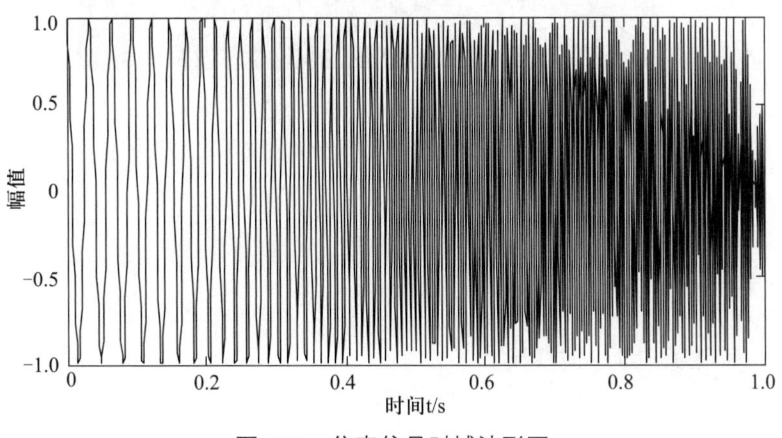

图 4.3 仿真信号时域波形图

与短时 Fourier 变换时频分析结果比较, 小波时频分析对信号的高频部分的分辨效果好, 这主要是因为小波在高频处的分辨率可以自动调整, 分辨率高。

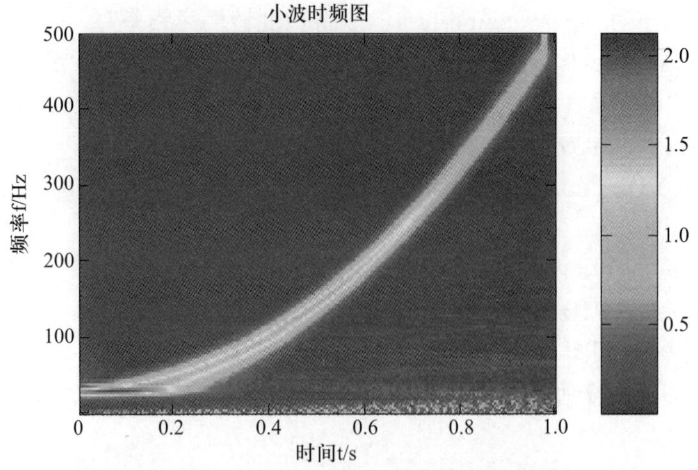

图 4.4 小波时频分布图 (见书后彩图)

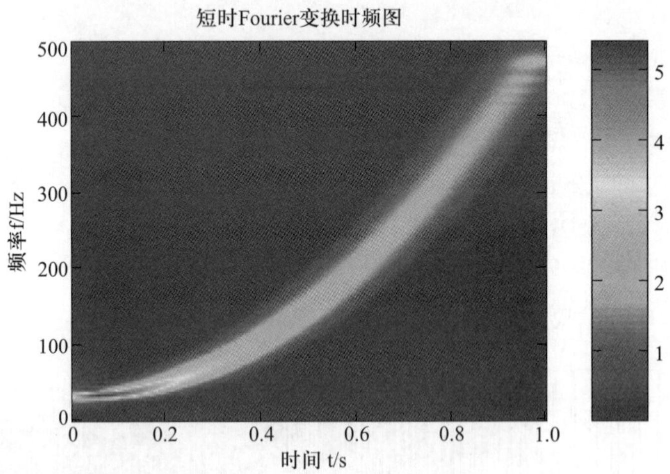

图 4.5 短时 Fourier 变换时频分布图 (见书后彩图)

4.2.2 一维离散小波变换

1. wavedec

功能: 多尺度一维小波变换。

格式:

[C,L]=wavedec(X,N,'wname')

说明:

X 为输入信号, N 为尺度, wname 为小波名称, [C,L] 为小波分解结构, 具体结构如下:

C=[app. coef.(N)|det. coef.(N)| · · · | det. coef.(1)]

L(1)=length of app. coef.(N)

L(i)=length of det. coef.(N-i+2) for i=2,···,N+1

L(N+2)=length(X)

以一个 3 尺度小波分解为例, 其分解结构如图 4.6 所示。

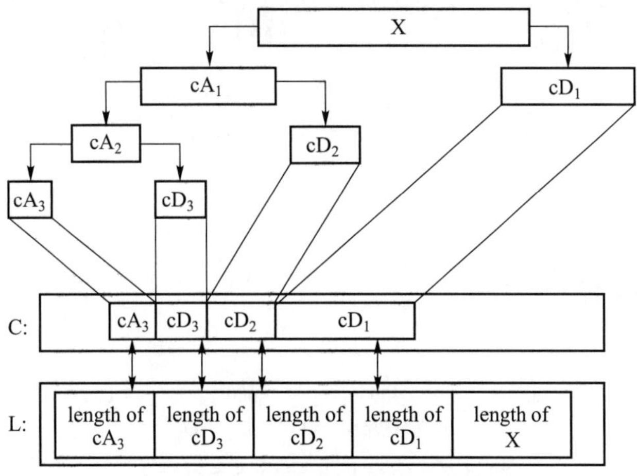

图 4.6 3 层小波分解结构图

例 4.2 wavedec 函数用法示例。

MATLAB 程序代码如下:

```
clc;
clear;
load sumsin; s=sumsin;
% 进行 3 层小波分解, 小波基函数为'db3'
[c,l]=wavedec(s,3,'db3');
figure(1)
subplot(211)
plot(s);title('仿真信号');
subplot(212)
plot(c);title('信号 3 层小波分解的结构');
xlabel('小波系数 cA_3、cD_3、cD_2、cD_1');
xlim([0 1000]);
```

运行程序后的结果如图 4.7 所示。

2. appcoef

功能: 提取一维小波变换低频系数。

格式:

A=appcoef(C,L,'wname',N)

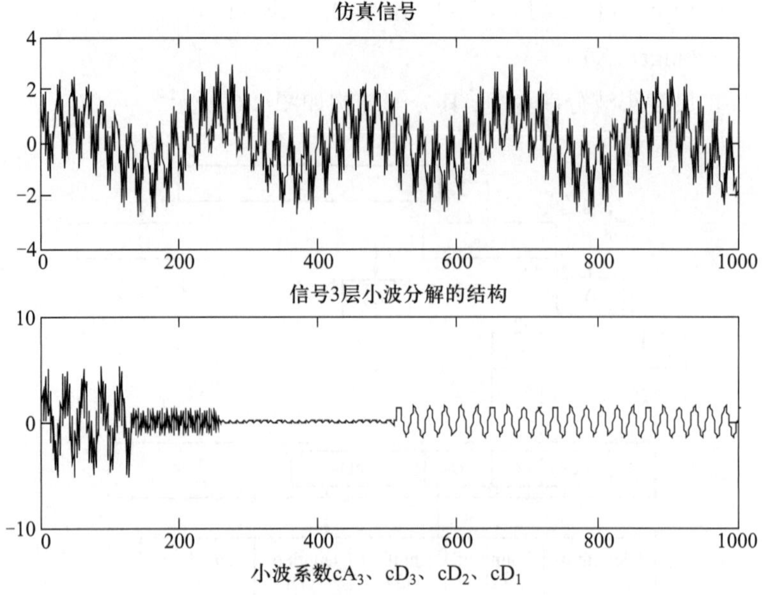

图 4.7　信号及 3 层小波分解结果

A=appcoef(C,L,'wname')

说明:

[C L] 为小波分解结构, wname 为小波函数, N 为计算尺度。

例 4.3　appcoef 函数用法示例。

MATLAB 程序代码如下:

```
clc;
clear;
load leleccum; s=leleccum(1:2000);
% 进行 3 层小波分解, 小波基函数为 'db2'
[c,l]=wavedec(s,3,'db2');
% 提取尺度 1、2、3 的低频系数
cA1=appcoef(c,l,'db2',1);
cA2=appcoef(c,l,'db2',2);
cA3=appcoef(c,l,'db2',3);
figure(1)
subplot(411)
plot(s);title('原始信号');
xlim([1 length(s)]);
subplot(412)
plot(cA1);ylabel('cA_1');
```

```
xlim([0 length(cA1)]);
subplot(413)
plot(cA2);ylabel('cA_2');
xlim([0 length(cA2)]);
subplot(414)
plot(cA3);ylabel('cA_3');
xlim([0 length(cA3)]);
```

运行程序后的结果如图 4.8 所示。

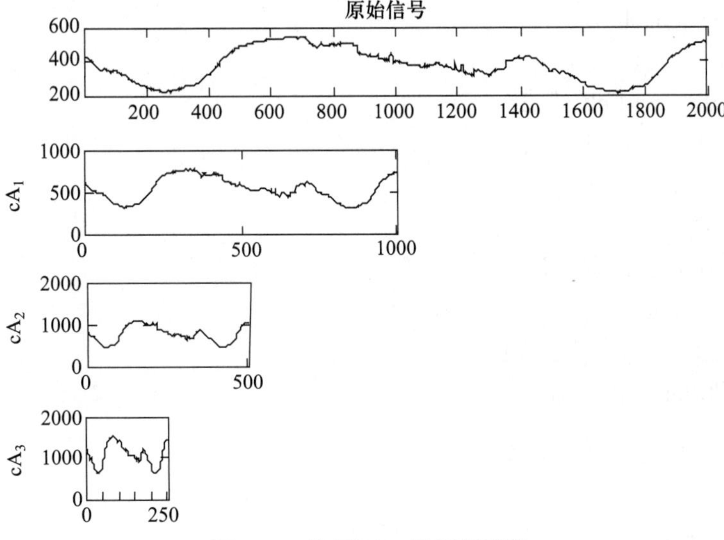

图 4.8 信号及 3 层低频系数

3. detcoef

功能: 提取一维小波变换高频系数。

格式:

D=detcoef (C,L, N)

D=detcoef (C,L)

说明:

[C L] 为小波分解结构, N 为计算尺度。

例 4.4 detcoef 函数用法示例。

MATLAB 程序代码如下:

```
clc;
clear;
load leleccum; s=leleccum(1:2000);
```

```
% 进行 3 层小波分解, 小波基函数为 'db2'
[c,l]=wavedec(s,3,'db2');
% 提取尺度 1、2、3 的高频系数
cD1=detcoef(c,l,1);
cD2=detcoef(c,l,2);
cD3=detcoef(c,l,3);
figure(1)
subplot(411)
plot(s);title('原始信号');
xlim([1 length(s)]);
subplot(412)
plot(cD1);ylabel('cD_1');
xlim([0 length(cD1)]);
subplot(413)
plot(cD2);ylabel('cD_2');
xlim([0 length(cD2)]);
subplot(414)
plot(cD3);ylabel('cD_3');
xlim([0 length(cD3)]);
```

运行程序后的结果如图 4.9 所示。

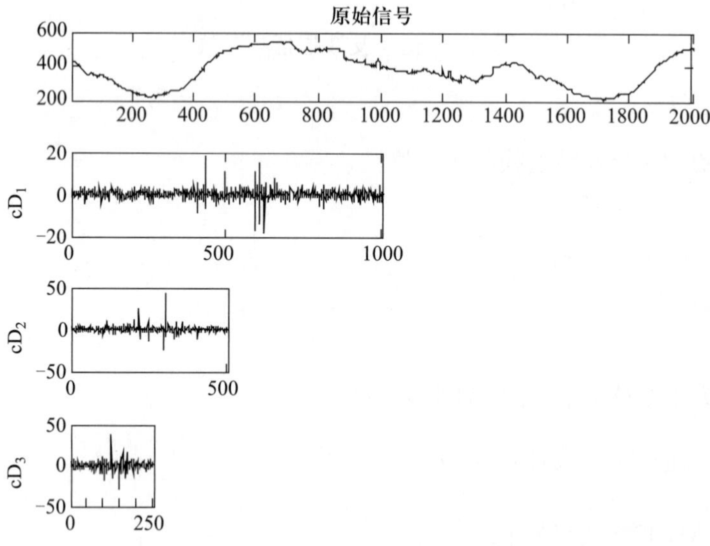

图 4.9 信号及 3 层高频系数

4. waverec

功能: 多尺度一维小波重构。

格式:

X=waverec(C,L,'wname')

说明:

用指定的小波函数对小波分解结构 [C L] 进行多尺度小波重构。

例 4.5 waverec 函数用法示例。

MATLAB 程序代码如下:

```
clc;
clear;
load leleccum; s=leleccum(1:3920);
% 进行 3 层小波分解, 小波基函数为'db2'
[c,l]=wavedec(s,3,'db2');
% 进行小波重构
rs=waverec(c,l,'db2');
figure(1)
subplot(211)
plot(s);title('原始信号');
subplot(212)
plot(rs);title('重构信号');
```

运行程序后的结果如下, 图 4.10 所示为信号及小波重构信号

erro=

4.6275e–010

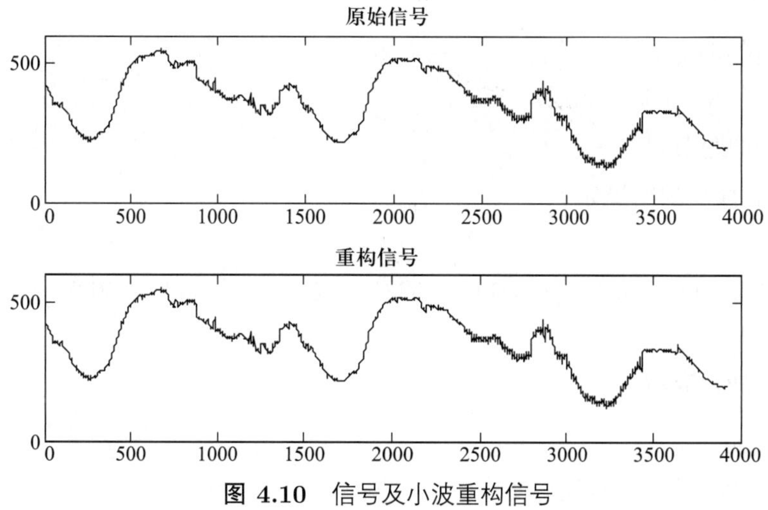

图 4.10 信号及小波重构信号

5. wenergy

功能: 计算小波或小波包分解的能量。

格式:

[Ea,Ed]=wenergy(C,L)

E=wenergy(T)

说明:

对于一维小波分解, Ea 表示近似或低频能量百分比, Ed 表示细节或高频能量百分比; 对于一维小波分解包分解, E 表示小波包树分解末节点能量百分比。

例 4.6 一维小波分解求分解能量示例。

MATLAB 程序代码如下:

```
load noisbump
[C,L]=wavedec(noisbump,4,'sym3');
[Ea,Ed]=wenergy(C,L)
```

运行程序后的结果如下:

Ea=

    88.2842

Ed=

    2.1633   1.2491   1.6185   6.6849

例 4.7 一维小波分解包求分解能量示例。

MATLAB 程序代码如下:

```
load noisbump
T=wpdec(noisbump,3,'sym3');
E=wenergy(T)
```

运行程序后的结果如下:

E=

    94.9011   1.6185   0.6414   0.6331   0.5525   0.5357   0.5697   0.5480

4.2.3 小波包变换

1. wpdec

功能: 多尺度一维小波包变换。

格式:

T=wpdec(X,N,'wname',E,P)

T=wpdec(X,N,'wname')

说明:

根据 wname 的小波函数、熵标准 E 和参数 P 对信号 X 进行 N 层小波包分解。

E='shannon'、'threshold'、'norm'、'log energy'、'sure'、'user', P 根据 E 值来决定。

E='shannon'或'log energy', 则 P 不用。

E='threshold'或 'sure', 则 P 为阈值 (P⩾0)。

E='norm', 则 P 是指数 (P⩾1)。

E='user', P 是一个包含 *.m 文件名的字符串, 在这个文件中用户自己定义熵函数。

T=wpdec(X,N,'wname') 与 T=wpdec(X,N,'wname','shannon') 等价。

例 4.8 wpdec 函数示例。

MATLAB 程序代码如下:

```
load noisdopp; x=noisdopp;
T=wpdec(x,3,'db1','shannon');
plot(T)
```

运行程序后的结果如图 4.11 所示。

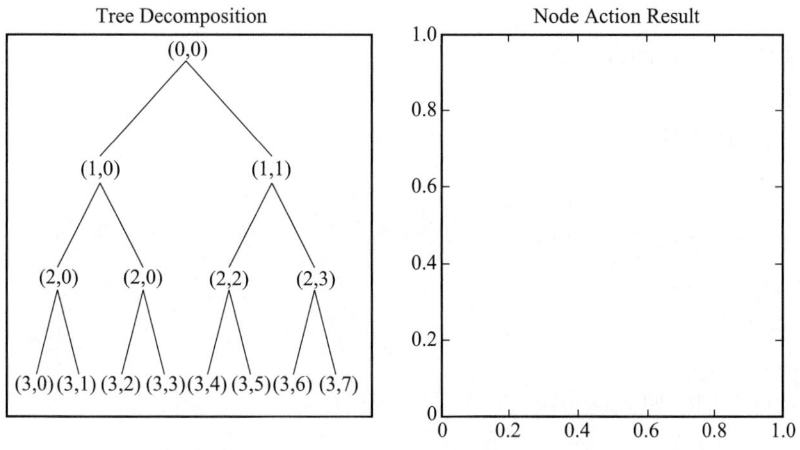

图 4.11 3 层小波包分解的树结构图形

当用鼠标点击左图中树节点 (2,1) 时, 右图会显示出节点系数信息, 如图 4.12 所示, 当点击不同的树节点时, 右图会显示不同的节点系数信息。

2. wprec

功能: 多尺度一维小波包分解的重构。

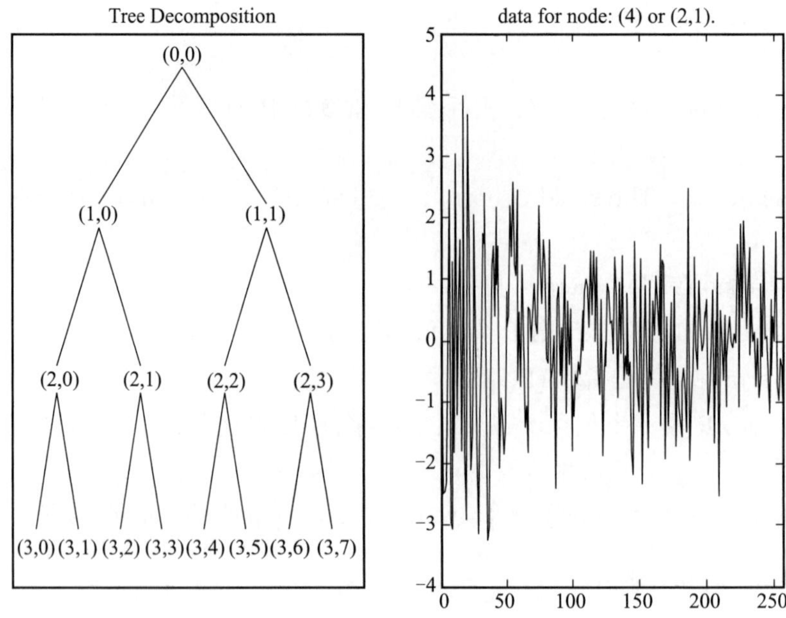

图 4.12 树节点 (2,1) 的系数信息

格式:

X=wprec (T)

说明:

T 为小波包分解树结构, X 为重构后的向量。

例 4.9 wprec 函数示例。

MATLAB 程序代码如下:

```
load noisdopp; x=noisdopp;
T=wpdec(x,3,'db1','shannon');
X=wprec(T);
figure(1)
subplot(211)
plot(x);title('原始信号');
subplot(212)
plot(X);title('重构信号');
```

程序运行结果如图 4.13 所示。

3. wpcoef

功能: 计算小波包系数。

格式:

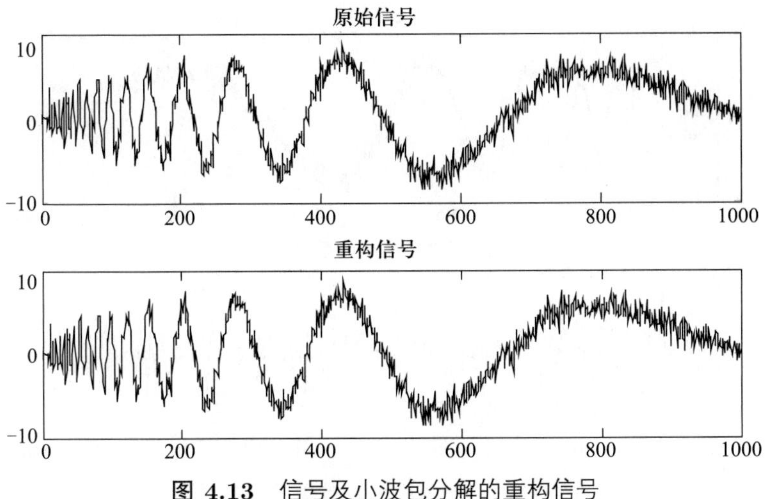

图 4.13 信号及小波包分解的重构信号

X=wpcoef(T,N)

X=wpcoef(T)

说明:

X 返回树结构 T 节点 N 对应的小波包分解系数。X=wpcoef(T) 等价于 X=wpcoef(T,0)。

例 4.10 wpcoef 函数示例。

MATLAB 程序代码如下:

```
clc;
clear;
load noisdopp; x=noisdopp;
T=wpdec(x,3,'db1','shannon');
X=wpcoef(T,[2,1]);
figure(1)
subplot(211)
plot(x);title('原始信号');
xlim([0 length(x)]);
subplot(212)
plot(X);title('小波包 [2,1] 的系数');
xlim([0 length(X)]);
```

程序运行结果如图 4.14 所示。

4. wprcoef

功能: 小波包分解系数的重构。

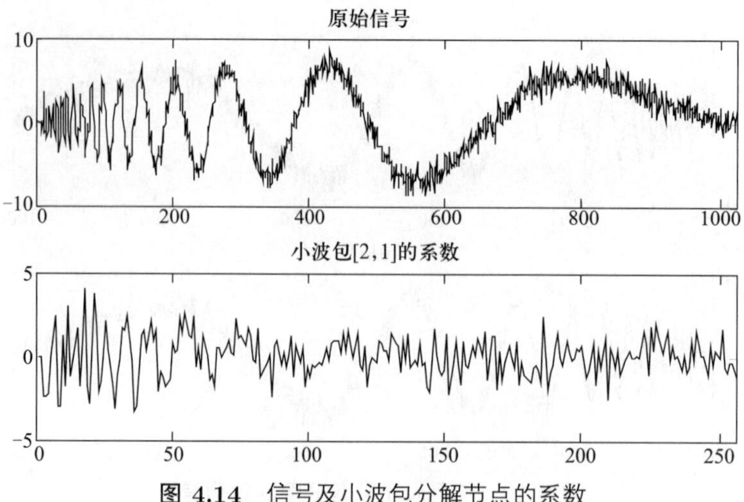

图 4.14 信号及小波包分解节点的系数

格式:

X=wprcoef(T,N)

X=wprcoef(T)

说明:

X 返回树结构 T 节点 N 对应的小波包分解系数的重构信号。X= wprcoef(T) 等价于 X=wprcoef(T,0), 即完全重构原始信号。

例 4.11 wprcoef 函数示例。

MATLAB 程序代码如下:

```
clc;
clear;
load noisdopp; x=noisdopp;
T=wpdec(x,3,'db1','shannon');
X=wprcoef(T,[2,1]);
figure(1)
subplot(211)
plot(x);title('原始信号');
xlim([0 length(x)]);
subplot(212)
plot(X);title('小波包 [2,1] 系数的重构信号');
xlim([0 length(X)]);
```

程序运行结果如图 4.15 所示。

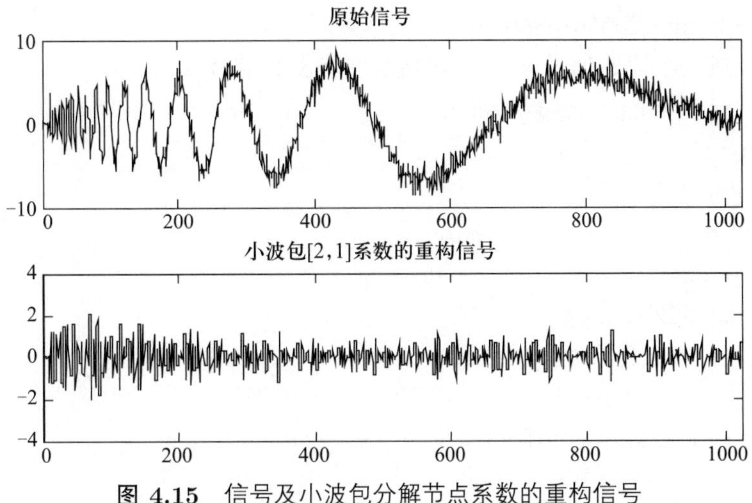

图 4.15 信号及小波包分解节点系数的重构信号

4.2.4 信号的小波消噪

1. wden

功能: 使用小波进行一维信号的自动降噪。

格式:

[XD,CXD,LXD]=wden(X,TPTR,SORH,SCAL,N,'wname')

说明:

X 为原始信号, TPTR 为阈值, 其选择方法如下:

当 TPTR='rigrsure'时, 采用 Stein's 无偏似然估计;

当 TPTR='heursure'时, 采用最优预测变量阈值选择;

当 TPTR='sqtwolog'时, 采用广义阈值 sqrt(2*log(.));

当 TPTR='minimaxi'时, 采用最小最大阈值选择。

SORH ('s'or 'h') 是软、硬阈值的选择: 's'为软阈值, 'h'为硬阈值。

SCAL 定义采用的阈值是否要重新调整:

当 SCAL='one'时, 不用重新调整;

当 SCAL='sln'时, 根据第 1 层的系数进行一次噪声层的估计来调整;

当 SCAL='mln'时, 在不同层估计噪声层, 以此来调整阈值。

例 4.12 wden 函数示例。

MATLAB 程序代码如下:

```
clc;
clear;
% 设置信噪比和随机数的初始值
```

```
snr=3; init=2055615866;
% 生成一个原始信号 xref 和含高斯白噪声的信号 x
[xref,x]=wnoise(3,11,snr,init);
figure(1)
subplot(321)
plot(xref), axis([1 2048 -10 10]);
title('原始信号');
subplot(322)
plot(x), axis([1 2048 -10 10]);
title('含噪信号');
% 使用 heursure 阈值降噪
lev=5;
xd=wden(x,'heursure','s','one',lev,'sym8');
subplot(323)
plot(xd), axis([1 2048 -10 10]);
title('降噪信号 –heuristic 阈值');
% 使用 rigrsure 阈值降噪
xd=wden(x,'rigrsure','s','sln',lev,'sym8');
subplot(324)
plot(xd), axis([1 2048 -10 10]);
title('降噪信号 –rigrsure 阈值');
% 使用 sqtwolog 阈值降噪
xd=wden(x,'sqtwolog','s','sln',lev,'sym8');
subplot(325)
plot(xd), axis([1 2048 -10 10]);
title('降噪信号 – sqtwologsqtwolog 阈值');
% 使用 minimaxi 阈值降噪
xd=wden(x,'minimaxi','s','sln',lev,'sym8');
subplot(326)
plot(xd), axis([1 2048 -10 10]);
title('降噪信号 – minimaxi 阈值');
```

程序运行结果如图 4.16 所示。

2. wpdencmp

功能: 使用小波包对一维信号进行降噪或压缩。

格式:

[XD,TREED,PERF0,PERFL2]=wpdencmp(X,SORH,N,'wname',CRIT,PAR,KEEPAPP);

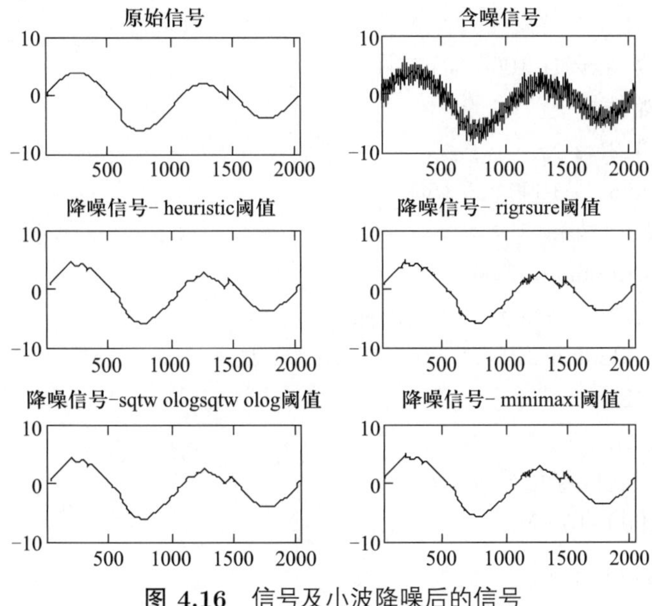

图 4.16 信号及小波降噪后的信号

[XD,TREED,PERF0,PERFL2]=wpdencmp(TREE,SORH,CRIT,PAR, KEEPAPP);

说明:

X 为输入信号, SORH ('s' or 'h') 是软、硬阈值的选择, 其中 's' 为软阈值, 'h' 为硬阈值, N 为小波包分解的层数, wname 为小波函数, CRIT、PAR 定义熵标准, 若 KEEPAPP=1, 低频系数不进行阈值量化, 反之, 进行阈值量化。

XD 为降噪或压缩后的信号, TREED 为小波包最佳分解结构, PERF0、PERFL2 是恢复和压缩范数百分比。

例 4.13 wpdencmp 函数示例。

MATLAB 程序代码如下:

```
clc;
clear;
% 设置信噪比和随机数的初始值
snr=3; init=2055615866;
% 生成一个原始信号 xref 和含高斯白噪声的信号 x
[xref,x]=wnoise(5,11,7,init);
x=x(1:1000);
xref=xref(1:1000);
n=length(x)
figure(1)
```

```
subplot(311)
plot(xref), axis([1 1000 -15 15]);
title('原始信号');
subplot(312)
plot(x), axis([1 1000 -15 15]);
title('含噪信号');
% 使用 wpdencmp 降噪
thr=sqrt(2*log(n*log(n)/log(2)));
xwpd=wpdencmp(x,'s',4,'sym4','sure',thr,1);
subplot(313)
plot(xwpd);
title('小波包降噪信号');
axis([1 1000 -15 15]);
```

程序运行结果如图 4.17 所示。

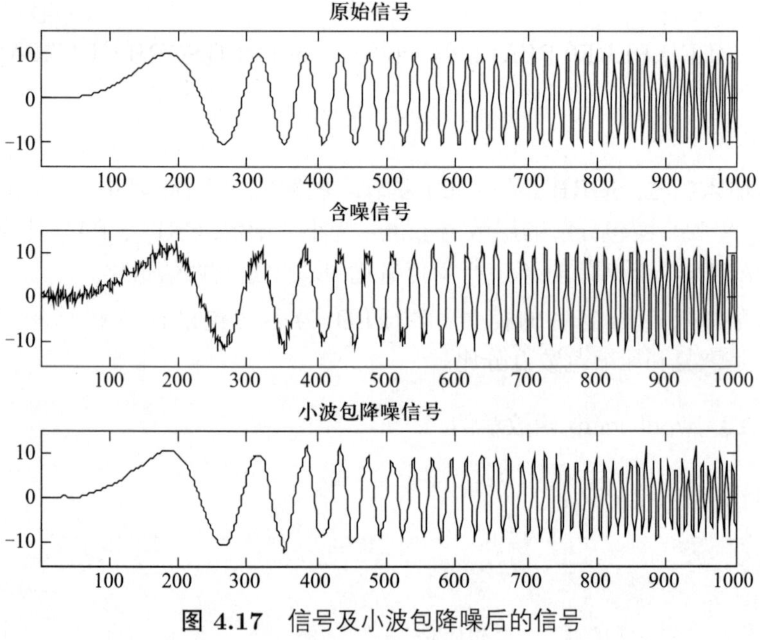

图 4.17　信号及小波包降噪后的信号

4.3　小波分析在机械故障诊断中的应用实例

4.3.1　基于小波降噪预处理的时频分布诊断柴油机断油故障

例 4.14　利用小波降噪预处理的时频分布分析柴油机漏油故障。诊断对象为斯太尔实车发动机漏油故障, 振动传感器放置在第 3、第 4 缸中间, 设置故障为第 3 缸油路漏油, 同时采集振动信号和第 4 缸喷油压力信号, 采样频率为 12.8 kHz, 发动机转速为 1 300 r/min, Sig1.txt 是正常工况下第 4 缸上止点后两个工作循环的振动信号, Sig2.txt 是第 3 缸漏油工况下的振动信号。

MATLAB 程序代码如下:

```
clc;
clear;
fs=12800;% 采样频率
ss1=load('Sig1.txt');
ss2=load('Sig2.txt');
% 对振动信号进行小波降噪
s1=wden(ss1,'rigrsure','s','mln',3,'sym4');
s2=wden(ss2,'rigrsure','s','mln',3,'sym4');
ls=length(s1);
figure(1)
subplot(211)
plot(s1);
title('正常振动信号');xlim([1 ls]);
xlabel('采样点数');ylabel('幅值');
subplot(212)
plot(s2);
xlabel('采样点数');ylabel('幅值');
title('漏油振动信号');xlim([1 ls]);
%%%% 进行短时 Fourier 变换
nfft=1024;     %fft 点数
[tfr,t,f]=tfrstft(s1,1:ls,nfft); % 对正常信号进行短时 Fourier 变换
[a,b]=size(tfr);
y=(1:a)./nfft*fs;% 实际频率
x=(1:b);
figure(2)
subplot(211)
contour(x,y(1:nfft/2),abs(tfr(1:nfft/2,:)));
xlabel('采样点数');ylabel('频率/Hz');colorbar
title('正常振动信号的时频分布');
[tfr,t,f]=tfrstft(s2,1:ls,nfft); % 对漏油信号进行短时 Fourier 变换
[a,b]=size(tfr);
subplot(212)
contour(x,y(1:nfft/2),abs(tfr(1:nfft/2,:)));
```

```
xlabel('采样点数');ylabel('频率/Hz');colorbar;
title('漏油振动信号的时频分布');
```

程序运行结果如图 4.18 和图 4.19 所示。

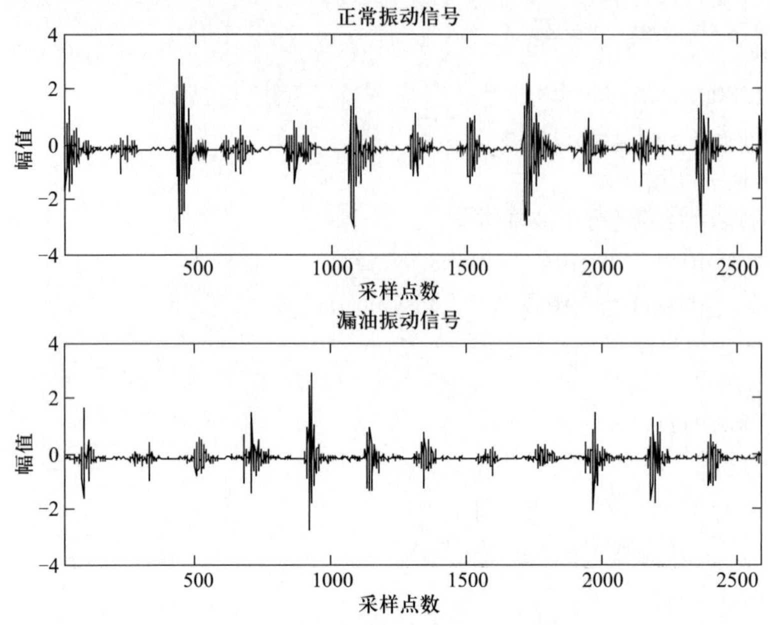

图 4.18 小波降噪后振动信号时域波形图

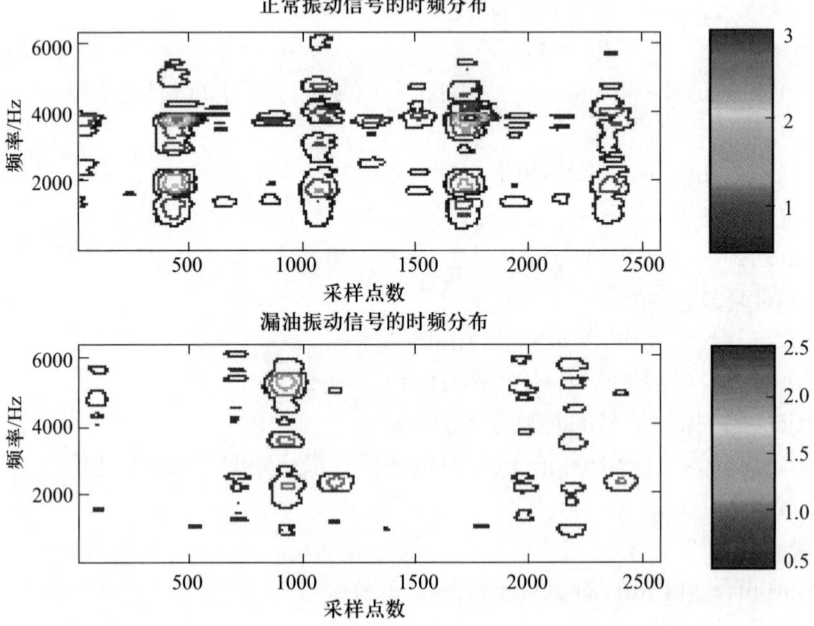

图 4.19 不同工况下降噪后信号的时频分布 (见书后彩图)

从时频分布图上可以明显看出, 正常工况下, 振动传感器的放置依照发动机 “1—5—3—6—2—4” 的做功顺序, 第 3 缸和第 4 缸的能量高于其他缸, 当第 3 缸发生漏油故障后, 其能量明显降低, 由此可以得到诊断结果。与第 3 章例 3.7 分析的结果相比, 小波降噪预处理后的诊断效果更好。

4.3.2 小波频带能量累加法分析柴油机气门磨损故障

柴油发动机结构复杂, 工作环境恶劣, 故障种类多, 故障率较高。归纳起来, 柴油机有如下几类故障: 机械异响故障、燃油供给系统故障、润滑系统故障、冷却系统故障及附件故障等, 其中, 机械异响是最常见的故障之一, 当产生机械故障时, 容易引起机件损坏, 重则会损坏发动机。常见的柴油机机械异响故障有曲轴轴承异响、连杆轴承异响、活塞敲缸异响、活塞销异响、进排气门异响、气门挺杆异响、发动机附件异响。

小波频带能量累加法主要利用小波包将信号中不同分量无冗余、无疏漏、正交地分解到独立的频带内, 根据各频带内能量变化来判断机械系统技术状况。发动机气门出现磨损故障时, 会对缸体振动信号的各频率成分产生不同的抑制或者增强效果, 与正常状态相比就是某些频带能量会增加, 而有些频带的能量会减少, 因此在信号各频率成分的能量包含着丰富的故障信息, 某个或某几个频带的能量改变代表着某种故障状态, 利用这一特征可以建立振动信号各频带能量与异响各故障状态间的映射关系, 通过各频率成分能量的变化进行故障诊断。

具体方法步骤如下:

(1) 振动信号采集: 诊断对象为斯太尔实车发动机一缸进气门、排气门故障, 振动传感器放置在一缸缸盖上, 通过调整气门间隙来模拟气门异响故障。采样频率为 12.8 kHz, 采集转速为 800 r/min、1 300 r/min, 采集点数为 16 384 点。

(2) 小波分解: 将振动信号进行 4 层小波分解, 得到高频信号的小波系数 S_1、低频小波系数 S_2、S_3、S_4、S_5。

(3) 计算频段能量: 将分解得到的 5 个频段信号的小波系数平方后求和, 再进行归一化得到 E_1、E_2、E_3、E_4、E_5, 作为信号特征参数。

例 4.15 利用小波频带能量累加法分析柴油机进气门、排气门故障。

MATLAB 程序代码如下:

```
clc;
clear;
close all;
fs=12800;% 采样频率
n=16384;% 采样点数
t=(0:n-1)/fs;
```

```
% 转速 800 的% 采样频率、进气门故障、排气门故障各 3 组振动信号
s(:,1)=load('\ 程序集程序 \ 第 4 章 \ 气门故障数据 \ 正常 \800 转 \1.txt');
s(:,2)=load('\ 程序集程序 \ 第 4 章 \ 气门故障数据 \ 正常 \800 转 \2.txt');
s(:,3)=load('\ 程序集程序 \ 第 4 章 \ 气门故障数据 \ 正常 \800 转 \3.txt');
s(:,4)=load('\ 程序集程序 \第 4 章 \气门故障数据 \ 进气门故障 \800 转 \
1.txt');
s(:,5)=load('\ 程序集程序 \第 4 章 \气门故障数据 \ 进气门故障 \800 转 \
2.txt');
s(:,6)=load('\ 程序集程序 \第 4 章 \气门故障数据 \ 进气门故障 \800 转 \
3.txt');
s(:,7)=load('\ 程序集程序 \第 4 章 \气门故障数据 \ 排气门故障 \800 转 \
1.txt');
s(:,8)=load('\ 程序集程序 \第 4 章 \气门故障数据 \ 排气门故障 \800 转 \
2.txt');
s(:,9)=load('\ 程序集程序 \第 4 章 \气门故障数据 \ 排气门故障 \800 转 \
3.txt');
% 绘出不同工况振动信号时域波形图
figure(1)
subplot(311)
plot(t,s(:,1));
xlabel('t/s');ylabel('幅值');
title('正常工况');xlim([0 n/fs]);
subplot(312)
plot(t,s(:,4));
xlabel('t/s');ylabel('幅值');
title('进气门故障');xlim([0 n/fs]);
subplot(313)
plot(t,s(:,7));
xlabel('t/s');ylabel('幅值');
title('排气门故障');xlim([0 n/fs]);
% 计算小波累加能量参数
for(i=1:9)
    [C,L]=wavedec(s(:,i),4,'db5');
    [Ea,Ed]=wenergy(C,L);
    CS(i,:)=[Ea,Ed] ;
end
```

程序运行结果如图 4.20 所示。

运行程序后, 可以得到 800 r/min 不同工况下 3 组振动信号的特征参数, 修

改转速参数后, 也可以得到 1 300 r/min 不同工况下 3 组振动信号的特征参数, 如表 4.1、表 4.2 所示。

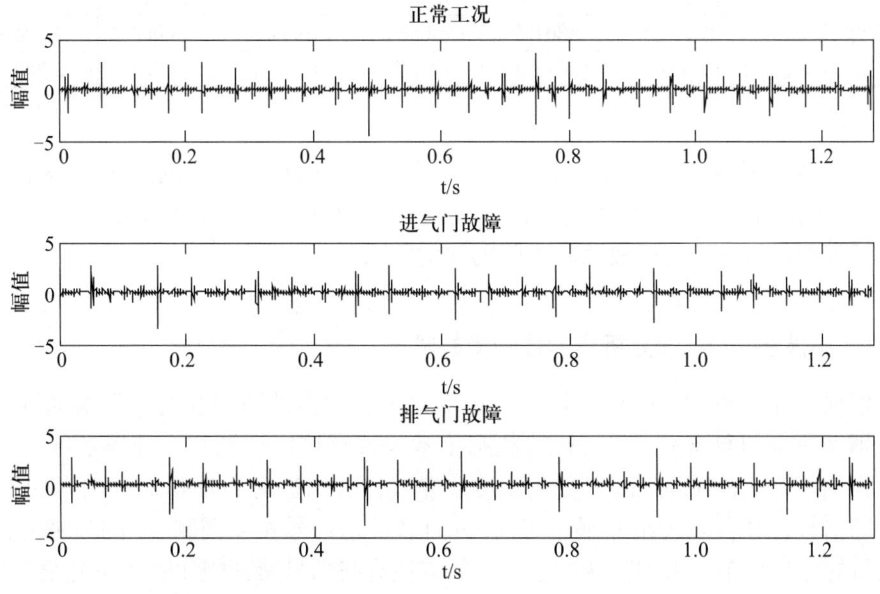

图 4.20 不同工况的振动信号时域波形图 (800 r/min)

表 4.1 小波频带能量累加参数表 (800 r/min)

工况	组别	E_1/%	E_2/%	E_3/%	E_4/%	E_5/%
正常	第 1 组	5.102 7	61.806	16.006	15.443	1.642 5
	第 2 组	5.568 7	60.121	15.947	16.249	2.115 5
	第 3 组	4.919 2	64.508	15.178	13.975	1.420 9
进气门故障	第 1 组	8.173 2	55.089	20.245	15.001	1.491 2
	第 2 组	10.346	58.358	16.03	12.998	2.267 1
	第 3 组	10.133	57.359	17.721	12.989	1.797 9
排气门故障	第 1 组	6.040 9	67.245	12.908	12.148	1.657 8
	第 2 组	8.100 2	60.662	15.271	13.347	2.619 6
	第 3 组	8.412 2	62.332	15.722	12.119	1.414 1

表 4.2 小波频带能量累加参数表 (1 300 r/min)

工况	组别	E_1/%	E_2/%	E_3/%	E_4/%	E_5/%
正常	第 1 组	2.563 8	60.902	20.376	14.522	1.635 8
	第 2 组	3.572	55.042	21.832	17.249	2.304 9
	第 3 组	3.444 7	56.295	21.057	17.259	1.944 9
进气门故障	第 1 组	4.253 5	55.529	24.349	13.253	2.615 2
	第 2 组	4.088 3	54.401	22.693	15.898	2.919 5
	第 3 组	4.051	56.635	20.673	16.14	2.500 8

续表

工况	组别	$E_1/\%$	$E_2/\%$	$E_3/\%$	$E_4/\%$	$E_5/\%$
排气门故障	第 1 组	4.318 6	61.982	17.914	13.913	1.872 9
	第 2 组	4.301 6	62.583	16.247	15.064	1.804 8
	第 3 组	4.614 8	61.216	18.17	13.267	2.730 9

通过对比表 4.1、表 4.2, 可以发现 5 个频段在两种转速下的变化趋势是一致的, 5 个频带的能量改变代表着不同工况的变换, 利用这一特征可以建立起振动信号各频带能量与进排气门故障状态间的映射关系。

4.3.3 小波包–AR 谱分析变速器轴承故障

根据统计资料, 汽车底盘故障的 30% 是由变速器故障引起的。而滚动轴承是变速器的重要机械部件, 它的运行状态正常与否直接影响到整个变速器的工作状况。当轴承产生故障时, 由于受到刚度、非线性、摩擦力和外载荷等因素的影响, 其振动信号往往会表现出非平稳特征, 并且各冲击信号相互调制, 不同频带上存在着大量的能量分布。采用传统的信号分析方法寻找信号特征规律效果不是很理想。

如何减少各冲击信号间的干扰, 使得信号特征突显出来是问题的关键。小波包分解可以对检测信号进行多通道滤波, 通过不同频率的小波与检测信号相互作用, 将信号划分成不同的频段, 减少了信号间的干扰, 同时, AR 谱估计具有外推功能, 可以有效地分析短样本信号。

通过上述分析, 在分析小波包分解原理和 AR 谱估计特点的基础上, 对 6 种不同磨损状况下的东风 EQ2102 汽车变速器轴承振动信号进行小波包分解, 重构各频段信号并进行 AR 谱估计, 最后计算故障轴承与新轴承的散度值, 有效地提取出变速器轴承信号的故障特征信息。

具体过程如下:

(1) 振动信号的采集。为了能获得与实际车辆运行工况一致的振动信息, 从大修厂收集了许多堪用的或刚从车上更换下来的变速器第 2 轴后轴承 (1700 轴承)。从中选择 5 个作为实验样品。各轴承的技术状况如表 4.3 所示。

表 4.3 1 700 轴承磨损状况

轴承编号	1	2	3	4	5	6
轴向间隙/mm	0.58	0.75	0.43	0.39	0.30	0.25
径向间隙/mm	0.17	0.09	0.07	0.061	0.05	0.03
滚道表面状况	光滑	光滑	光滑	轻微疲劳剥落	光滑	新轴承

为减少其他因素影响试验的正确性, 更换轴承时, 尽量保持其他条件不变。更换轴承后, 为了减少安装带来的误差, 变速器走合 10 min 后再进行变速器振动信

号测试。加速度传感器安放在变速器侧方离实验轴承最近的位置。实验中, 发动机转速为 1 500 r/min (25 Hz), 变速器挂在直接挡, 采样频率为 914 Hz, 采样点数为 2 048。

(2) 小波包分解。对测量信号进行 j 层分解, 得到 2^j 个小波包系数。这里确定 $j=3$, 得到第 3 层 8 个小波包系数 $X_{(3,i)}(i=0,1,\cdots,7)$。

(3) 分频段重构时域信号。根据分解过程选择的小波包滤波器, 选其对偶滤波器进行重构。重构某一频段信号时, 将其他频段的小波包系数置为零。这样, 重构的信号只含有该频段信号的时域波形。

以 $W_{(3,i)}$ 表示对应于 8 个频段小波包系数 $X_{(3,i)}(i=0,1,\cdots,7)$ 的重构信号, 则总的信号可以表示为

$$W=W_{(3,0)}+W_{(3,1)}+W_{(3,2)}+W_{(3,3)}+W_{(3,4)}+W_{(3,5)}+W_{(3,6)}+W_{(3,7)}$$

(4) AR 谱分析。对每一频段重构的信号进行 AR 谱估计, 得到仅含特定频率信息的 AR 谱。

(5) 计算小波包–AR 谱频带能量, 分析各频带能量与轴承间隙变化的规律。

例 4.16 利用小波包–AR 谱分析变速器轴承故障。

MATLAB 程序代码如下:

```
clc;
clear;
close all;
fs=914;% 采样频率
n=2048;% 采样点数
t=(0:n-1)/fs;
% 矩阵 X1~6 列分别为 1~6 号轴承振动信号
x=load('X.txt');
s(:,1)=x(:,1);
s(:,2)=x(:,2);
s(:,3)=x(:,3);
s(:,4)=x(:,4);
s(:,5)=x(:,5);
s(:,6)=x(:,6);
% 绘出不同工况振动信号时域波形图
figure(1)
subplot(611)
plot(t,s(:,1));
ylabel('1');axis([1/fs,1024/fs,-2,2]);
```

```
subplot(612)
plot(t,s(:,2));
ylabel('2');axis([1/fs,1024/fs,-2,2]);
subplot(613)
plot(t,s(:,3));
ylabel('3');axis([1/fs,1024/fs,-2,2]);
subplot(614)
plot(t,s(:,4));
ylabel('4');axis([1/fs,1024/fs,-2,2]);
subplot(615)
plot(t,s(:,5));
ylabel('5');axis([1/fs,1024/fs,-2,2]);
subplot(616)
plot(t,s(:,6));
ylabel('6');axis([1/fs,1024/fs,-2,2]);
xlabel('t/s');
% 对信号进行小波包分解并重构信号, 进行 AR 谱分析
p=3;
for(i=1:6)
  T=wpdec(s(:,i),p,'db2');
  %1 号轴承
  if(i==1)
     for(j=1:2^p)
          e1(:,j)=wprcoef(T,[p,(j-1)]);
          xpsd1(:,j)=pburg(e1(:,j),10,n);
     end
  end
  %2 号轴承
  if(i==2)
     for(j=1:2^p)
            e2(:,j)=wprcoef(T,[p,(j-1)]);
            xpsd2(:,j)=pburg(e2(:,j),10,n);
     end
  end
  %3 号轴承
  if(i==3)
     for(j=1:2^p)
          e3(:,j)=wprcoef(T,[p,(j-1)]);
```

```
            xpsd3(:,j)=pburg(e3(:,j),10,n);
        end
    end
    %4 号轴承
    if(i==4)
        for(j=1:2^p)
            e4(:,j)=wprcoef(T,[p,(j-1)]);
            xpsd4(:,j)=pburg(e4(:,j),10,n);
        end
    end
    %5 号轴承
    if(i==5)
        for(j=1:2^p)
            e5(:,j)=wprcoef(T,[p,(j-1)]);
            xpsd5(:,j)=pburg(e5(:,j),10,n);
        end
    end
    %6 号轴承
    if(i==6)
        for(j=1:2^p)
            e6(:,j)=wprcoef(T,[p,(j-1)]);
            xpsd6(:,j)=pburg(e6(:,j),10,n);
        end
    end
end
%1~6 号轴承 8 个频段 AR 谱能量
ARxp(1,:)=sum( xpsd1,1);
ARxp(2,:)=sum( xpsd2,1);
ARxp(3,:)=sum( xpsd3,1);
ARxp(4,:)=sum( xpsd4,1);
ARxp(5,:)=sum( xpsd5,1);
ARxp(6,:)=sum( xpsd6,1);
csvwrite('AR.txt',ARxp);
```

程序运行结果如图 4.21 和表 4.4 所示。

从表 4.4 中可以看出, 轴承振动信号的能量主要分布在低频段; 在 $E_{3,0}$ 频带, 随着轴承径向间隙的增大, 频带能量越来越大, 表现了良好的线性关系。4 号轴承的频带能量却比 3 号轴承大, 这是由于 4 号轴承滚道有轻微疲劳剥落, 即疲劳剥落现象在 $E_{3,0}$ 频带也有明显的反映; 在 $E_{3,1}$ 频带, 随着轴承轴向间隙的增大, 频带能

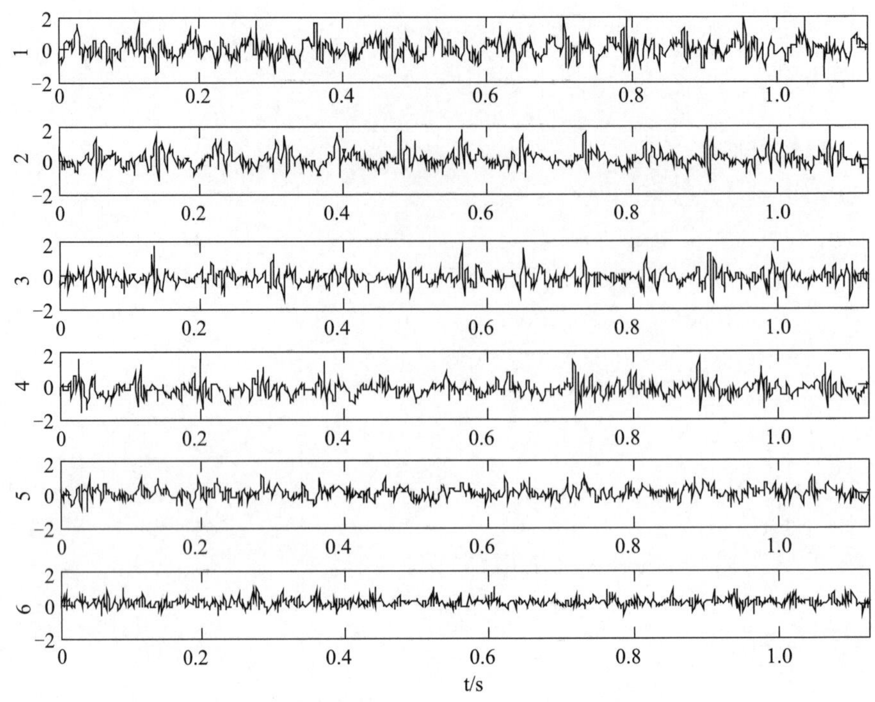

图 4.21　1~6 号轴承振动信号时域波形

量呈线性增加, $E_{3,1}$ 频带对轴承轴向间隙反映比较明显; 在 $E_{3,3}$ 频带, 频带能量随着轴承径向间隙的增大而增大。

表 4.4　各轴承小波包–AR 谱能量计算结果　　(单位: V^2)

轴承编号	$E_{3,0}$	$E_{3,1}$	$E_{3,2}$	$E_{3,3}$	$E_{3,4}$	$E_{3,5}$	$E_{3,6}$	$E_{3,7}$
1	36.978	21.818	13.397	17.896	0.467 9	1.824 3	7.333 5	6.113
2	25.79	22.197	4.764 2	14.869	0.274 82	1.359 2	2.546	2.638 4
3	12.773	21.362	6.095	11.639	1.246 1	3.451 4	3.814 9	4.225 3
4	23.048	12.489	7.967 6	11.142	0.382 41	0.999 04	4.981	2.947 3
5	12.749	5.984 2	2.494 8	3.789 7	0.370 77	1.068	2.139 5	2.615 5
6	4.704 2	2.544 8	2.539 3	2.738 6	0.388 91	0.801 42	3.698 4	2.232 2

第 5 章　Hilbert–Huang 变换的 MATLAB 实现及应用研究

Hilbert–Huang 变换能够根据信号本身的局部特征自适应地将信号分解成若干固有模态函数, 从根本上解决了用基函数拼凑信号带来的固定基函数、最佳基选择、恒定多分辨率以及能量泄露等问题, 更适于非线性非平稳信号的处理。虽然 Hilbert–Huang 变换提出的时间不长, 使用中当存在着诸如端点延拓、分解判据确定、Hilbert 解调固有局限性等问题, 但由于其自适应分解的显著优势, 受到研究人员的广泛青睐, 被迅速应用到海洋、地震、遥感图像处理、旋转机械故障诊断和非线性系统研究等领域, 充分显示出该方法的良好应用前景。

5.1　Hilbert–Huang 变换的基本理论

Hilbert–Huang 变换是经验模态分解 (empirical mode decomposition, EMD) 和 Hilbert 时频谱的统称。它首先将信号用 EMD 方法分解为若干固有模态函数 (intrinsic mode function, IMF), 然后对每个 IMF 分量进行 Hilbert 变换得到瞬时频率和瞬时幅值, 进而得到信号的完整时间 – 频率分布。

5.1.1　固有模态函数 (IMF)

一个固有模态函数, 必须满足以下两个条件:

(1) 曲线的极值点和零点的数目相等或至多相差 1。

(2) 在曲线的任意一点, 包络的最大极值点和最小极值点的均值等于零。

5.1.2　EMD 原理

1. 瞬时频率

单分量信号在任意时刻都只有一个频率, 该频率称为信号的瞬时频率; 多分量的信号则在不同时刻具有各自的瞬时频率。Ville 给出的瞬时频率的定义是: 若有信号 $x(t)=a(t)\cos\phi(t)$, 其瞬时频率为

$$f(t)=\frac{1}{2\pi}\times\frac{\mathrm{d}}{\mathrm{d}t}[\arg z(t)] \tag{5.1}$$

式中, $z(t)$ 为与 $x(t)$ 相关的解析信号。瞬时频率只能恰当地描述时变单分量信号, 对多数信号是不适用的。

Norden E. Huang 给出了物理上有意义的瞬时频率的必要条件: 函数关于局部零均值对称, 具有相同的极值点数和过零点数。由此将固有模态函数 IMF 定义为: ① 在整个数据序列中, 极值点和过零点的个数相等或至多相差 1; ② 任何时刻局部极大值点形成的上包络和局部极小值点形成的下包络的均值为零, 即上、下包络关于时间轴局部对称, 对这样的信号可以进行 EMD。

2. EMD 原理

由于大多数非平稳信号不直接满足 IMF 条件, Huang 等提出了如下假设: 任何复杂信号都是由一些相互独立的 IMF 分量组成; 每个 IMF 分量可以是线性的, 也可以是非线性的。对于信号 $x(t)$, 其 EMD 过程如下:

(1) 确定信号所有的局部极大值和极小值点;

(2) 用三次样条函数对所有极大值点和极小值点分别进行插值运算, 拟合出上、下包络并求出上、下包络的平均值 m_1, 然后计算

$$h_1=x(t)-m_1 \tag{5.2}$$

(3) 若 h_1 是 IMF, 记 h_1 是 $x(t)$ 的第 1 个 IMF 分量; 若 h_1 不是 IMF, 将其作为原始数据重复上面两个步骤 k 次, 最终得到

$$h_{1k}=h_{1(k-1)}-m_{1k} \tag{5.3}$$

使得 h_{1k} 满足 IMF 条件, 则它就是第 1 阶 IMF, 记为 c_1。其中 m_{1k} 是 $h_{1(k-1)}$ 的上、下包络线均值。

(4) 从 $x(t)$ 中减去 c_1, 得到残差

$$r_1=x(t)-c_1 \tag{5.4}$$

将 r_1 作为原始数据重复步骤 (1) ~ (3), 得到 $x(t)$ 的第 2 个分量 c_2。以此类推, 当 r_n 为单调函数不能再提取 IMF 分量时, 循环结束, 得到 n 个 IMF 分量

$$x(t)=\sum_{i=1}^{n}c_i+r_n \tag{5.5}$$

式中, r_n 为残余函数, 代表信号的平均趋势。

EMD 将模态按照特征时间尺度由小到大的顺序分离出来, 类似经历了层层高通滤波器的 "筛分"。得到的分量是满足完备性和几乎正交性的, 由于没有固定先验基底, 分解具有自适应性。可变的瞬时幅值和瞬时频率不但很大程度上改进了信号分解效率, 而且使 EMD 非常适合于非平稳非线性信号的分析。

由于三次样条的拟合不可避免引入人为干扰, 实际 IMF 分量的包络均值未必为零。随着 "筛分" 次数的增多, 包络线均值会越来越接近零, 但过多的 "筛分" 次数容易使信号偏离原始信号的真实意义。为此, 采用连续两个处理结果间的标准差 SD 作为 "筛分" 终止的判据

$$\mathrm{SD}=\sum_{t=0}^{T}\frac{[h_{1(k-1)}-h_{1k}]^2}{h_{1(k-1)}^2} \tag{5.6}$$

通过 SD 的大小可以控制迭代的次数。经验表明, SD 取值为 0.2~0.3 比较合适, 可以在不失物理意义的前提下保证 IMF 的线性和稳定性。

5.1.3 Hilbert 谱与 Hilbert 边际谱

Hilbert 谱强调了信号的局部性质, 具有直观物理意义, 避免了 Fourier 变换、小波变换产生的假频成分。其算法如下:

1. 对每个 IMF c_i 作 Hilbert 变换

$$\hat{c}_i(t)=\frac{1}{\pi}\int_{-\infty}^{\infty}\frac{c_i(\tau)}{t-\tau}\mathrm{d}\tau \tag{5.7}$$

构造解析信号 $z_i(t)=c_i(t)+j\hat{c}_i(t)=a_i(t)\mathrm{e}^{j\varphi_i(t)}$, 其中 $a_i(t)$ 为瞬时幅值函数, $\varphi_i(t)$ 为瞬时相位函数。忽略残差 r_n, 得到

$$x(t)=\mathrm{Re}\sum_{i=1}^{n}a_i(t)\mathrm{e}^{j\varphi_i(t)}=\mathrm{Re}\sum_{i=1}^{n}a_i(t)\mathrm{e}^{j\int\omega_i(t)\mathrm{d}t} \tag{5.8}$$

2. 计算瞬时频率

$$f_i(t)=\frac{1}{2\pi}\omega_i(t)=\frac{1}{2\pi}\frac{\mathrm{d}\varphi_i(t)}{\mathrm{d}t} \tag{5.9}$$

3. 将式 (5.8) 展开, 得到 Hilbert 谱

$$H(\omega,t)=\mathrm{Re}\sum_{i=1}^{n}a_i(t)\mathrm{e}^{j\int\omega_i(t)\mathrm{d}t} \tag{5.10}$$

Hilbert 边际谱定义为 Hilbert 谱在时间轴上的积分

$$H(\omega)=\int_{0}^{T}H(\omega,t)\mathrm{d}t \tag{5.11}$$

Hilbert 边际谱 $H(\omega)$ 从二维空间描述了信号幅值在整个频率段上随频率变化的情况, 表示了每个频率上全局的幅值分布。

5.1.4 EMD 的局限性

EMD 得到的每一个 IMF 都可看作单分量调幅 - 调频信号, 因此采用 Hilbert 分离算法实现信号的解调分析。假设调幅调频信号具有时变的幅值和相位, 表示为

$$x(t) = a(t)\cos[\varphi(t)] \tag{5.12}$$

式中, $a(t)$ 为瞬时幅值; $\varphi(t)$ 为瞬时相位角; $\omega(t) = \mathrm{d}\varphi(t)/\mathrm{d}t$ 为瞬时频率。

Hilbert 分离算法通过构造解析信号, 估计瞬时幅值 $a(t)$ 和瞬时频率 $\omega(t)$。假设 $x(t)$ 的 Hilbert 变换 $\hat{x}(t)$ 与 $a(t)\sin[\varphi(t)]$ 相等, 那么估计值等于信号瞬时幅值和瞬时频率的真实值。但是大多数情况下, $\hat{x}(t)$ 与 $a(t)\sin[\varphi(t)]$ 并不相等, 存在估计误差。

假设复数信号为

$$c(t) = x(t) + ja(t)\sin[\varphi(t)] = a(t)\mathrm{e}^{j\varphi(t)} \tag{5.13}$$

则 $\hat{x}(t)$ 与 $a(t)\sin[\varphi(t)]$ 之间的误差信号记为

$$e(t) = \hat{x}(t) - a(t)\sin[\varphi(t)] \tag{5.14}$$

假设 $c(t)$ 的 Fourier 变换为 $C(\omega)$, 则 $\hat{x}(t)$ 与 $a(t)\sin[\varphi(t)]$ 之间的误差总能量为

$$E = \int_{-\infty}^{\infty} |e(t)|^2 \mathrm{d}t = \frac{1}{\pi}\int_{-\infty}^{0} |C(\omega)|^2 \mathrm{d}\omega \tag{5.15}$$

若 $C(\omega)$ 的负频部分等于零, 则误差为零; 反之, 误差随 $C(\omega)$ 在负频部分的增加而增加。

假设 $|e(t)| << |a(t)|$ 且 $a(t) \neq 0$, 则幅值估计误差 $e_a(t)$ 表示为

$$\begin{aligned} e_a(t) &= |a(t)| - r(t) = |a(t)| - \sqrt{x^2(t) + \hat{x}^2(t)} \\ &= |a(t)|\left[1 - \sqrt{1 + 2\frac{e(t)}{a(t)}\sin\varphi(t) + \frac{e^2(t)}{a^2(t)}}\right] \\ &\approx -e(t)\mathrm{sgn}[a(t)]\sin\varphi(t) - \frac{e^2(t)}{2\,|a(t)|} \end{aligned} \tag{5.16}$$

相位误差表示为

$$e_\varphi(t) = \arctan\frac{\hat{x}(t)}{x(t)} - \varphi(t) = \arctan\left[\tan\varphi(t) + \frac{e(t)}{a(t)\cos\varphi(t)}\right] - \varphi(t) \tag{5.17}$$

由式 (5.17), 可得

$$\tan\left[e_\varphi(t) + \varphi(t)\right] = \tan\varphi(t) + \frac{e(t)}{a(t)\cos\varphi(t)} \tag{5.18}$$

$$\tan\left[e_\varphi(t)\right] = \frac{e(t)\cos\varphi(t)}{a(t) + e(t)\sin\varphi(t)} \tag{5.19}$$

$$e_\varphi(t) \approx \frac{e(t)\cos\varphi(t)}{a(t)} \tag{5.20}$$

由此推导出频率的估计误差为

$$|e_\omega(t)| = \left|\frac{\mathrm{d}}{\mathrm{d}t}\left[\frac{e(t)\cos\varphi(t)}{a(t)}\right]\right| \tag{5.21}$$

另外, 离散信号 $x(n)$ 的 Hilbert 变换可以看作 $x(n)$ 和无限脉冲响应函数 (IIR) 的卷积。而实际应用中都是采用有限脉冲响应函数 (FIR) 代替 IIR 函数, 不可避免地产生加窗效应, 对解调信号的两端产生调制, 表现出一定程度的波动, 使解调误差增大。

由上述分析可知, 虽然 Hilbert 分离算法可以由瞬时幅值和瞬时频率表征信号特征, 但也存在着一定局限性, 主要表现在两方面: ① 原始信号与其 Hilbert 变换构成解析信号, 然后用解析信号的模和相位导数作为原始信号幅值和频率的估计值, 带来了估计误差; ② Hilbert 变换算法不可避免的加窗效应使解调结果在调制信号两端出现较大误差。

5.2 Hilbert–Huang 变换的 MATLAB 主要函数及实现

5.2.1 Hilbert–Huang 变换主要函数

1. emd

功能: 计算经验模态分解。

格式:

imf=emd(X)

说明:

X 为输入信号, imf 是模态分解结果, 大小为 (m,n) 的矩阵, 第 1 ∼ 第 m–1 行为分解后的 imf 分量, 第 m 行为残余分量, n 为信号 X 的长度。

2. nspabz

功能: 计算 Hilbert 谱。

格式:

[h,xs,w]=nspabz(data,nyy,minw,maxw,t0,t1)

说明:

data 为 EMD 得到的 IMF 分量矩阵, nyy 为频率分辨率, minw 为最小频率, maxw 为最高频率, t0 为起始时间, t1 为结束时间, h 为时频分析结果, xs 为时间轴取值向量, w 为频率轴取值向量。

3. mspc

功能: 计算 Hilbert 边际谱。

格式:

ms=mspc(x,f)

说明:

x 为 nspabz 函数得到的 Hilbert 谱, f 为频率轴取值向量, ms 为 Hilbert 边际谱。

5.2.2 Hilbert–Huang 变换仿真实例

例 5.1 对仿真信号 $x(t)=\sin(250\pi t)+\sin(100\pi t)+\sin(50\pi t)$ 进行 EMD, 该信号是由正弦信号和噪声信号的叠加而成的, 并与小波分解结果进行对比分析, 说明 IMF 分量具有更清晰的物理意义。

MATLAB 程序代码如下:

```
clc;
clear;
fs=1024;
n=1024;
t=0:1/fs:(n-1)/fs;
x=sin(2*pi*250*t)+sin(2*pi*100*t)+sin(2*pi*50*t)+0.1*randn(1,
length(t));
imf=emd(x);
[m,w]=size(imf);
figure(1)
subplot(411)
plot(t,x);title('原始波形');
subplot(412)
plot(t,imf(1,:));ylabel('IMF1');
subplot(413)
plot(t,imf(2,:));ylabel('IMF2');
subplot(414)
plot(t,imf(3,:));ylabel('IMF3');xlabel('t/s');
% 对前 3 个 IMF 分量进行 fft 变换
nfft=512;
fz=(1:nfft/2)*fs/nfft;
figure(2)
for(i=1:3)
    subplot(3,1,i)
    Y(:,i)=fft(imf(i,:),nfft);
    imfFFT(:,i)=abs(Y(:,i));
    plot(fz,imfFFT(1:nfft/2,i)/nfft);
    xlim([0 nfft-1]);
```

```
end
%%%%%%%%%%%%%%%%% 小波分解
T=wpdec(x,3,'db1');
% 分解系数重构
y(:,1)=wprcoef(T,[3,0]);
y(:,2)=wprcoef(T,[3,1]);
y(:,3)=wprcoef(T,[3,2]);
y(:,4)=wprcoef(T,[3,3]);
y(:,5)=wprcoef(T,[3,4]);
y(:,6)=wprcoef(T,[3,5]);
y(:,7)=wprcoef(T,[3,6]);
y(:,8)=wprcoef(T,[3,7]);
figure(3)
for(i=1:8)
    subplot(8,1,i)
    plot(t,y(:,i));
    xlim([0(n-1)/fs]);
end
figure(4)
% 对重构的信号进行 fft 变换
nfft=512;
fz=(1:nfft/2)*fs/nfft;
for(i=1:8)
    subplot(8,1,i)
   Y(:,i)=fft(y(:,i),nfft);
   imfFFT(:,i)=abs(Y(:,i));
   plot(fz,imfFFT(1:nfft/2,i)/nfft);
   xlim([0 nfft-1]);
end
```

仿真信号 EMD 结果如图 5.1 所示, 可以看出, 分量按高频到低频依次排列, 前 3 个分量 IMF1、IMF2、IMF3 正好对应式原始信号中的 $\sin(250\pi t)$、$\sin(100\pi t)$、$\sin(50\pi t)$, 具有明确的物理意义。图 5.2 所示为仿真信号的快速 Fourier 变换 (FFT) 频谱分析, 频率成分在 250 Hz、100 Hz、50 Hz 附近出现峰值, 与仿真信号一致, 充分说明了 Hilbert–Huang 变换的有效性。

将仿真信号进行 3 层小波包分解, 其中节点 1 ~ 8 子空间的重构信号如图 5.3 所示。由图可以看出, 重构信号和原信号的正弦分量有很大偏差, 已经失去了原信号的实际物理意义。再观察各节点重构信号的 FFT 频谱, 如图 5.4 所示, 较多杂波频率上出现峰值, 主要原因是小波分解由固定的小波基函数来表示信号, 当原始信号与基函数相差比较大时，重构信号可能失去物理意义。仿真实例验证了 IMF 具有更清晰的物理意义表达。

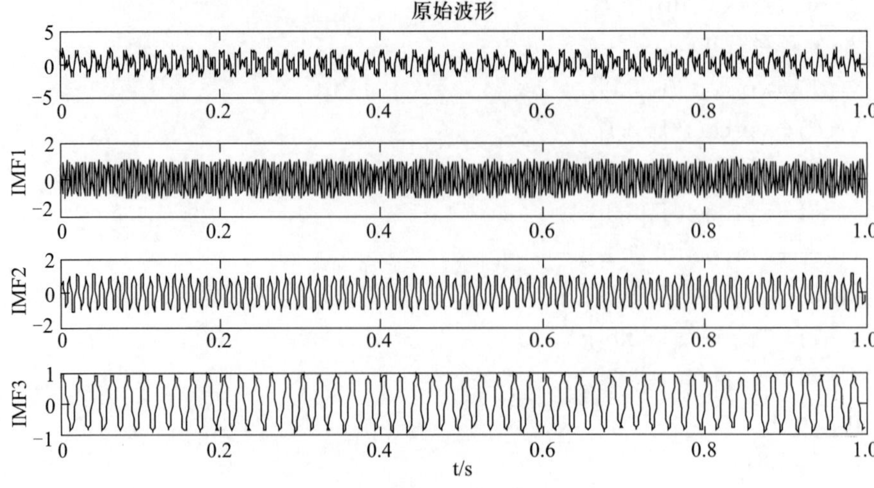

图 5.1 仿真信号 EMD 分解图

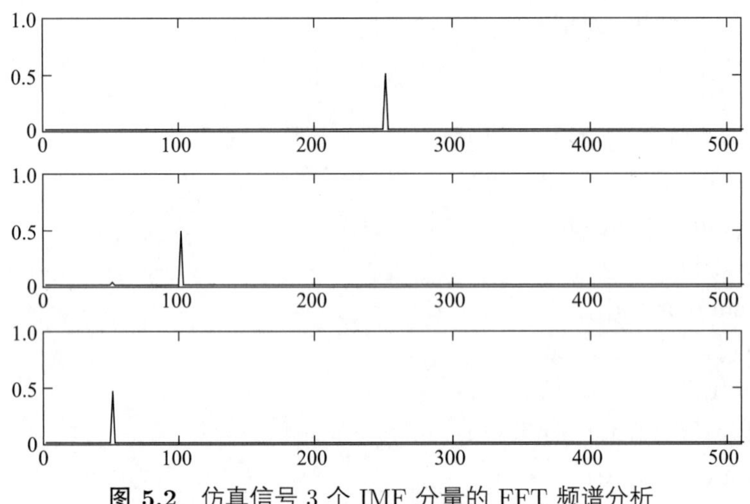

图 5.2 仿真信号 3 个 IMF 分量的 FFT 频谱分析

例 5.2 对一个分段变频的仿真信号

$$x(t)=\begin{cases}\sin(0.2\pi t), & 0\leqslant t\leqslant 100\\ \sin(0.4\pi t), & 101\leqslant t\leqslant 200\\ \sin(0.9\pi t), & 201\leqslant t\leqslant 300\end{cases}$$

进行 EMD，求取并与小波分解结果进行对比分析，说明 Hilbert 谱良好的局部化特性。

MATLAB 程序代码如下：

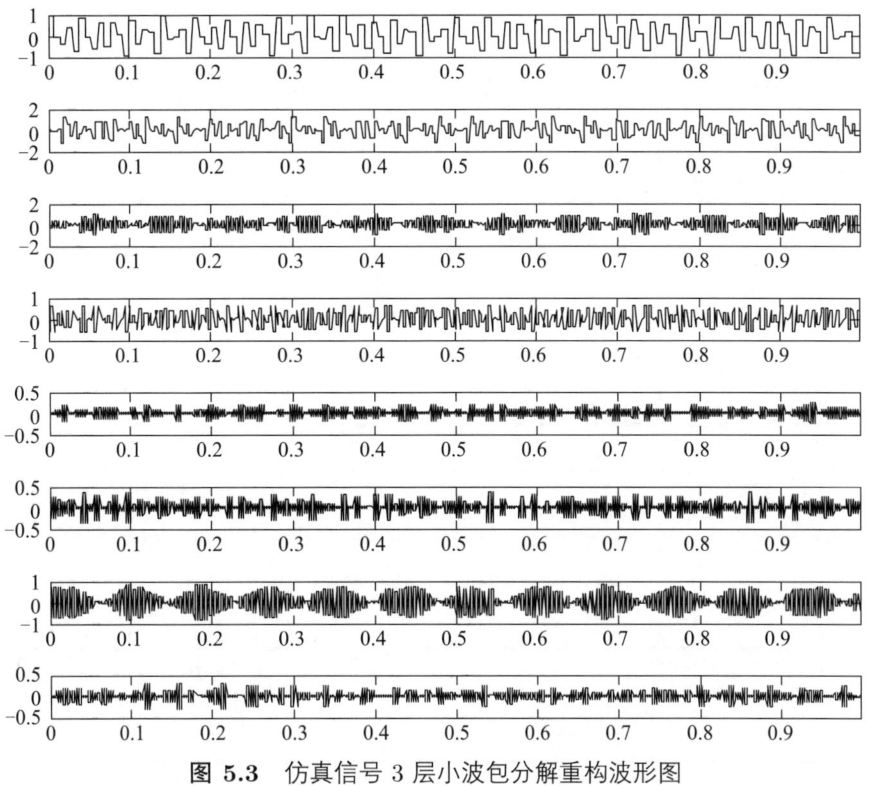

图 5.3　仿真信号 3 层小波包分解重构波形图

```
clc;
clear;
nfft=256;
fs=2048;
N=1024;
t1=0:0.1:34.1;
x(1:342,1)=sin(0.2*pi*t1);
t2=34.2:0.1:68.2;
x(343:683,1)=sin(0.4*pi*t2);
t3=68.3:0.1:102.3
x(684:1024,1)=sin(0.9*pi*t3);
imf=emd(x);
[m,n]=size(imf);
figure(1)
plot(x);
xlim([1 1024]);
ylabel('原始信号', 'FontSize',12);
figure(2)
```

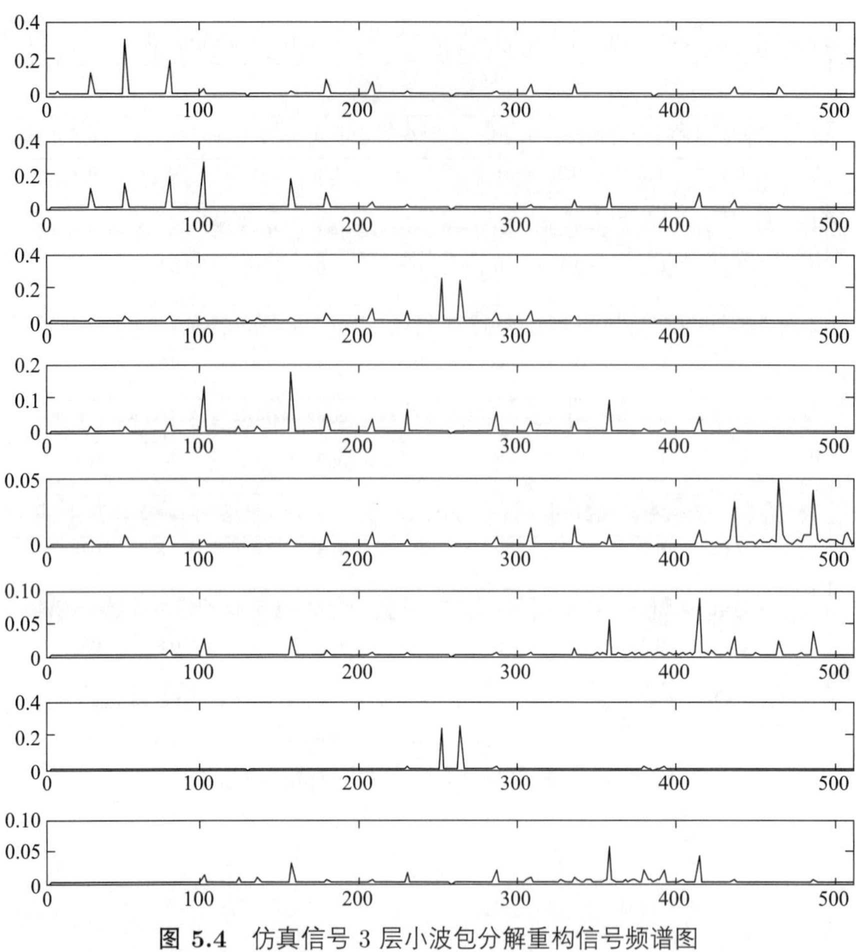

图 5.4 仿真信号 3 层小波包分解重构信号频谱图

```
dt=1/fs;
%%%% 求 Hilbert 谱
h=nspabz('imf',500,0,500,0,N/fs);
subplot(211)
surf(h(1:200,50:end-20))
shading interp
xlabel('时间 (点数)','FontSize',12);
ylabel('频率/Hz','FontSize',12);
zlabel('幅值','FontSize',12);
title('a','FontSize',12)
view([-75,25])
yt=subplot(223)
%imagesc(h(1:200,:))
contour((1:1024)/10,(1:200)/200,h(1:200,:));
xlabel('时间 (点数)','FontSize',12);
```

```
ylabel('频率/Hz','FontSize',12);
set(yt,'ydir','nor')
title('b','FontSize',12)
%%%% 求 Hilbert 边际谱
ms=mspc(h);
subplot(224)
plot((2/500:2/500:length(ms)*2/500),ms)
shading flat;
xlabel('频率/Hz','FontSize',12);
ylabel('幅值','FontSize',12);
title('c','FontSize',12);
%%%%%%%%%%%%% 小波分解方法处理
T=wpdec(x,4,'db8');        % 采用 DB8 进行 4 层小波包分解
% 分解系数重构及小波包节点排序
y(:,1)=wprcoef(T,[4,0]);
y(:,2)=wprcoef(T,[4,1]);
y(:,3)=wprcoef(T,[4,2]);
y(:,4)=wprcoef(T,[4,3]);
y(:,5)=wprcoef(T,[4,4]);
y(:,6)=wprcoef(T,[4,5]);
y(:,7)=wprcoef(T,[4,6]);
y(:,8)=wprcoef(T,[4,7]);
y(:,9)=wprcoef(T,[4,8]);
y(:,10)=wprcoef(T,[4,9]);
y(:,11)=wprcoef(T,[4,10]);
y(:,12)=wprcoef(T,[4,11]);
y(:,13)=wprcoef(T,[4,12]);
y(:,14)=wprcoef(T,[4,13]);
y(:,15)=wprcoef(T,[4,14]);
y(:,16)=wprcoef(T,[4,15]);
figure(3)
dt=1/fs;
h=nspabz(y,500,0,500,0,N/fs);
subplot(211)
surf(h(1:200,50:end-20))
shading interp
xlabel('时间 (点数)','FontSize',12);
ylabel('频率/Hz','FontSize',12);
```

```
zlabel('幅值','FontSize',12);
title('a','FontSize',12)
view([-75,25])
yt=subplot(223);
contour((1:1024)/10,(1:200)/200,h(1:200,:));
xlabel('时间 (点数)','FontSize',12);
ylabel('频率/Hz','FontSize',12);
set(yt,'ydir','nor')
title('b','FontSize',12)
ms=mspc(h);
subplot(224)
plot((1:length(ms))/250,ms)
shading flat;
xlabel('频率/Hz','FontSize',12);
ylabel('幅值','FontSize',12);
title('c','FontSize',12)
```

程序运行结果如图 5.5 ~ 图 5.7 所示。

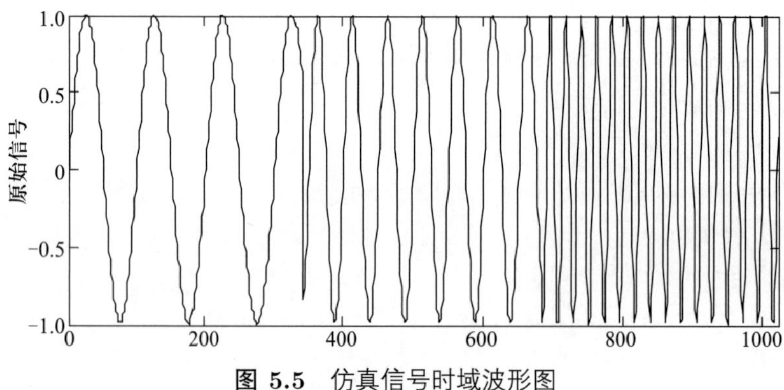

图 5.5 仿真信号时域波形图

图 5.5 所示为 $x(t)$ 的时域波形图, 对其进行 EMD 并作出 Hilbert 时频谱和 Hilbert 边际谱, 如图 5.6 所示。从图 5.6a 和图 5.6b 中可以清晰分辨原始信号在不同时间和不同频段上的分布, 与原始信号基本吻合; 图 5.6c 所示的 Hilbert 边际谱中, 3 个谱峰对应的频率正好是原信号中 3 个时频分量的瞬时频率 0.1 Hz、0.2 Hz 和 0.45 Hz。图 5.6 给出了仿真信号的完整时频解释。

将仿真信号进行小波包分解, 得到的小波谱如图 5.7 所示。由图 5.7a 和图 5.7b 可以看出, 信号中的第 2、第 3 时段在时频面上的分布分散, 出现了许多并不存在的虚假频率成分, 而在真实频率 0.2 Hz 和 0.45 Hz 处的聚集性变差, 第 3 时段尤甚。图 5.7c 所示时频分布在时间轴上的积分, 显示出原始信号频率成分的大致分布, 第 1 个峰值和第 2 个峰值大体反映了前两个时段分量的固有频率 0.1 Hz

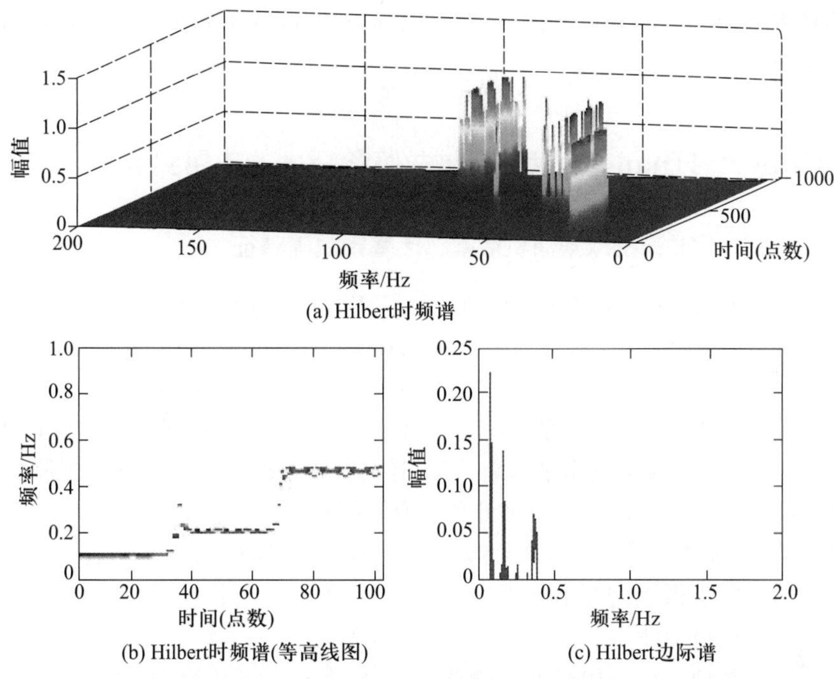

图 5.6 仿真信号的 Hilbert 谱和 Hilbert 时频谱 (见书后彩图)

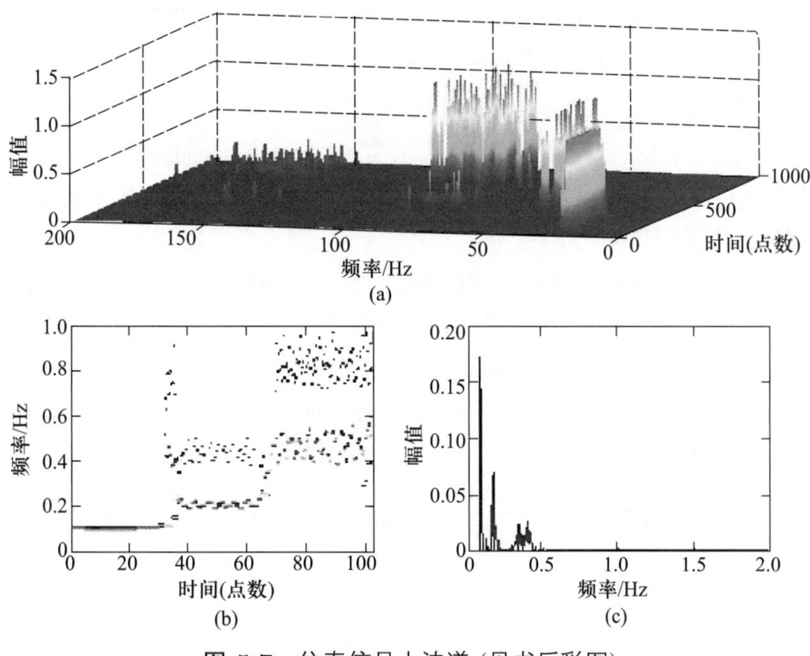

图 5.7 仿真信号小波谱 (见书后彩图)

和 0.2 Hz, 但在第 3 个分量对应频率区域出现频率模糊的现象。该仿真实例表明了 Hilbert 谱良好的局部化特性。Hilbert–Huang 变换谱所有成分的频率分辨率是一致的, 时间分辨率和频率分辨率相互独立, 彼此没有干扰; 而小波分析的时间分辨率和频率分辨率是相互影响的。因此 Hilbert–Huang 变换在处理强间歇性信号时具有优势。

5.3 Hilbert–Huang 变换在机械故障诊断中的应用实例

5.3.1 EMD–AR 谱提取柴油机活塞、活塞销故障特征

为克服 Hilbert 分离算法的局限性, 以及 Hilbert–Huang 变换边际谱峰值重叠、故障特征难以分辨的问题, 提出 EMD 和 AR 谱相结合, 对非稳态振动信号进行分析, 进而提取故障特征的方法。AR 模型是时间序列分析方法中最基本、应用最广泛的数学模型, 它不仅凝聚了系统的特征和工作状态, 而且对观测数据具有外延特性, 使得 AR 模型不仅可以用来诊断故障, 还可以对故障隐患进行早期预测。此外, 基于 AR 模型参数建模的功率谱估计可以有效提高功率谱估计的频率分辨率, 由于其外延功能, 能够有效地分析短样本信号, 克服了 Hilbert 分离算法存在加窗效应的问题。同时由于得到的图谱更平滑, 不同工况下的谱更容易分辨, 也为故障特征的提取提供了有利条件。

时变参数模型可以分析非平稳信号, 提高参数估计的精确度, 但存在计算量大的问题, 因此 AR 模型主要用于平稳过程。EMD 将复杂的非稳态振动信号分解为若干均值为零的、相对于时间轴局部对称的单分量信号, 相当于对原信号进行了线性化、平稳化的处理。因此将 EMD 和 AR 谱结合, 可以得到更有效的分析结果。

具体步骤如下:

(1) 振动信号采集。诊断对象为斯太尔实车发动机第 3 缸活塞销、活塞磨损故障, 振动传感器放置在第 3 缸缸体上部, 采样频率为 12.8 kHz, 采集转速为 1 800 r/min, 采集点数为 16 384 点。

(2) EMD。将振动信号进行 EMD, 依次可以得到由高频到低频的 IMF 分量和残余分量, 通过计算, 信号的前 6 个 IMF 分量能量占总能量的 96% 以上, 所以只对前 6 个 IMF 分量进行 AR 谱分析。

(3) EMD–AR 谱分析。对前 6 个 IMF 分量进行 AR 谱分析, 分别对比后进行能量累加, 提取故障特征。

例 5.3 利用 EMD–AR 谱方法分析柴油机活塞销、活塞的磨损故障。

MATLAB 程序代码如下:

```
clc;
clear all
fs=25600;
n=16384;
t=0:1/fs:(n-1)/fs;
```

```
s1=load('\ 程序集程序 \ 第 5 章 \ 销子活塞故障数据 \Sig1.txt');
s2=load('\ 程序集程序 \ 第 5 章 \ 销子活塞故障数据 \Sig2.txt');
s3=load('\ 程序集程序 \ 第 5 章 \ 销子活塞故障数据 \Sig3.txt');
figure(1)
subplot(311)
plot(t,s1);
xlabel('t/s');title('正常信号');
xlim([0(n-1)/fs]);ylim([-5 5]);
subplot(312)
plot(t,s2);
xlabel('t/s');title('活塞销磨损信号');
xlim([0(n-1)/fs]);ylim([-5 5]);
subplot(313)
plot(t,s3);
xlabel('t/s');title('活塞磨损波形');
xlim([0(n-1)/fs]);ylim([-5 5]);
% 进行 EMD, 并对前 6 个 IMF 分量进行 AR 谱分析
imf1=emd(s1);
figure(2)% 正常信号的前 6 个 IMF 分量
for(i=1:6)
    subplot(6,1,i)
    plot(t,imf1(i,:));
    xlim([0(n-1)/fs]);
end
%%%%
imf2=emd(s2);
imf3=emd(s3);
%%%%% 对前 6 个 IMF 分量进行 AR 谱分析
N=1024;
for(i=1:6)
    xpsd=pburg(imf1(i,:),10,N);
    xpsd1(i,:)=10*log10(xpsd(1:400)+0.000001);
end
for(i=1:6)
    xpsd=pburg(imf2(i,:),10,N);
    xpsd2(i,:)=10*log10(xpsd(1:400)+0.000001);
end
for(i=1:6)
```

```
    xpsd=pburg(imf3(i,:),10,N);
    xpsd3(i,:)=10*log10(xpsd(1:400)+0.000001);
end
ss=N/2;
dd=(0:1/ss:1)*fs/2;
d=dd(1:400);% 频率选择在 10000Hz 以内
%%%%%
figure(3)
for(i=1:6)
    subplot(3,2,i)
    plot(d,xpsd1(i,:),'b-',d,xpsd2(i,:),'b--',d,xpsd3(i,:),'b-.');
    legend('正常','活塞销磨损','活塞磨损');
    ylabel('EMD-AR 谱/db');
end
% 将前 6 个 IMF 分量的 AR 谱累加
q1=sum(xpsd1);
q2=sum(xpsd2);
q3=sum(xpsd3);
figure(4)
plot(d,q1,'b-',d,q2,'b--',d,q3,'b-.');
legend('正常','活塞销磨损','活塞磨损');
xlabel('频率/Hz');ylabel('EMD-AR 谱/dD');
```

运行程序后, 依次可以看到柴油机正常、活塞销磨损和活塞磨损 3 种工况下的

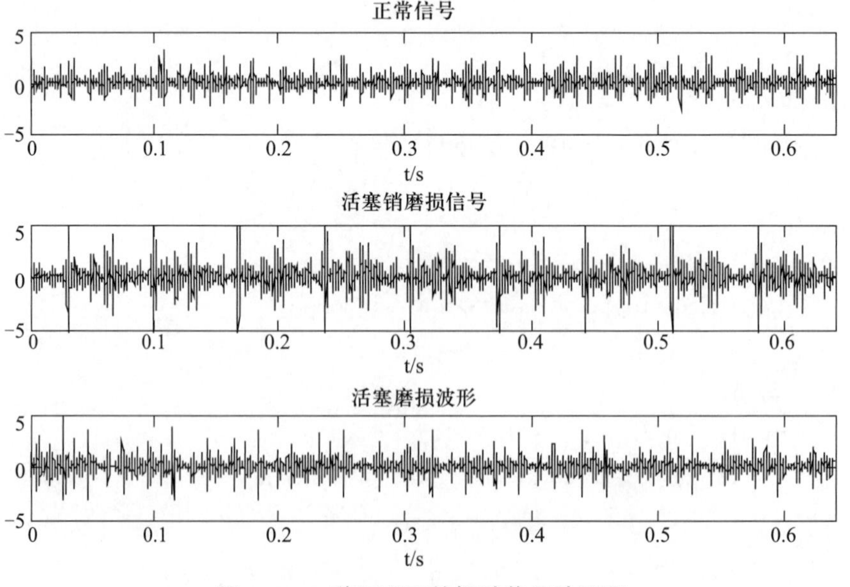

图 5.8 3 种工况下的振动信号波形图

振动信号波形图 (图 5.8), 正常工况下前 6 个 IMF 分量信号图 (图 5.9), 3 种工况下前 6 个 IMF 分量 EMD–AR 谱对比图 (图 5.10) 及累加能量对比图 (图 5.11)。分析图 5.10 和图 5.11, 可以得出以下结论:

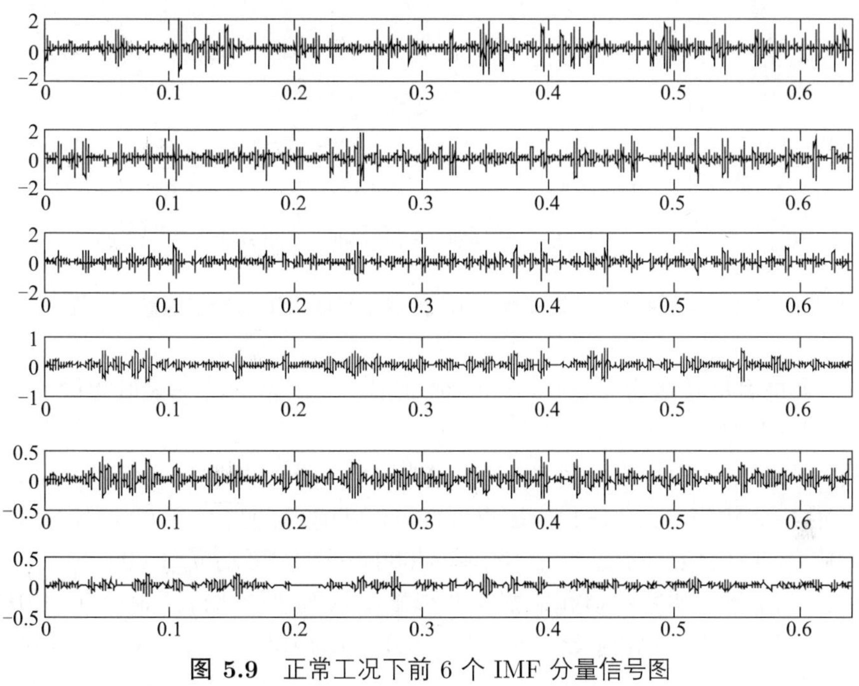

图 5.9 正常工况下前 6 个 IMF 分量信号图

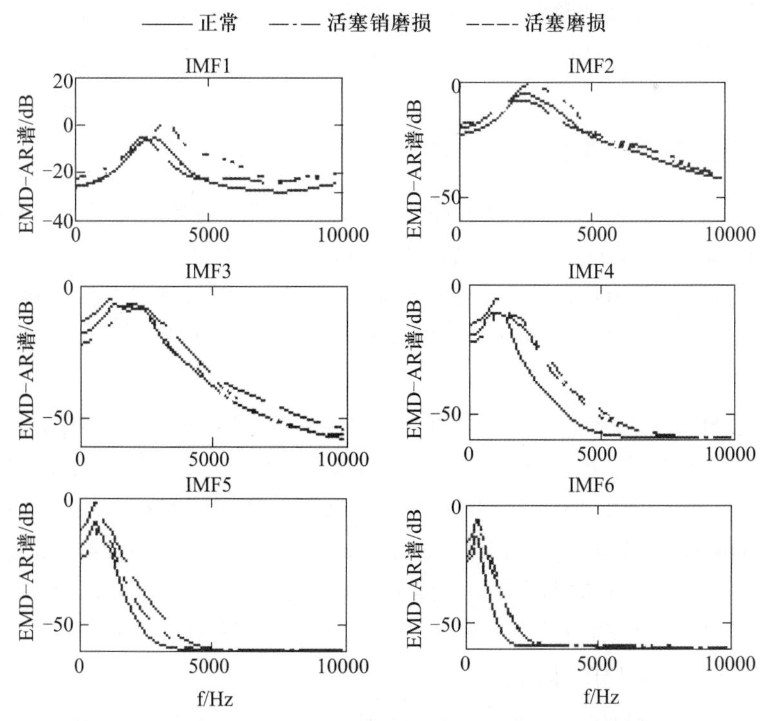

图 5.10 3 种工况下前 6 个 IMF 分量 EMD–AR 谱对比图

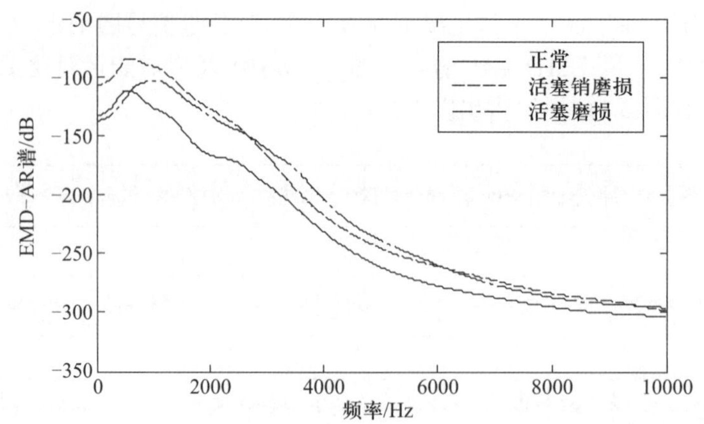

图 5.11 3 种工况下前 6 个 IMF 分量 EMD–AR 谱累加能量对比图

(1) 采集启动转速为 1 800 r/min 时, EMD–AR 谱的功率幅值能量主要集中在 6 000 Hz 以内。

(2) 从图 5.10 中可以看出, 能量由正常工况、活塞销磨损和活塞磨损工况依次递增的特征频带有: IMF1 分量 2 000 Hz 以内, 5 000 ~ 8 000 Hz, IMF2 分量 2 000 Hz 以内; IMF4 分量 1 800 ~ 4 000 Hz; IMF6 分量 1 000 ~ 2 000 Hz。能量由正常工况、活塞磨损和活塞销磨损工况依次递增的特征频带有: IMF3 分量 5 000 ~ 7 000 Hz; IMF4 分量 4 000 ~ 6 000 Hz; IMF5 分量 1 000 ~ 4 000 Hz。

(3) 从图 5.11 中可以看出, EMD–AR 谱能量由正常工况、活塞销磨损和活塞磨损工况依次递增的特征频带为 3 000 ~ 6 000 Hz, 由正常工况、活塞磨损和活塞销磨损工况依次递增的特征频带为 1 000 ~ 3 000 Hz。

5.3.2 EMD– 包络谱变速器故障诊断

具有齿轮、滚动轴承的机械设备故障一般有周期性的脉冲冲击力, 产生振动信号的调制现象, 在频谱上表现为在啮合频率或固有频率两侧出现间隔均匀的调制边频带。采用解调分析方法, 从信号中提取调制信息, 分析其强度和频次就可以判断零件损伤的程度和部位, 是机械故障诊断中广泛使用的一种分析零件损伤类故障的有效方法。

20 世纪 80 年代初期, 有关学者就开始将电学中的解调分析引用到机械设备故障诊断中。1982 年, R. B. Randall 提出了高通绝对值分析的解调方法, 以解决齿轮调制性故障的诊断问题; 1986 年, P. D. Mcfadden 采用了 Hilbert 变换法, 同时进行相位和幅值解调, 以解决一些复杂的齿轮和滚动轴承的故障诊断问题; 1991 年, 唐德尧提出了共振解调方法以解决滚动轴承的故障诊断问题; 1992 年, 王延春、丁康等提出了细化高通绝对值分析法, 提高了解调谱的分辨率和在工程中的应用能力。

解调分析的 3 种局限性如下:

(1) 将不包括调制信息 (故障信息) 的两时域相加信号以其频率之差作为解调

信号解出, 从而在解调谱上出现无法分析或引起误诊断的频率成分。

(2) 在检波过程中, 载波频率有可能出现高次谐波而产生混频效应, 在解调谱上也会出现无法分析的频率成分。

(3) 由于无法在细化分析选抽时进行数字低通滤波, 所以有可能会出现调制频率高次谐波成分发生频率混叠而反折到低频部分的现象。不论是哪一种局限性出现, 都会在解调谱上出现无法分析或引起误诊断的频率成分。

目前, Hilbert 变换是振动信号解调分析的通用方法之一, 计算步骤为: ① 求出采样信号的 Hilbert 变换对; ② 以采样信号为实部、Hilbert 变换对为虚部, 两者构成解析信号; ③ 求模得到信号的包络; ④ 对包络进行低通滤波, 作快速 Fourier 变换求出包络谱, 得到调制频率及其高次谐波, 并可得到相位调制函数。此方法可以研究信号的幅值包络、瞬时相位和瞬时频率。

例 5.4 利用 EMD–包络谱方法分析变速器轴承外圈故障。变速器型号为 50307E, 变速器挂 2 挡, 转速为 923 r/min, 采用霍尔传感器采集转速信号, 采样频率为 40 kHz, 保存点数为 84 k, 加载电压 200 V, 输出轴转频 $f_0 = \dfrac{923}{60} \times 0.43 = 6.6$, 其中 0.43 是挂 2 挡时输出轴与输入轴的转速比, 由变速器构造决定。轴承的几何尺寸分别为 $D = 57.5$ mm, $d = 14.22$ mm, $\alpha = 0°$, $Z = 7$。经计算可得轴承外圈故障频率 $f_{r1} = \dfrac{f_o}{2}\left(1 - \dfrac{d}{D}\cos\alpha\right) Z = 17.43$。

MATLAB 程序代码如下:

```
clear all
close all
clc
Nx=32768;% 数据长度
Fs=40000;% 采样频率
xv=load('Bearing_xv');% 输入振动信号
xv=xv(1:Nx);
xv=xv-mean(xv);% 需要去均值
M=0;% 采样数据段的起始位置
n=M:Nx-1;
t=n/Fs;% 信号时间序列
figure(1);% 画原始信号时域和频域图
subplot(211);plot(t,xv);title('原始信号时域波形');
xlim([t(1) t(end)]);xlabel('采样点数');
y=fft(xv,Nx);% 进行快速 Fourier 变换
ys=abs(y);
Of=(1:Nx/2)*Fs/Nx;% 频率序列
```

```
subplot(212);
plot(Of,ys(1:Nx/2));
title('原始信号频谱');xlabel('f/Hz');
imf=emd(real(xv));
figure(2)
envelop_hil1=hilbert(imf(1,:));% 进行 Hilbert 解调
envelop_abs1=abs(envelop_hil1);% 求得幅值
envelop_fft1=abs(fft(envelop_abs1))*2/Nx;% 进行快速 Fourier 变换并
求幅值
subplot(311);
plot(Of,envelop_fft1(2:Nx/2+1));
xlim([0,1000]);
envelop_hil2=hilbert(imf(2,:));% 进行 Hilbert 解调
envelop_abs2=abs(envelop_hil2);% 求得幅值
envelop_fft2=abs(fft(envelop_abs2))*2/Nx;% 进行快速 Fourier 变换并
求幅值
subplot(312);
plot(Of,envelop_fft2(2:Nx/2+1));
xlim([0,1000]);
envelop_hil3=hilbert(imf(3,:));% 进行 Hilbert 解调
envelop_abs3=abs(envelop_hil3);% 求得幅值
envelop_fft3=abs(fft(envelop_abs3))*2/Nx;% 进行快速 Fourier 变换并
求幅值
subplot(313);
plot(Of,envelop_fft3(2:Nx/2+1));
xlim([0,1000]);
```

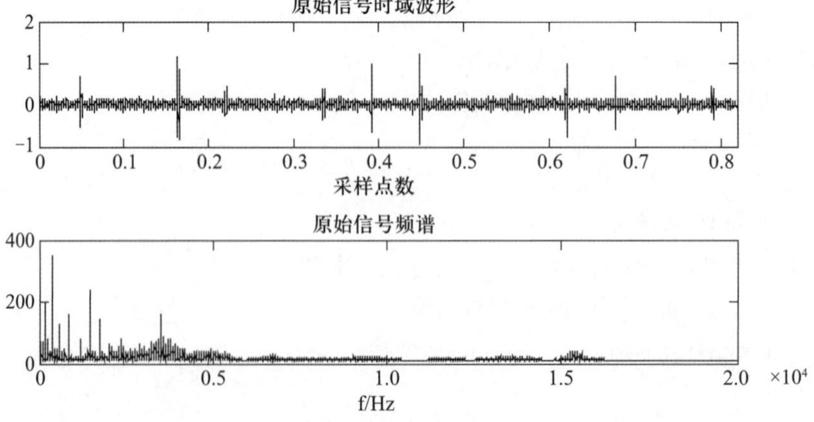

图 5.12 故障振动信号及快速 Fourier 变换谱图

运行程序后，可以得到故障振动信号及快速 Fourier 变换谱图 (图 5.12) 和前 3 个 IMF 分量的 EMD 包络谱，从图 5.13 中可以明显看出，外圈故障频率及其倍频处出现了峰值，可以诊断出变速器轴承外圈出现故障。

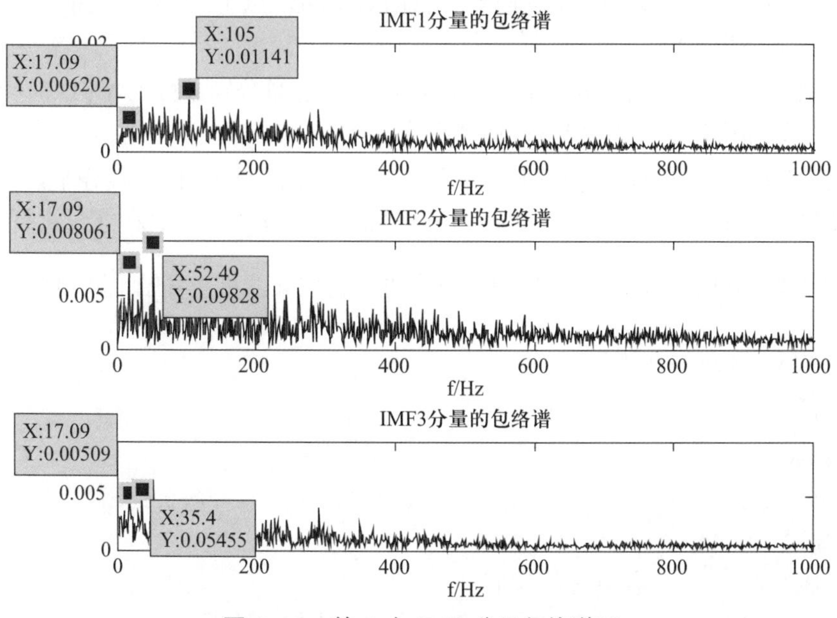

图 5.13 前 3 个 IMF 分量包络谱图

5.3.3 基于 EMD 预处理的伪 WVD 时频分布提取信号特征

自 Wigner–Ville 分布 (WVD) 提出以来，对于如何消除交叉干扰项 (cross-terms interference) 的影响，提高谱图的可读性，许多学者作了大量的工作。解决交叉干扰项的方法多种，但最常用的有两种：一种是伪 WVD (PWVD) 加窗函数，称为时延核函数平滑处理，常用的时延核函数有 Hanning、Hamming、Blackman、Pseudo-Wigner、Born–Jordan、Page distribution、Margenau–Hill、Future Running Spectrum 等；另一种是应用模糊度函数 (ambiguity function)，称为模糊度函数滤波，常用的模糊域核函数有 Choi–Williams、Cube、Dome、Pyramid、Sinc 等。上述方法都能起到一定的作用，但是，大多是以降低分辨率、增加计算量为代价的。

而 EMD 可以将多分量信号分解成单分量、有限个固有模态函数之和，对于每个固有模态函数进行 PWVD 计算，然后，将不同固有模态函数的 PWVD 计算结果叠加，可以得到一个无交叉项、分辨率也没有损失的信号时频分布图。

具体步骤如下：

(1) 振动信号采集。诊断对象为斯太尔实车发动机第 3 缸连杆轴承磨损故障，分别为正常、连杆轴承中度磨损和严重磨损 3 种工况。振动传感器放置在第 3 缸缸体上部，采样频率为 12.8 kHz，采集转速为 1 800 r/min，以第 1 缸喷油压力为时标信号，每种工况采集 3 个工作循环。信号 Sig1、Sig2、Sig3 中每一列分别为 3 种工况下一个工作循环的数据。

(2) 进行 EMD。将振动信号 3 个工作循环进行平均, 得到一个工作循环的信号, 对信号进行 EMD, 依次可以得到由高频到低频的 IMF 分量和残余分量。通过计算, 信号的前 6 个 IMF 分量能量占总能量的 96% 以上, 因此只对前 6 个 IMF 分量进行下一步分析。

(3) EMD–PWVD 时频分析。对前 6 个 IMF 分量分别进行 PWVD 时频分析, 然后进行累加得到 EMD–PWVD 时频分布。

(4) 特征提取。根据时标信号, 对不同工况下 EMD–PWVD 时频分布第 3、第 4 缸的不同频段 (0∼2 000 Hz、2 000∼4 000 Hz、4 000∼6 400 Hz) 能量进行累加。

例 5.5 利用 EMD–PWVD 时频分布方法提取柴油机连杆轴承磨损故障特征。

MATLAB 程序代码如下:

```
clc;
clear;
close all;
fs=12800;
%%% 求 3 个工作循环的均值
ss=load('\ 程序集程序 \ 第 5 章 \ 连杆轴承故障数据 \Sig1.txt');
s(:,1)=mean(ss,2);
ss=load('\ 程序集程序 \ 第 5 章 \ 连杆轴承故障数据 \Sig2.txt');
s(:,2)=mean(ss,2);
ss=load('\ 程序集程序 \ 第 5 章 \ 连杆轴承故障数据 \Sig3.txt');
s(:,3)=mean(ss,2);
%%%%% 进行 EMD 分解, 对前 6 个 IMF 分量分别求伪 Wigner–Ville 时
频分布并累加
y=zeros(512,1320);
for(i=1:3)
    imf=emd(s(:,i));
    for(j=1:6)
        hs=hilbert(imf(j,:));
        [WVD t f]=SPWVD(hs');
        y=y+abs(WVD);
        y=flipud(y);
    end
    emdWVD(:,:,i)=y/6;
 end
%%%%% 绘出时频图
```

```
figure(1)
f=linspace(0,0.5,512)*1;
t=(0:1320-1)/1;
for(i=1:3)
    subplot(3,1,i)
    contour(t,f*fs,emdWVD(:,:,i));
    colorbar;
    ylabel('频率/Hz');
    title('EMD–PWVD 时频分布');
end
%%%% 计算第 3、4 缸频段 0 ~ 2000、2000 ~ 4000、4000 ~ 6400 累加能量
for(i=3:3)
    q(1,:)=sum(emdWVD(1:161,:,i),1)/160;
    q(2,:)=sum(emdWVD(162:321,:,i),1)/160;
    q(3,:)=sum(emdWVD(322:512,:,i),1)/160;
    p(1,1)=sum(q(1,500:670),2)/170;
    p(1,2)=sum(q(1,1150:1320),2)/170;
    p(2,1)=sum(q(2,500:670),2)/170;
    p(2,2)=sum(q(2,1150:1320),2)/170;
    p(3,1)=sum(q(3,500:670),2)/170;
    p(3,2)=sum(q(3,1150:1320),2)/170;
    Cpu(:,:,i)=p';
end
```

函数 SPWVD 的.m 文件如下:

```
function [WVD,t,f]=SPWVD(Sig,SampFreq,FreqBins,GLen,HLen)
% Sig :          输入信号
% FreqBins :     频率轴划分区间数 (默认为 512)
% SampFreq :     信号的采样频率
% GLen :         窗函数 g 的长度 (默认为 FreqBins/5)
% HLen :         窗函数 h 的长度 (默认为 FreqBins/4)
% WVD :          计算结果
if(nargin==0)
    error('At least one parameter is required!');
end;
SigLen=length(Sig);
if(nargin<2)
    SampFreq=1;
```

```
end
if(nargin<3)
    FreqBins=512;
end
if(nargin<4)
    GLen=floor(FreqBins/5);
    HLen=floor(FreqBins/4);
end
GLen=GLen+1-rem(GLen,2);
HLen=HLen+1-rem(HLen,2);
GWin=window(@gausswin,GLen);
HWin=window(@gausswin,HLen);
Lg=(GLen-1)/2;
Lh=(HLen-1)/2;
HWin=HWin/HWin(Lh+1);
WVD=zeros(FreqBins,SigLen);
for kk=1:SigLen
    MTau=min([kk+Lg-1,SigLen-kk+Lg,round(FreqBins/2)-1,Lh]);
    k=-min([Lg,SigLen-kk]):min([Lg,kk-1]);
    SubG=GWin(Lg+1+k);
    SubG=SubG/sum(SubG);
    WVD(1,kk)=sum(SubG.*Sig(kk-k,1).*conj(Sig(kk-k)));
    for tau=1:MTau,
            k=-min([Lg,SigLen-kk-tau]):min([Lg,kk-tau-1]);
            SubG=GWin(Lg+1+k);
            SubG=SubG/sum(SubG);
            R=sum(SubG.*Sig(kk+tau-k,1).*conj(Sig(kk-tau-k)));
            WVD(1+tau,kk)=HWin(Lh+tau+1)*R;
            R=sum(SubG.*Sig(kk-tau-k,1).*conj(Sig(kk+tau-k)));
            WVD(FreqBins+1-tau,kk)=HWin(Lh-tau+1)*R;
    end
end
WVD=fft(WVD);
f=linspace(0,0.5,FreqBins)*SampFreq;
t=(0:SigLen-1)/SampFreq;
```

运行程序后, 不同工况下 EMD–PWVD 时频分布如图 5.14 所示, 不同频段能量累加结果如表 5.1 所示, 可以看出, 当第 3 缸连杆轴承出现故障后, 第 3、第 4 缸的能量都有所增大, 且第 3 缸的能量增大幅度高于第 4 缸。

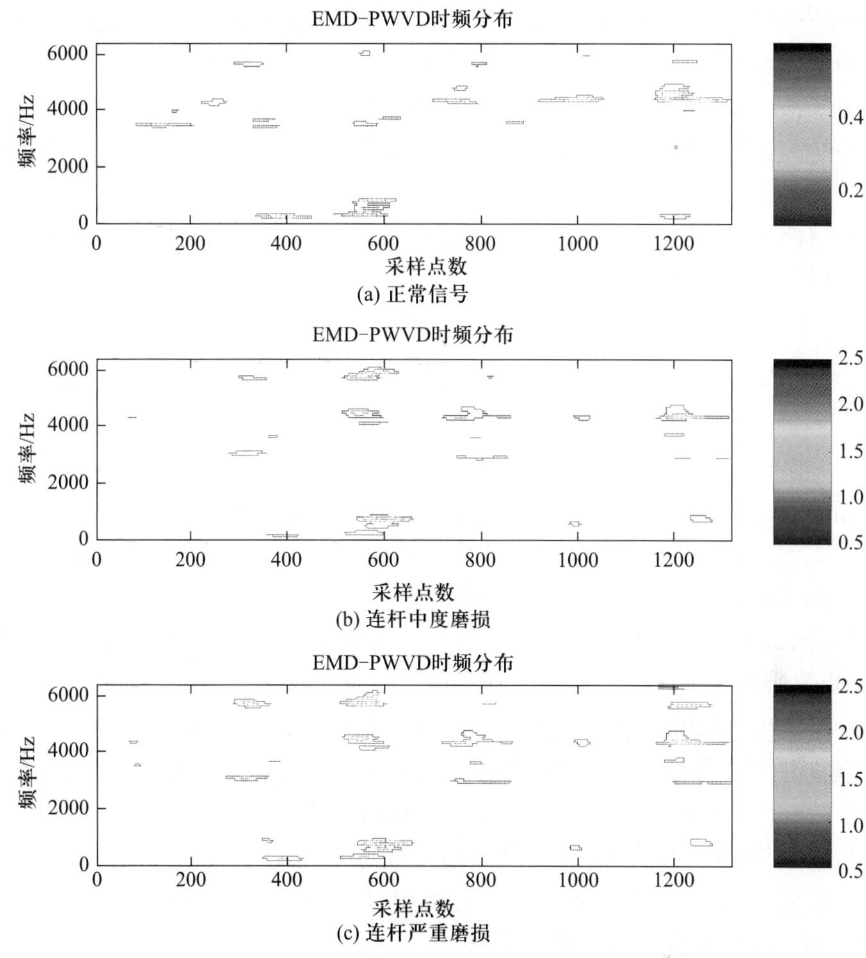

图 5.14　不同工况下 EMD–PWVD 时频分布 (见书后彩图)

表 5.1　不同频段能量累加结果

气缸	工况	累加能量		
		0 ~ 2 000 Hz	2 000 ~ 4 000 Hz	4 000 Hz 以上
第 3 缸	正常	0.037 0	0.016 0	0.022 8
	中度	0.217 9	0.083 0	0.248 3
	严重	0.252 2	0.104 2	0.297 5
第 4 缸	正常	0.021 2	0.016 2	0.059 1
	中度	0.117 8	0.111 5	0.208 2
	严重	0.131 7	0.135 0	0.262 7

5.3.4　基于 EMD–SVD 变换的柴油机曲轴轴承故障特征提取

EMD 方法能够将信号自适应地分解成若干个固有模态函数, 可以解决小波分解中最佳基的选择、传统时频分析方法恒定多分辨率等问题。而奇异值分解 (SVD)

是一种有效的代数特征提取方法, 矩阵的奇异值是矩阵的固有特征, 具有较好的稳定性, 在信号分析、图像处理和机械故障诊断领域具有广泛的应用。

SVD 是一种正交化方法, 对于一个行或列线性相关的矩阵, 通过对其左、右分别相乘一个正交矩阵进行变换, 可以将原矩阵中线性相关的行 (列) 转变为线性独立的。

对于任一实矩阵 $\boldsymbol{A}_{e\times g}$, 其秩为 r', 则存在两个标准正交矩阵 $\boldsymbol{U}$ 和 $\boldsymbol{W}$ 及对角阵 $\boldsymbol{D}$, 使得

$$\boldsymbol{A}=\boldsymbol{U}\boldsymbol{D}\boldsymbol{W}^{\mathrm{T}} \tag{5.22}$$

成立, 则称式 (5.22) 为 $\boldsymbol{A}_{e\times g}$ 的奇异值分解, 其中, $\boldsymbol{U}_{e\times e}=[u_1,u_2,\cdots,u_e]$, $\boldsymbol{D}_{e\times g}=\begin{bmatrix}\Delta_{r'\times r'} & 0\\ 0 & 0\end{bmatrix}$, $\Delta_{r'\times r'}=\mathrm{diag}(\sigma_1,\sigma_2,\cdots,\sigma_{r'})$, $\boldsymbol{W}_{g\times g}=[w_1,w_2,\cdots,w_g]$, $r'=\min(e,g)$, $\sigma_i(i=1,2,\cdots,r')$ 为矩阵 $\boldsymbol{A}$ 的奇异值, $\sigma_i=\sqrt{\lambda_i}$, $\lambda_1\geqslant\lambda_2\geqslant\cdots\geqslant\lambda_{r'}\geqslant 0$ 是矩阵 $\boldsymbol{A}^{\mathrm{T}}\boldsymbol{A}$ 的特征值。在 $\lambda_1\geqslant\lambda_2\geqslant\cdots\geqslant\lambda_{r'}\geqslant 0$ 的限制条件下, 矩阵的奇异值 $(\sigma_1,\sigma_2,\cdots,\sigma_{r'})$ 是唯一的。

矩阵的奇异值具有如下两个特征: ① 矩阵的奇异值具有良好的稳定性; ② 奇异值是矩阵所固有的特征。

SVD 在构建实矩阵 $\boldsymbol{A}$ 时, 通常采用延时嵌入技术对一维时间序列进行相空间重构, 但是没有具体的理论指导该如何确定嵌入维数和延时常数。针对此问题, 本节利用 EMD 后得到的 IMF 分量自动形成初始特征向量矩阵, 从而避免了对时间序列进行相空间重构时选择嵌入维数和延时常数的随意性。

因此, 将 EMD 和 SVD 相结合可以克服目前时频分析方法存在的问题, 有效提取出柴油机加速振动信号的特征信息。

具体步骤如下:

(1) 振动信号采集。诊断对象为康明斯 6BT5.9 型柴油机第 4 道曲轴轴承磨损故障, 分别为正常、曲轴轴承轻微磨损、中度磨损和严重磨损 4 种工况。在发动机缸体表面油底壳与缸体结合部正对第 4 道主轴承左右两处 (测点 I、测点 Ⅱ) 和油底壳处 (测点 Ⅲ) 3 个测试点放置振动传感器, 采集加速振动信号, 采样频率为 12.8 kHz, 触发转速为 1 800 r/min, 采样点数为 16 384 点。信号 nport1-1 至 nport1-3 代表正常工况下测点 I 的 3 组信号, nport2-1 至 nport2-3 代表正常工况下测点 Ⅱ 的 3 组信号, nport3-1 至 nport3-3 代表正常工况下测点 Ⅲ 的 3 组信号。信号 sport1-1 至 sport1-3 代表曲轴轻微磨损工况下测点 I 的 3 组信号; 以此类推, 信号 mport1-1 至 mport1-3 代表曲轴中度磨损工况下测点 I 的 3 组信号; 信号 yport1-1 至 yport1-3 代表曲轴严重磨损工况下测点 I 的 3 组信号。

(2) 进行 EMD。将不同测点不同工况下的信号采用 EMD 方法分解成一系列的 IMF 分量, 发现前 5 个 IMF 分量的能量和占信号总能量达 98% 以上, 所以选择分解得到的前 5 个分量组成初始向量矩阵。

(3) 对初始向量矩阵进行 SVD, 得到奇异值分解特征向量, 作为特征参数组成

故障特征矩阵。信号的奇异值是描述信号在采样时间内各个频率段特征的参数, 所以, 振动信号在各种磨损状态时不同频率段上的特征可以通过奇异值的差异进行有效描述。

例 5.6 利用 EMD–SVD 方法提取柴油机曲轴轴承磨损故障特征。

MATLAB 程序代码如下:

```
clc;
clear;
close all;
% 读入正常工况下测点 I 处 3 组数据
s(:,1)=load('\ 程序集程序 \ 第 5 章 \ 曲轴磨损故障数据 \nport1-1.txt');
s(:,2)=load('\ 程序集程序 \ 第 5 章 \ 曲轴磨损故障数据 \nport1-2.txt');
s(:,3)=load('\ 程序集程序 \ 第 5 章 \ 曲轴磨损故障数据 \nport1-3.txt');
% 读入曲轴轻微磨损工况下测点 I 处 3 组数据
s(:,4)=load('\ 程序集程序 \ 第 5 章 \ 曲轴磨损故障数据 \sport1-1.txt');
s(:,5)=load('\ 程序集程序 \ 第 5 章 \ 曲轴磨损故障数据 \sport1-2.txt');
s(:,6)=load('\ 程序集程序 \ 第 5 章 \ 曲轴磨损故障数据 \sport1-3.txt');
% 读入曲轴中度磨损工况下测点 I 处 3 组数据
s(:,7)=load('\ 程序集程序 \ 第 5 章 \ 曲轴磨损故障数据 \mport1-1.txt');
s(:,8)=load('\ 程序集程序 \ 第 5 章 \ 曲轴磨损故障数据 \mport1-2.txt');
s(:,9)=load('\ 程序集程序 \ 第 5 章 \ 曲轴磨损故障数据 \mport1-3.txt');
% 读入曲轴严重磨损工况下测点 I 处 3 组数据
s(:,10)=load('\ 程序集程序 \ 第 5 章 \ 曲轴磨损故障数据 \yport1-1.txt');
s(:,11)=load('\ 程序集程序 \ 第 5 章 \ 曲轴磨损故障数据 \yport1-2.txt');
s(:,12)=load('\ 程序集程序 \ 第 5 章 \ 曲轴磨损故障数据 \yport1-3.txt');
%%%%%%%%EMD 分解, 以正常工况第 1 组数据为例, 取前 5 个 imf 
分量
imf1=emd(s(:,1));
g1=imf1(1:5,:);
%%%%%%%%%%%% 进行 SVD 分解, 得到特征值
[U1,S1,V1]=svd(g1',0);
H(1,1)=S1(1,1);H(1,2)=S1(2,2);H(1,3)=S1(3,3);H(1,4)=S1(4,4);
H(1,5)=S1(5,5);
```

运行程序后, 可以得到不同工况不同测点信号的奇异值分解结果, 如表 5.2 ∼ 表 5.4 所示。

表 5.2 测点 I 曲轴轴承不同技术状态振动信号奇异值分解结果

曲轴轴承磨损程度	信号	σ_1	σ_2	σ_3	σ_4	σ_5
正常状态	第 1 组	114.28	77.369	66.729	32.557	27.097
	第 2 组	103.69	74.358	68.737	35.993	21.135
	第 3 组	110.13	76.483	67.197	36.369	27.328
	均值	109.366 7	76.070 0	67.554 3	34.973 0	25.186 7
轻微磨损	第 1 组	127.758 0	83.777 0	77.030 0	52.325 5	35.315 5
	第 2 组	118.847 0	91.821 3	79.738 4	42.745 2	31.115 0
	第 3 组	128.470 1	85.798 6	81.258 8	45.687 1	29.196 7
	均值	125.025 0	87.132 3	79.342 4	46.919 3	31.875 7
中度磨损	第 1 组	126.5	87.647	76.599	51.197	32.564
	第 2 组	124.96	84.975	75.28	59.98	38.009
	第 3 组	128.26	84.182	64.99	60.897	37.252
	均值	126.573 3	85.601 3	72.289 7	57.358 0	35.941 7
严重磨损	第 1 组	122.590 7	102.724 1	99.138 3	69.186 9	37.877 4
	第 2 组	126.158 5	92.292 7	83.104 4	68.796 7	38.614 4
	第 3 组	125.958 5	102.549 3	87.450 7	74.987 8	43.674 6
	均值	124.902 6	99.188 7	89.897 8	70.990 5	40.055 5

表 5.3 测点 II 曲轴轴承不同技术状态振动信号奇异值分解结果

曲轴轴承磨损程度	信号	σ_1	σ_2	σ_3	σ_4	σ_5
正常状态	第 1 组	84.110 5	52.263 8	46.087 4	27.662 1	25.560 4
	第 2 组	86.172 8	50.586 9	45.297 0	25.707 2	23.352 8
	第 3 组	83.483 9	50.860 3	45.995 6	29.284 2	24.181 7
	均值	84.589 1	51.237 0	45.793 3	27.551 2	24.365 0
轻微磨损	第 1 组	77.937 0	63.695 6	50.379 2	44.768 3	33.539 9
	第 2 组	76.584 0	62.222 5	52.182 8	42.840 7	35.866 0
	第 3 组	72.866 6	65.946 6	48.638 4	40.903 8	33.160 6
	均值	75.795 9	63.954 9	50.400 1	42.837 6	34.188 8
中度磨损	第 1 组	123.446 3	62.799 9	58.132 2	41.813 1	28.068 6
	第 2 组	121.460 5	63.023 1	58.445 3	38.474 7	29.894 3
	第 3 组	118.595 7	63.169 6	57.110 3	42.354 6	29.379 4
	均值	121.167 5	62.997 5	57.895 9	40.880 8	29.114 1
严重磨损	第 1 组	104.256 5	73.357 1	68.133 0	64.385 3	33.351 4
	第 2 组	107.395 5	74.552 9	64.041 4	61.806 4	33.830 9
	第 3 组	111.478 3	82.233 1	63.739 9	61.215 0	36.630 1
	均值	107.710 1	76.714 4	65.304 8	62.468 9	34.604 1

表 5.4 测点 Ⅲ 曲轴轴承不同技术状态振动信号奇异值分解结果

曲轴轴承磨损程度	信号	σ_1	σ_2	σ_3	σ_4	σ_5
正常状态	第 1 组	75.711 9	48.258 8	39.420 8	38.384 4	13.577 1
	第 2 组	77.801 6	59.847 1	42.408 3	37.615 6	14.098 9
	第 3 组	75.301 0	53.675 5	38.930 3	36.152 4	16.600 5
	均值	76.271 5	53.927 1	40.253 1	37.384 1	14.758 8
轻微磨损	第 1 组	105.773 1	71.076 0	64.105 2	53.753 4	20.071 6
	第 2 组	104.422 4	64.747 7	63.221 5	52.787 9	20.182 8
	第 3 组	101.835 5	67.766 5	58.420 2	56.870 8	21.795 5
	均值	104.010 3	67.863 4	61.915 6	54.470 7	20.683 3
中度磨损	第 1 组	97.069 8	80.729 4	65.312 5	47.938 1	36.470 2
	第 2 组	93.648 4	74.985 6	61.287 7	46.685 1	35.496 5
	第 3 组	95.647 7	71.770 1	59.616 6	49.126 9	35.823 9
	均值	95.455 3	75.828 4	62.072 3	47.916 7	35.930 2
严重磨损	第 1 组	123.265 5	98.202 9	64.660 1	58.971 6	25.255 6
	第 2 组	128.366 0	97.596 1	61.570 6	60.696 9	22.149 9
	第 3 组	122.593 5	107.634 7	66.399 1	63.246 4	25.232 9
	均值	124.741 7	101.144 6	64.209 9	60.971 6	24.212 8

通过分析表 5.2、表 5.3 和表 5.4, 可以得到如下结论:

(1) 在曲轴轴承相同的技术状态下, 3 个测点的各 IMF 分量的 SVD 结果是不同的。这是由于每个机械部件具有不同的固有频率, 当运动机械部件产生冲击与振动传递到缸体表面时, 其冲击与不同传递通道的传递函数相作用后, 缸体表面不同测点测到的振动信号频谱分布不同, 因此经过 EMD 后得到的不同 IMF 分量奇异值是不同的。

(2) 不同 IMF 分量的奇异值反映了振动信号在采样时间内各频率段的特征, 对应着不同频段信号的能量变化。随着曲轴轴承磨损程度的增加, 3 个测点的奇异值矩阵也相应地发生了变化, 轻微磨损、中度磨损和严重磨损状态下振动信号的各个分量奇异值都高于正常技术状态时相应分量的奇异值。例如, 测点 I 振动信号在曲轴轴承为正常技术状态时, 各特征分量的取值范围分别在 110 左右、75 左右、40 左右、40 以下、30 以下; 而曲轴轴承在故障状态时各特征分量的取值范围分别为 120 左右、80 以上、80 左右、40 以上、30 以上。测点 Ⅱ 振动信号第 2 ~ 5 个分量、测点 Ⅲ 振动信号各分量奇异值也呈现出同样的规律。对各测点振动信号的前 5 个分量的奇异值均值进行累加, 其累加结果如表 5.5 所示。表 5.5 所示结果说明: 随着曲轴轴承配合间隙的变大, 3 个测点的奇异值累加结果呈现出逐渐增长的趋势。这主要是因为随着轴承磨损间隙的增大, 内部激励源曲轴轴颈对轴承的冲击变大, 通过一定通道传递到发动机缸体表面后, 引起振动加剧, 在各测点处振动信号总能量增大。

(3) 5 个 IMF 分量奇异值并不是严格地按照磨损程度增加而线性增大。图 5.15

显示了各个特征奇异值 3 次测量结果的均值随曲轴轴承间隙变大的变化情况。它们在许多特征奇异值上不随轴承间隙变大而增大, 而是呈现出更复杂的变化情况。例如, 测点 I 处振动信号, 按照曲轴轴承正常技术状态、轻微磨损、中度磨损、严重磨损排列, 其第 1 阶奇异值均值分别为 109.366 7、125.025 0、126.573 3、124.902 6, 严重磨损状态比轻微磨损状态下的奇异值要小一些。这主要是因为曲轴轴承磨损间隙超过正常范围后, 缸体表面振动加剧, 总能量虽然增加, 但是从内部激励源传递到各测点的通道不同, 各机械部件的固有频率不同, 导致 3 个测点处振动信号不同频段的能量增长幅度不同。

表 5.5 曲轴轴承不同技术状态振动信号奇异值累加结果

曲轴轴承磨损程度	测点 I	测点 Ⅱ	测点 Ⅲ
正常状态	313.150 7	233.535 5	222.594 7
轻微磨损	370.294 7	267.177 3	308.943 4
中度磨损	377.764 0	312.055 9	317.202 8
严重磨损	425.035 0	346.802 3	375.280 6

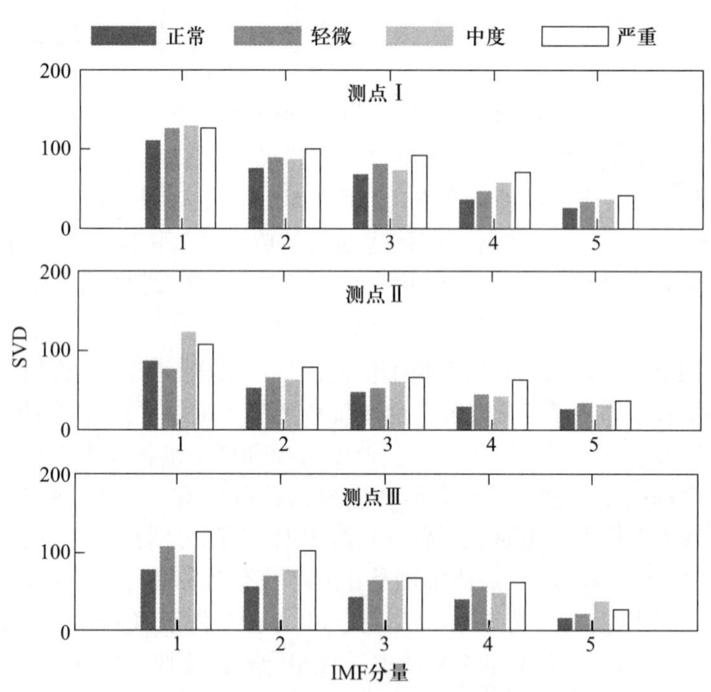

图 5.15 不同测点 SVD 的变化趋势

第 6 章　分数阶 Fourier 变换的 MATLAB 实现及应用研究

6.1　分数阶 Fourier 变换的基本理论

Fourier 变换在科学研究与工程技术的几乎所有领域发挥着重要的作用, 但随着研究对象和研究范围的不断扩展, 也逐步暴露了其在解决某些问题时的局限性。这种局限性主要体现在: Fourier 变换是一种全局性变换, 得到的是信号的整体频谱, 因而无法表述信号的时频局部特性, 而这种特性正是非平稳信号的最根本和最关键的性质。为了分析和处理非平稳信号, 人们提出并发展了一系列新的信号分析理论, 即分数阶 Fourier 变换 (FRFT)、短时 Fourier 变换、Wigner 分布、Gabor 变换、小波变换、循环统计量理论和调幅 – 调频信号分析等。而分数阶 Fourier 变换作为 Fourier 变换的广义形式, 具有独有的特点, 受到众多科研人员的青睐。近年来, 关于分数阶 Fourier 变换理论与应用的研究成果层出不穷, 正处于深入发展的趋势。

1980 年, Namias 从特征值和特征函数的角度出发, 以纯数学的方式提出了分数阶 Fourier 变换的概念, 用于微分方程求解。其后, McBride 等用积分形式为分数阶 Fourier 变换作出更为严格的数学定义, 为其后从光学角度提出分数阶 Fourier 变换的概念奠定了基础。1993 年, Mendlovic 和 Ozaktas 给出了分数阶 Fourier 变换的光学实现, 并将之应用于光学信息处理。

分数阶 Fourier 变换在光学领域很快得到了广泛应用。尽管分数阶 Fourier 变换在信号处理领域具有潜在的用途, 但是由于缺乏有效的物理解释和快速算法, 使得它在信号处理领域迟迟未得到应有的重识。直到 1993 年, Almeida 指出分数阶 Fourier 变换可以理解为时频平面的旋转, 1996 年 Ozaktas 等提出一种计算量与快速 Fourier 变换 (FFT) 相当的离散算法后, 分数阶 Fourier 变换才引起越来越多信号处理领域学者的注意, 并出现了大量的相关研究文章。

6.2 分数阶 Fourier 变换的特点

分数阶 Fourier 变换实质上是一种统一的时频变换, 同时反映了信号在时、频域的信息。与常用二次型时频分布不同的是, 分数阶 Fourier 变换用单一变量来表示时频信息, 没有交叉项困扰; 与传统 Fourier 变换 (其实是分数阶 Fourier 变换的一个特例) 相比, 它更适于处理非平稳信号, 尤其是线性调频信号 (chirp 类信号), 且多了一个自由参量 (变换阶数 P)。因此分数阶 Fourier 变换在某些条件下往往能够得到传统时频分布或 Fourier 变换得不到的效果, 而且由于其具有比较成熟的快速离散算法, 在获得更好效果的同时并不需要付出太多的计算代价。目前, 分数阶 Fourier 变换在信号处理领域的应用主要有如下 6 种方式, 也正体现了其 6 大优势:

(1) 分数阶 Fourier 变换是一种统一的时频变换, 随着阶数从 0 连续增长到 1, 分数阶 Fourier 变换展示出信号从时域逐步变化到频域的所有变化特征, 可以为信号的时频分析提供更大的选择空间; 最直接的利用方式就是将传统时、频域的应用推广到分数阶 Fourier 域, 以获得某些性能上的改善, 如分数阶 Fourier 域滤波等。

(2) 分数阶 Fourier 变换可以理解为 chirp 基分解, 十分适合处理 chirp 类信号。分数阶 Fourier 变换在雷达、通信、声呐等领域的 chirp 信号处理中发挥了重要作用。

(3) 分数阶 Fourier 变换是对时频平面的旋转, 利用这一点可以建立分数阶 Fourier 变换与时频分析工具的关系, 既可以用来估计瞬时频率、恢复相位信息, 又可以用来设计新的时频分析工具。

(4) 与 Fourier 变换相比, 分数阶 Fourier 变换多一个自由参数, 因此在某些应用场合能够得到更好的效果, 如数字水印和图像加密。

(5) 分数阶 Fourier 变换是线性变换, 没有交叉项干扰, 在分析加性噪声时更具优势。

(6) 具有比较成熟的快速离散算法, 这既保证了分数阶 Fourier 变换能够进入数字信号处理的工程实用领域, 又可以为其他的分数阶算子或变换提供快速离散算法, 如分数阶卷积、分数阶相关及分数阶 Hartley 变换等。

6.3 分数阶 Fourier 变换的应用

正是由于分数阶 Fourier 变换具有上述优势, 近年来在信号处理领域得到越来越多的应用, 如滤波、信号检测与参数估计、相位恢复及信号重构、图像处理等。其中, 分数阶域滤波、信号检测与参数估计在工程信号处理中应用最多, 下面分别介绍。

1. 分数阶域滤波

线性调频信号由于其非平稳性, 在时、频域都具有较大的展宽, 单独的时域或频域滤波都不能得到很好的效果。分数阶 Fourier 变换可以理解为 chirp 基分解，特别适合于处理 chirp 类信号。利用 chirp 信号在不同阶次的分数阶 Fourier 域呈现出不同的能量聚集性的特点，通过选择合适的 FRFT 阶次，使目标 chirp 分量在该分数阶域具有最好的能量聚集性，而其他分量和噪声在此分数阶域都不会聚集，通过分数阶域窄带遮隔就能滤波提取感兴趣的 chirp 分量。当干扰和信号在某个方向上不耦合时，通过一阶 FRFT 就可以实现干扰和信号的分离，称为单阶 FRFT 滤波；当干扰和噪声不能通过单一阶次的 FRFT 来完全解除耦合时，可以通过级联多个阶次的单阶 FRFT 来滤除干扰，称为多阶 FRFT 滤波。

分数阶域滤波应用越来越广泛。分数阶滤波能有效分离多分量线性调频 (LFM) 信号，尤其是在变速器急加速过程啮合阶比分量的分离上，具有独特优势，能有效消除变速器邻近阶比胶合问题，分离出目标啮合阶比分量，从而隔离其他分量和噪声的干扰，应用效果十分令人满意。

2. 分数阶域 LFM 信号检测与参数估计

由于 chirp 信号在不同的分数阶 Fourier 变换域上呈现出不同的能量聚集性，检测含有未知参数的 chirp 信号的基本思路是：以旋转角度 α 为变量进行扫描，求观测信号的分数阶 Fourier 变换，从而形成信号能量在旋转角度 α 和分数阶域时间轴 u 构成的 (α, u) 平面上的二维分布。在此平面上按阈值进行峰值点的二维搜索即可检测出 chirp 信号，并估计其参数。由于 FRFT 的计算可借助 FFT 实现，使得以旋转角度 α 为变量进行扫描的计算量大大减小，与基于 Wigner–Ville 分布 (WVD) 或 Wigner–Ville 分布–Hough 变换 (WVD–HT) 的信号检测与估计方法相比，在分析多分量信号时避免了交叉项的困扰，省略了 WVD–HT 方法中时频分布从直角坐标到极坐标的变换和二维的 Hough 变换，从而降低了处理的复杂度；同时，作为一种线性变换，FRFT 保留了信号的相位信息。因此，利用 FRFT 可以有效地估计出 chirp 信号的调频率、中心频率、幅值和相位 4 个参数。

6.4 分数阶 Fourier 变换的基本理论

6.4.1 基本定义

一般地，函数 $x(t)$ 的 p 阶分数阶 Fourier 变换可以表示为 $X_p(u)$ 或 $F^p x(t)$，$F^p x(t)$ 可以解释为算子 F^p 作用于函数 $x(t)$，其结果在 u 域上表示

$$X_p(u) = F_p x(t) = F_p[x(t)](u) = (F_p[x])(u) \tag{6.1}$$

称 $F_p[\cdot]$ 或 F^p 为 p 阶分数阶 Fourier 变换算子。这个算子将信号 x 或函数 $x(t)$ 分别变换为其分数阶 Fourier 变换形式 X_p 或 $X_p(u)$。

分数阶 Fourier 变换的基本定义为

$$f_p(u) = \int_{-\infty}^{\infty} K_p(u,t) f(t) \mathrm{d}t \tag{6.2}$$

式中, $K_p(u,t)=\begin{cases}A_\alpha \exp[j\pi(u^2\cot\alpha-2ut\csc\alpha+t^2\cot\alpha)], & \alpha\neq n\pi\\ \delta(u-t), & \alpha=2n\pi\\ \delta(u+t), & \alpha=(2n\pm 1)\pi\end{cases}$ 为分数阶 Fourier 变换的核函数, $A_\alpha=\dfrac{\exp[-j\pi\mathrm{sgn}(\sin\alpha)/4+j\alpha/2]}{|\sin\alpha|^{1/2}}$, $\alpha=p\pi/2$, n 为整数。

当分数阶次 $p=1$ 时, 有 $\alpha=\pi/2$, $A_\alpha=1$, 由式 (6.2) 得

$$f_1(u)=\int_{-\infty}^{\infty}\mathrm{e}^{-j2\pi ut}f(t)\mathrm{d}t \tag{6.3}$$

可见, $f_1(u)$ 就是 $f(t)$ 的普通 Fourier 变换。同样, $f_{-1}(u)$ 就是 $f(t)$ 的普通 Fourier 逆变换。由此, 可认为分数阶 Fourier 变换是一种广义的 Fourier 变换。

因为核函数中 $\alpha=p\pi/2$ 仅出现在三角函数的参数位置上, 所以以 p 为参数的定义是以 4 为周期的, 因此只需考察 $p\in(-2,2]$ 即可。当 $p=0$ 时, $f_0(u)=f(u)$; 当 $p=\pm2$ 时, $f_{\pm2}(u)=f(-u)$。上述事实用算子表述为

$$\begin{aligned}&F^0=I\ (\text{恒等算子})\\&F^1=F\ (\text{普通的 Fourier 变换})\\&F^2=P\ (\text{奇偶算子})\\&F^3=FP=PF\\&F^4=F^0=I\\&F^{4n\pm p}=F^{4n'\pm p}=F^{\pm p}\end{aligned} \tag{6.4}$$

式中, n、n' 为任意整数。

分数阶 Fourier 变换的一个重要性质是分数阶次的可加性, 表示为

$$F^{p_1}F^{p_2}=F^{p_1+p_2}=F^{p_2}F^{p_1} \tag{6.5}$$

如图 6.1 所示, Fourier 变换 $Ff(t)$ 可认为是将函数 $f(t)$ 旋转到 $\pi/2$, 由 t 轴变到 ω 轴的表示形式; F^2 相当于函数由 t 轴连续两次旋转 $\pi/2$, 变换到 $-t$ 轴, 即 $F^2f(t)=f(-t)$; 而 $F^4f(t)$ 则表示对 $f(t)$ 进行 4 次连续 $\pi/2$ 旋转, 得到原函

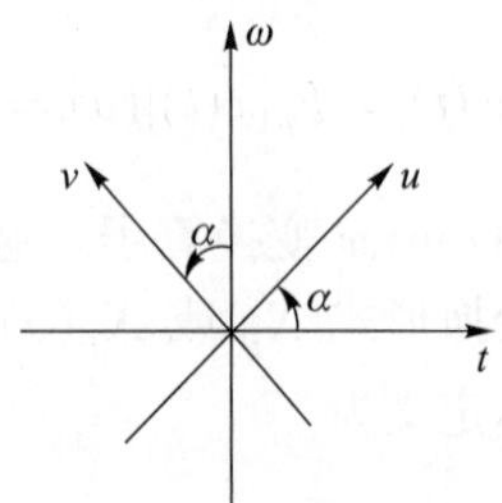

图 6.1 坐标旋转示意图

数, 即 $F^4 f(t) = f(t)$。同理, 对函数分别作 p_1 和 p_2 阶的分数阶 Fourier 变换, 也就是算子 F^{p_1} 将函数旋转 $\alpha_1 = p_1\pi/2$ 角度以及算子 F^{p_2} 将函数旋转 $\alpha_2 = p_2\pi/2$ 角度, 分别映射到 p_1 和 p_2 阶域上。如果两个算子连续对函数作用, 将把原函数连续旋转 $\alpha_1 + \alpha_2$ 角度, 相当于算子 $F^{p_1+p_2}$ 对函数的作用, 即 $F^{p_1+p_2} = F^{p_1}F^{p_2}$。所以分数阶 Fourier 变换的阶次可加性也可以称为旋转可加性, 同时也体现了其阶次的周期性。

6.4.2 主要性质

与 Fourier 变换类似, 分数阶 Fourier 变换也有许多性质, 其主要性质如下:

(1) 线性。分数阶 Fourier 变换是线性变换, 满足叠加原理

$$F^p\left[\sum_n c_n f_n(u)\right] = \sum_n c_n[F^p f_n(u)] \tag{6.6}$$

(2) 当阶次为整数时, 有

$$F_n = (F)^n, \quad n \text{ 为整数} \tag{6.7}$$

(3) 对分数阶 Fourier 变换进行逆变换, 有

$$(F^p)^{-1} = F^{-p} \tag{6.8}$$

由旋转相加性可得, 角度 $\alpha = p\pi/2$ 的分数阶 Fourier 变换的逆变换是角度为 $\alpha = -p\pi/2$ 的分数阶 Fourier 变换。

(4) 酉性。

$$(F^p)^{-1} = (F^p)^H \tag{6.9}$$

(5) 阶数叠加性。

$$F^{p_1}F^{p_2} = F^{p_1+p_2} \tag{6.10}$$

(6) 结合性。

$$(F^{p_1}F^{p_2})F^{p_3} = F^{p_1}(F^{p_2}F^{p_3}) \tag{6.11}$$

(7) Wigner 分布。

$$W_{f_p}(u,\mu) = W_f(u\cos\alpha - \mu\sin\alpha, u\sin\alpha + \mu\cos\alpha) \tag{6.12}$$

该性质表明函数的分数阶 Fourier 变换的 Wigner 分布是原函数 Wigner 分布的旋转。

(8) Parseval 准则。

$$\langle f(u), g(u)\rangle = \langle f_p(u_p), g_p(u_p)\rangle \tag{6.13}$$

由此可推出其能量守恒关系

$$\int_{-\infty}^{\infty} |f(u)|^2\,\mathrm{d}u = \int_{-\infty}^{\infty} |f_p(u_p)|^2\,\mathrm{d}u_p \tag{6.14}$$

6.5 分数阶滤波的 MATLAB 函数实现

6.5.1 FRFT 自适应滤波原理

变速器急加速过程振动信号非常接近多分量 chirp 信号, 在时、频域都具有较大的带宽, 单独的时域或频域滤波都不能有效分离携带特征信息的目标分量。分数阶 Fourier 变换非常适合对 chirp 信号进行自适应滤波, 为了方便说明, 画出两个 chirp 分量信号的时频分布, 如图 6.2 所示, 其中一个分量的时频分布与时间轴的夹角为 β。

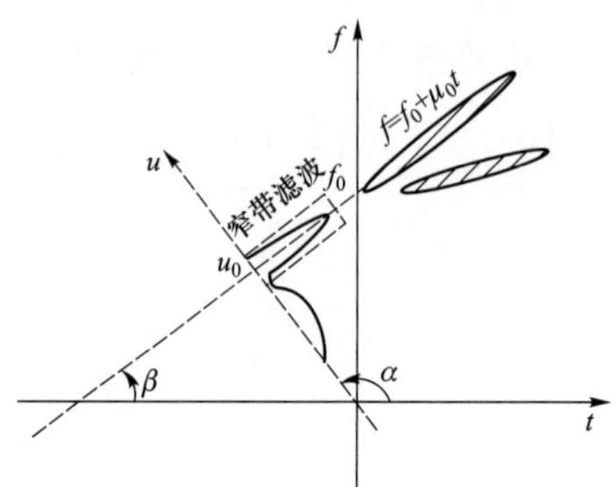

图 6.2 FRFT 提取 chirp 信号

分数阶 Fourier 变换可以解释为信号在时频平面内绕原点旋转任意角度后所构成的分数阶域上的表示, 只要分数阶 Fourier 变换的旋转角度 α 与 β 正交, 则该 chirp 信号在分数阶 Fourier 域上的投影就应该聚集在 u_0 一点上, 以 u_0 为中心作窄带滤波, 再进行 $-\alpha$ 角度旋转, 就实现了 chirp 分量滤波。此时的 α 为分数阶 Fourier 变换最佳角度, $p = 2\alpha/\pi$ 为最佳阶次。由于只旋转了一个角度, 称为单阶 FRFT 滤波。该过程相当于一个开环的自适应窄带时频滤波器, 其中心频率跟随 LFM 信号的瞬时频率进行线性变化, 实现了对信号的自适应滤波, 而且不需要选择和设置复杂的滤波器及参数, 对多分量 LFM 信号分离非常有效。

实际上, 需要处理的信号往往不会是理想的纯线性调频信号, 只要瞬时频率值在时频面上的某一线段 (将该线段作为基准轴线) 方向上变化缓慢, 就可以找到信号相对集中的分数阶域, 就能实现单阶 FRFT 自适应滤波。需要说明的是, 在旋转机械故障诊断中, FRFT 滤波用于变速器变转速过程信号时效果比较理想。

从上述分析可以看出, 采用 FRFT 滤波分离 chirp 分量, 关键在于准确确定最佳阶次和分数阶域聚集位置两个参数。图 6.2 中, 最佳角度 α、FRFT 最佳阶次 p 与调频率 μ_0 有如下关系:

$$
\begin{cases}
\beta = \arctan \mu_0 \\
\alpha = \dfrac{\pi}{2} + \beta = \dfrac{\pi}{2} + \arctan \mu_0 \\
p = \alpha \dfrac{2}{\pi} = 1 + \dfrac{2}{\pi} \arctan \mu_0
\end{cases}
\tag{6.15}
$$

6.5.2 FRFT 自适应滤波阶次确定

目前, 常用的 FRFT 最佳阶次确定方法都是基于搜索思想的, 即通过对振动信号的 FRFT 幅值谱进行峰值搜索确定 FRFT 阶次。但多分量信号的 FRFT 幅值谱中峰值众多, 强分量信号会淹没弱分量信号, 根据峰值难以准确确定目标分量的 FRFT 最佳阶次; 当数据较长和阶次精度要求较高时, 搜索计算量相当大。

变速器以输入轴的转速为基准, 各挡位啮合齿轮按照不同的传动比运转, 急加速过程的振动信号非常接近多分量线性调频信号。分析现有 FRFT 阶次确定方法存在的不足, 结合变速器传动原理, 本章提出了一种根据输入轴转速信号准确、快速、自适应地确定 FRFT 最佳阶次的方法, 其具体步骤如下:

(1) 根据离散归一化方法对数据进行归一化;

(2) 根据输入轴转速信号, 计算出转频及各挡位的啮合频率分量 $f_i, i = 0, 1, \cdots, 4$, 如图 6.3 所示, 各挡位分量非常接近线性调频信号;

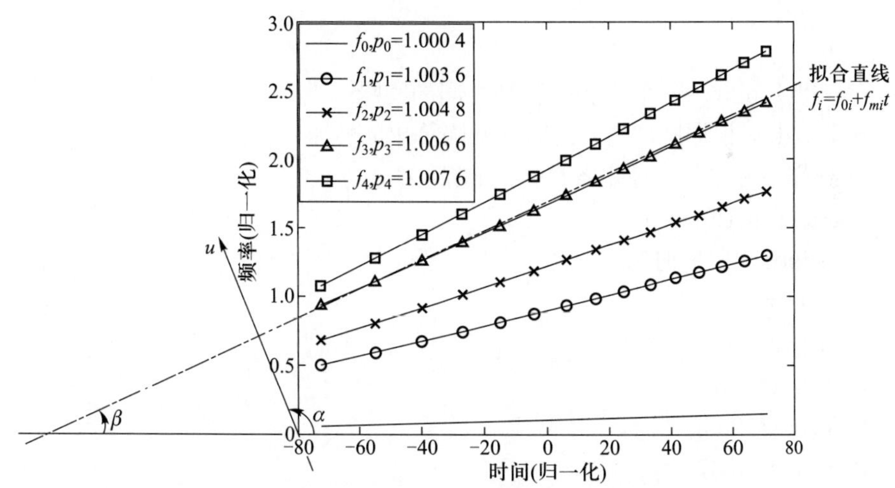

图 6.3 根据输入轴转速信号确定 FRFT 最佳阶次

(3) 对转频和各挡位的啮合频率分量 f_i 进行最小二乘拟合, 计算出各分量的调频率 f_{mi}, 图 6.3 示意了对分量 f_3 的最小二乘拟合;

(4) 根据 f_{mi}, 按式 $p_i = 1 + \dfrac{2}{\pi} \arctan f_{mi}$ 计算得到各分量的 FRFT 最佳阶次 p_i, 如图 6.3 左上角所示。

由于转速信号不受任何振源和噪声干扰, 变速器的传动比又是固定的, 因此根据转频得到各挡位齿轮啮合频率分量很准确, 据此计算得到的各分量的调频率和 FRFT 最佳阶次精度高、速度快、鲁棒性好, 而且根据不同的转速信号, 能自动得到对应的最佳阶次, 是一种自适应的 FRFT 最佳阶次确定方法。

例 6.1 确定分数阶 Fourier 变换的最佳阶次。

函数: nihe_p.m

功能: 根据转速信号自动确定分数阶变换最佳阶次。

MATLAB 程序代码如下:

```
L=length(x);
t=(0:L-1)/L;% 时间归一化
M=max(x);
inter=zeros(1,L);% 存储 5 个脉冲的起始点
IP=0;% 各个脉冲
rotate=0;% 转速
for j=1:L
    if(j+1)<=L&&x(j)<0.9*M&& x(j+1)>(0.9*M)
        IP=IP+1;
        Pindex(IP)=j+1;
    end
end
d=diff(Pindex);% 取得各个脉冲之间的间隔
r=Fs./d;% 根据脉冲之间的时间间隔算出的转速 (r/s)
% 根据参考轴的转速求各挡位的转速
np=length(Pindex);
tr=Pindex/L;% 时间归一化
tr=tr(1:np-1);
R(1,:)=r;
R(2,:)=r*8.87;
R(3,:)=r*12.03;
R(4,:)=r*16.47;
R(5,:)=r*19;
R_tonorm=R;% 保存频率分量, 用于离散尺度归一化
R=R/Fs;% 以 Fs 归一化频率
% 求阶次
for i=1:5
    p(i,:)=polyfit(tr,R(i,:),1);% 采用拟合求调频率
    pf(i)=1+2*atan(p(i,1))/pi;% 根据调频率求阶次
```

```
    xr=tr;
    yr(i,:)=polyval(p(i,:),xr);
end
figure(1+fignum);
plot(xr,R(1,:),'-k',xr,R(2,:),'-ko',xr,R(3,:),'-kx',xr,R(4,:),'-k^',xr,R(5,:),'-ks');
legend(['f_0,p_0=',num2str(pf(1))],['f_out,p_1=',num2str(pf(2))],...
    ['2*f_out,p_2=',num2str(pf(3))],['3*f_out,p_3=',num2str(pf(4))],...
    ['4*f_out,p_4=',num2str(pf(5))]);
xlabel('时间 (归一化)');
ylabel('频率 (归一化)');
```

6.5.3 FRFT 自适应滤波的 MATLAB 实现

例 6.2 分数阶滤波的 MATLAB 实现。

函数: frft_filter.m

功能: 分数阶滤波

MATLAB 程序代码如下:

```
P0=2+frft_p;
ys=frft(xv,P0)/2;% 变成解析信号后, 模值增加了一倍, 需要除以 2
subplot(221);
plot(abs(ys),'k');
title(['分数阶变换','p=',num2str(P0-2),',u0=',num2str(u0N)]);
xlabel('u');
ylabel('|X_\alpha(u)|');
[pmax,Imax]=max(abs(ys));% 实际聚集位置
xlim[Imax-50,Imax+50];
Ny=length(ys);
msgmsg=['请选择带宽起点和终点, 关闭对话框后调整合适放大倍数, 按任
意键继续'];
msgbox(msgmsg,'Prompt','help');
pause;
[xdata,ydata]=ginput(2);
fil_B=fix(xdata(1));
fil_E=fix(xdata(2));
for i=1:Ny
    if(i<fil_B)
        ys(i)=0;
```

```
        end
        if(i>fil_E)
            ys(i)=0;
        end
    end
    subplot(222);
    plot(abs(ys),'k');
    title(['分数阶域滤波','u0=',num2str(Imax),', 带
    宽:',num2str(fil_B),'-',num2str(fil_E)]);
    xlabel('u');
    ylabel('|X_\alpha(u)|');
```

6.6 基于分数阶滤波的应用实例

6.6.1 实验台设置

实验装置示意图如图 6.4 所示, 采用电动机模拟发动机驱动变速器, 用变速器驱动发电机模拟负载, 通过基于 PXI 的数据采集模块采集转速信号和振动信号。将振动加速度传感器 (601A01 型) 布置在各轴承座径向壳体上易于安装的位置, 转速传感器安装在输入轴上。变速器型号为 BJ2020S, 以输入轴为基准, 各挡啮合阶次如表 6.1。故障设置为: 在变速器 2 挡齿轮某齿上用电火花加工长宽深为 2 mm × 1.5 mm × 0.15 mm 的坑点, 模拟剥落故障。

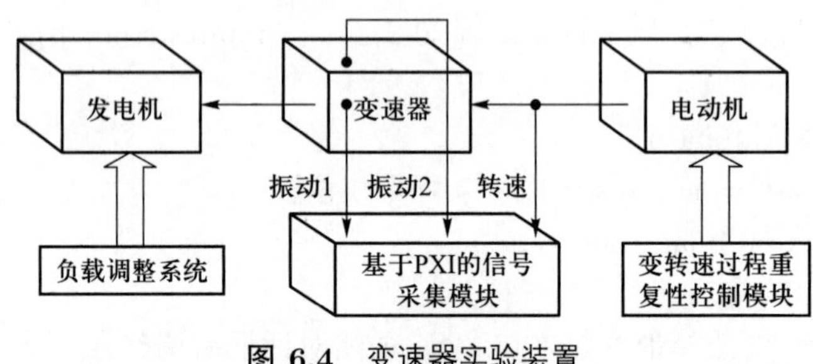

图 6.4 变速器实验装置

表 6.1 BJ2020S 变速器各挡位啮合阶次

挡位	1 挡	2 挡	3 挡	常啮合挡	输出轴
阶次/(次/转)	8.9	12.03	16.47	19	0.43

6.6.2 机械故障诊断实例

例 6.3 分数阶滤波分析实测变速器振动信号。

函数: Frft_filter_real.m

功能: 对实测的 2 挡信号进行分数阶滤波分析

数据: Bad_xr, Bad_xv, Normal_xr, Normal_xv。

MATLAB 程序代码如下:

```
clc;
clear all;
close all;
N=24576;% 截取数据长度
Fs=20000;% 采样频率
xr=load('Bad_xr');% 输入转速信号
xr=abs(xr);
xr=xr(1:N);
frft_p=nihe_p(xr,Fs,10);% 根据转速信号拟合确定 FRFT 阶次
xv=load('Bad_xv');% 输入振动信号
xv=xv(1:N);
xv=xv-mean(xv);% 需要去均值
frft_filter_xvsc=frft_filter(frft_p(3),xv,20);%FRFT 滤波提取 2 挡分量
figure(1)
tfrgabor(xv,1024,64);% 滤波前信号时频图
figure(2)
tfrgabor(frft_filter_xvsc,1024,64);% 滤波后信号时频图
```

变速器置 2 挡, 齿轮设置为轻微剥落故障, 调节负载励磁电压为 200 V 来模拟

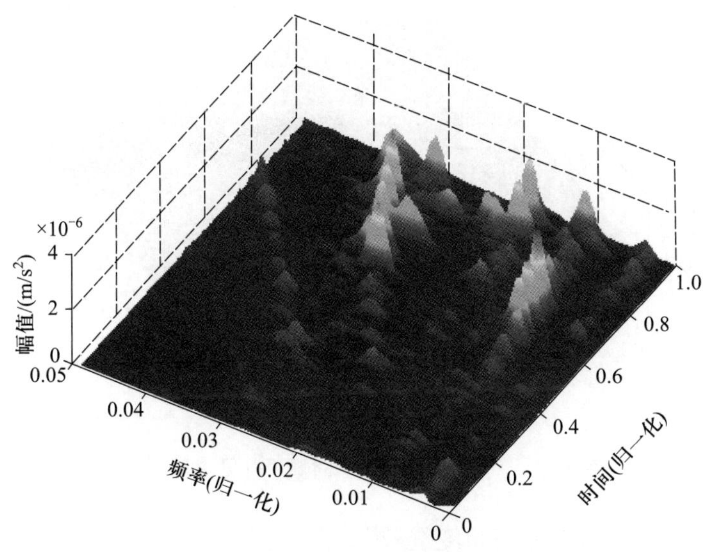

图 6.5 振动信号 Gabor 时频图 (见书后彩图)

负载工况, 输入轴从 0 r/min 急加速至 1 500 r/min, 采样频率为 20 kHz, 采样点数为 24 576。原始振动信号时频图如图 6.5 所示, 可以看出, 各挡分量时频混叠、相互耦合。直接对原始振动信号进行等角度重采样, 然后进行包络分析, 如图 6.6 所示, 阶比包络谱中没有明显的调制峰值, 不能根据调制信息定位故障, 说明微弱的故障特征被其他分量和噪声淹没, 难以提取。

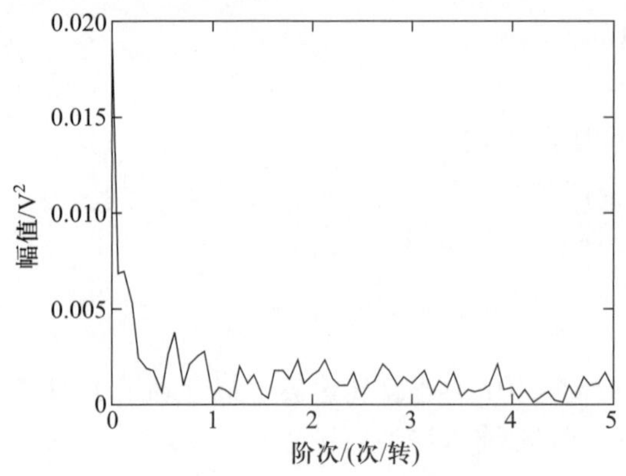

图 6.6 振动信号阶比包络谱

采用基于输入轴转速信号确定阶次的 FRFT 滤波方法进行窄带滤波, 提取 2 挡振动信号, 时频图如图 6.7 所示, 图中非常清晰、细致地显现了 2 挡阶比分量的时频分布位置和趋势, 说明 FRFT 滤波能有效剥离其他分量和噪声的干扰, 提取出目标阶比分量, 非常有利于深入、细致分析目标分量携带的故障特征信息。

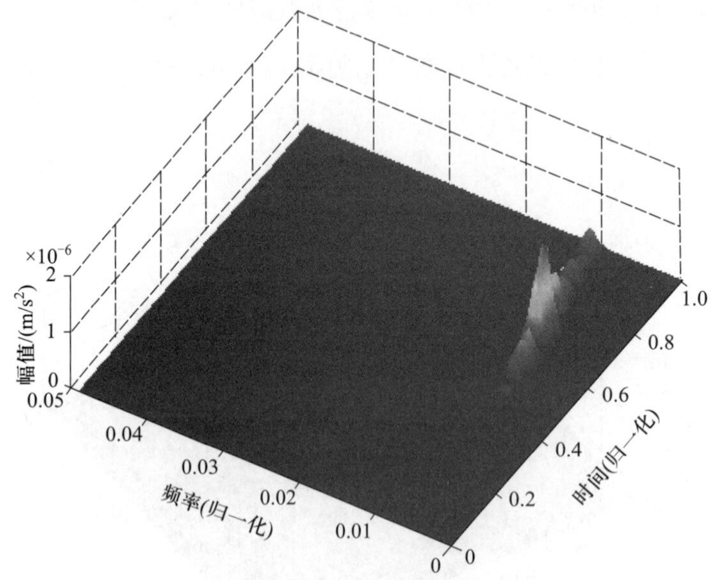

图 6.7 2 挡信号 Gabor 时频图 (见书后彩图)

对提取的 2 挡分量进行等角度重采样, 然后进行包络分析, 得到阶比谱 (图 6.8) 和阶比包络谱 (图 6.9)。图 6.8 中, 2 挡阶比分量的阶次为 12, 与理论值一致, 充分验证了根据转速信号确定参数的 FRFT 滤波方法分离阶比分量的正确性与准确性。从图 6.9 中看出，在 0.428 6、0.857 1 阶次处有明显的峰值，接近理论调制阶次 0.43(即输出轴阶次) 及其 2 倍频，说明信号中包含齿轮故障调制信息，准确诊断出 2 挡齿轮故障。

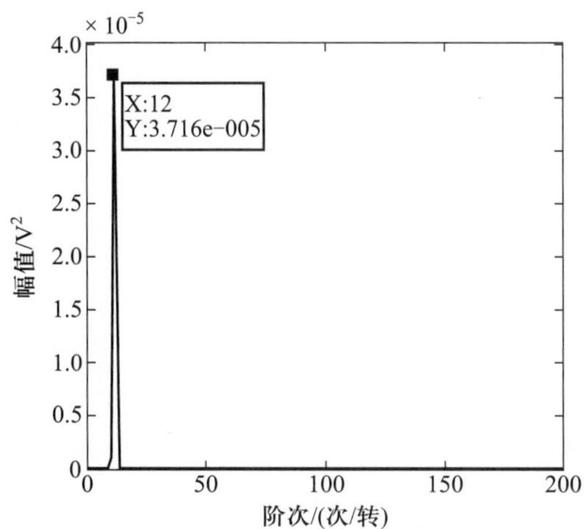

图 6.8　滤波前 2 挡信号阶比谱

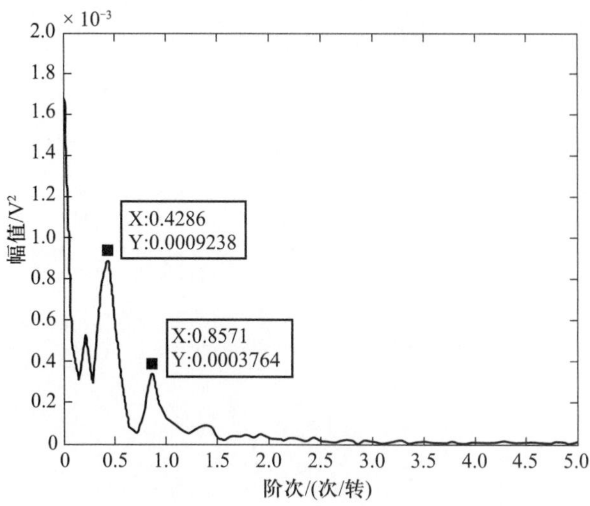

图 6.9　滤波后 2 挡信号阶比谱

第 7 章　图像处理技术的 MATLAB 实现及应用研究

人类接受所有信息的 80% 以上是通过视觉系统识别图像信息获得的, 图像是人类认识世界的重要知识来源。从图像处理识别技术的实际应用和研究发展方向来看, 这一技术与计算机的结合将成为代替人脑对视觉信息进行处理加工的一种手段。图像特征信息的自动提取和识别技术已被广泛应用于医学、生物特征识别、卫星遥感及数字识别等诸多领域, 近年来, 也有不少国内外研究者将图像处理技术引入柴油机故障诊断领域。

7.1　图像处理的基本知识

图像处理就是按特定的目标, 用一系列的特定操作来对图像信息进行加工。数字图像处理是指利用数字计算机或者其他数字硬件, 对由图像信息转换得到的数字电信号进行某些数学运算或处理, 以期提高图像的质量或达到人们所预期的结果。

7.1.1　图像的类别与数据格式

图像有许多种分类方法, 按照图像的动态特性, 可以分为静止图像和运动图像; 按照图像的色彩, 可以分为灰度图像和彩色图像; 按照图像的维数, 可分为二维图像、三维图像和多维图像。

位图是通过许多像素点表示一幅图像的, 每个像素具有颜色属性和位置属性。位图分成如下 4 种: RGB 图像、亮度图像、索引图像和二值图像。

1. RGB 图像 (RGB images)

“真彩色” 是 RGB 颜色的另一种叫法。在真彩色图像中, 如图 7.1 所示, 每一个像素由红、绿和蓝 3 个字节组成, 每个字节为 8, 表示 $0 \sim 255$ 之间的不同的亮度值, 这 3 个字节组合可以产生 1 670 万种不同的颜色。

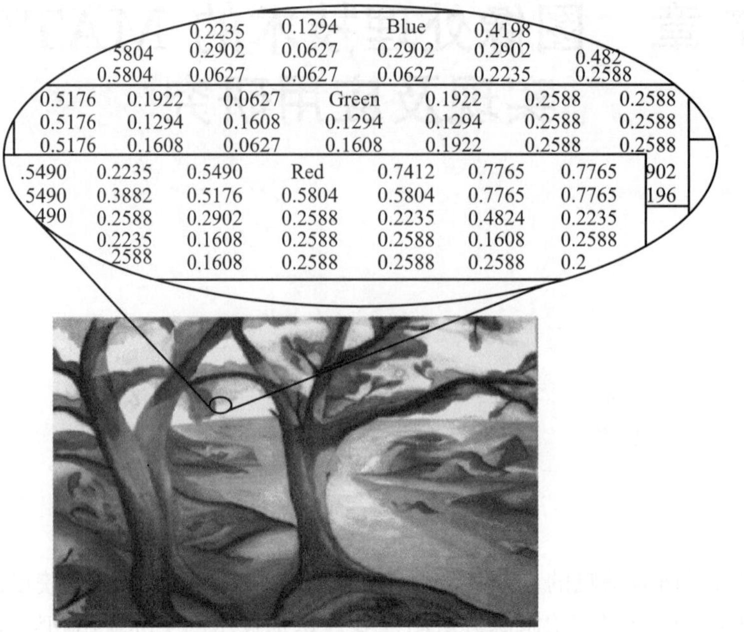

图 7.1 真彩图像 (见书后彩图)

2. 亮度图像 (intensity images)

在亮度图像中, 如图 7.2 所示, 像素灰度级用 8 位非线性尺度表示, 所以每个像素都是介于黑色和白色之间的 256 种灰度中的一种。

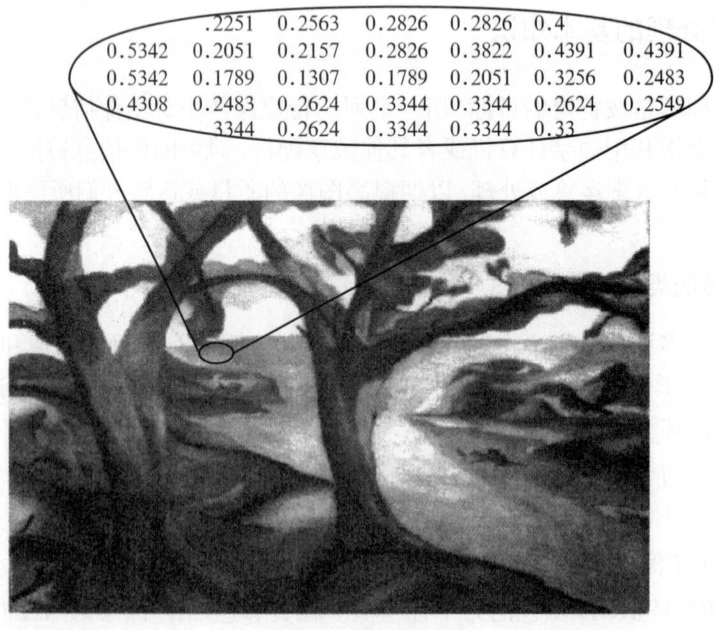

图 7.2 亮度图像

3. 索引图像 (indexed images)

索引图像的颜色是预先定义的 (索引颜色)。索引图像最多只能显示 256 种颜色, 如图 7.3 所示。

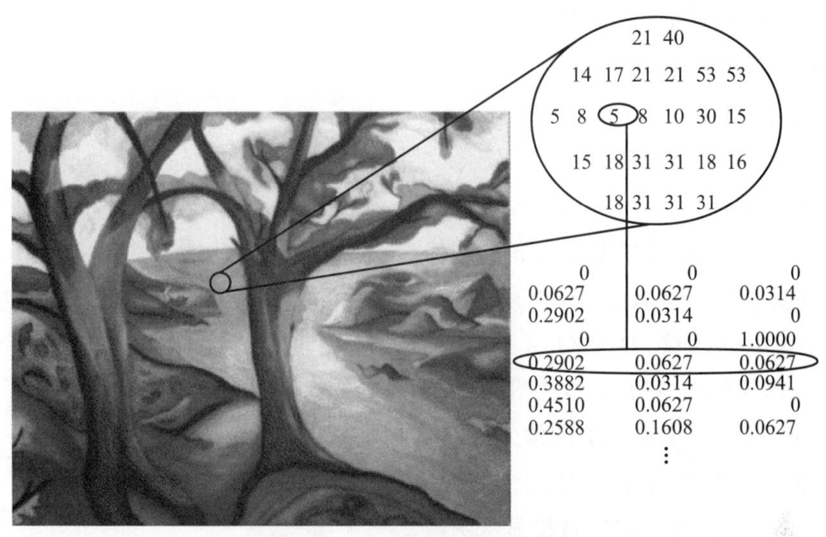

图 7.3　索引图像 (见书后彩图)

4. 二值图像 (binary images)

二值图像只有黑白两种颜色, 一个像素仅占 1 位, 0 表示黑, 1 表示白, 或相反, 如图 7.4 所示。

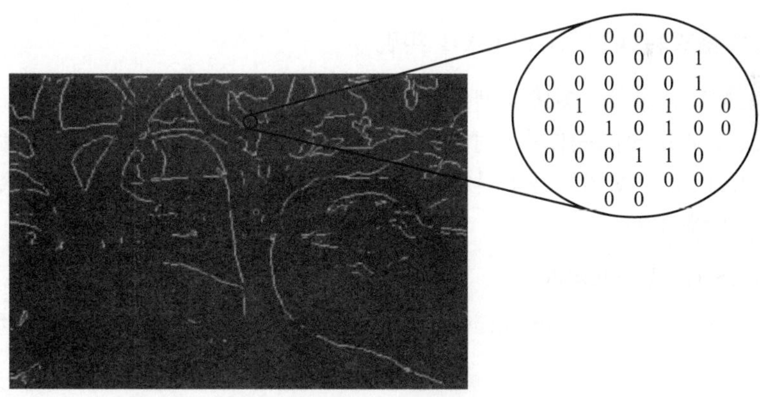

图 7.4　二值图像

7.1.2　图像读入、显示和保存的 MATLAB 实现

1. imread

功能: 函数 imread 可以从任何 MATLAB 支持的图像文件格式中, 以任意位深度读取一幅图像。

格式:

A=imread('filename','fmt')

说明:

filename 为需要读入的图像文件名;

fmt 为图像格式几何特征。

2. imshow

功能: 显示 MATLAB 支持的图像文件。

格式和说明:

imshow(I,n) 显示灰度级为 n 的图像, n 缺省为 256;

imshow(I,[LOW HIGH]) 以灰度范围 [low,high] 显示图像, 如果不知道灰度范围, 可以用 imshow(I,[ ]) 显示;

imshow(RGB) 显示真彩色图像;

imshow(BW) 显示二值图像;

imshow(X,MAP) 显示索引图像, X 为数据图像矩阵, MAP 为调色板;

imshow(FILENAME) 直接显示图像。

3. imwrite

格式和说明:

imwrite(A,FILENAME,FMT) 将图片 A 以指定的格式写入文件名为 FILENAME 的文件中。

7.1.3 图像格式转换的 MATLAB 实现

MATLAB 支持多种图像类型, 如索引图像、灰度图像、二进制图像、RGB 图像等。但是在某些图像操作中, 对图像的类型有要求, 所以要对涉及的图像类型进行转换。MATLAB 图像处理工具箱中提供了不同图像类型相互转换的函数。

1. 数据转换函数

A=unit8(B), B=double(A)。

im2double、im2unit8、im2unit16 分别将图像矩阵数值转换为 double 型、unit8 型、unit16 型。

2. 图像类型转换函数

(1) im2bw( ): 将真彩色、索引色和灰度图像转换为二值图像。

(2) ind2gray( ): 将索引色图像转换为灰度图像。

(3) ind2rgb( ): 将索引色图像转换为真彩色图像。

(4) mat2gray( ): 将数据矩阵转换为灰度图像。

(5) grb2gray( ): 将真彩色图像转换为灰度图像。

(6) grb2ind( ): 将真彩色图像转换为索引色图像。

图像格式转化简图如图 7.5 所示。

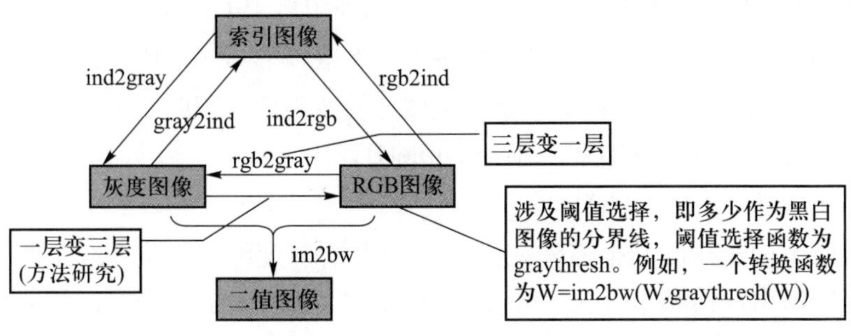

图 7.5 图像格式转化简图

7.1.4 常用图像处理方法的 MATLAB 实现

1. STATS=regionprops(L,properties)

功能: 用来度量图像区域属性的函数

说明: 测量标注矩阵 L 中每一个标注区域的一系列属性。L 中不同的正整数元素对应不同的区域, 例如, L 中等于整数 1 的元素对应区域 1; L 中等于整数 2 的元素对应区域 2; 以此类推。返回值 STATS 是一个长度为 max(L(:)) 的结构数组, 结构数组的相应域定义了每一个区域相应属性下的度量。properties 可以是由逗号分隔的字符串列表、包含字符串的单元数组、单个字符串 'all'或者 'basic'。如果 properties 等于字符串 'all', 则所有下述字串列表中的度量数据都将被计算, 如果 properties 没有指定或者等于 'basic', 则属性 'Area'、'Centroid'和 'BoundingBox'将被计算。常用的属性字符串如下:

'Area': 是标量, 计算出在图像各个区域中像素总个数。

'BoundingBox': 是 1 行 ndims(L)*2 列的向量, 即包含相应区域的最小矩形。BoundingBox 形式为 [ul_corner width], 这里 ul_corner 以 [x y z ⋯] 的坐标形式给出边界盒子的左上角, width 以 [x_width y_width ⋯] 形式指出边界盒子沿着每个维数方向的长度。

'Centroid': 是 1 行 ndims(L) 列的向量, 给出每个区域的质心 (重心)。Centroid 的第 1 个元素是重心水平坐标 (x 坐标), 第 2 个元素是重心垂直坐标 (y 坐标)。

'MajorAxisLength': 是标量, 与区域具有相同标准二阶中心矩的椭圆的长轴长度。

'MinorAxisLength': 是标量, 与区域具有相同标准二阶中心矩的椭圆的短轴长度。

'Eccentricity': 是标量, 与区域具有相同标准二阶中心矩的椭圆的离心率。

'Orientation': 是标量, 与区域具有相同标准二阶中心矩的椭圆的长轴与 x 轴

的交角 (度)。

'EquivDiameter': 是标量, 等价直径, 与区域具有相同面积的圆的直径。

'Solidity': 是标量, 同时在区域和其最小凸多边形中的像素比例。

'Extent': 是标量, 同时在区域和其最小边界矩形中的像素比例。

在调用 regionprops 之前必须将二值图像转变为标注矩阵。可以通过以下两个函数进行转变: L=bwlabel(BW), L=double(BW)。

2. glcm=graycomatrix(I)

从图像 I 创建灰度共生矩阵 glcm。计算具有灰度级 i 和灰度级 j 的像素对在水平方向相邻出现的频繁程度。glcm 中的每个元素说明了水平方向相邻像素对出现的次数。如果灰度级为 L, 则 glcm 的维数为 L*L。

3. glcms=graycomatrix(I,param1,val1,param2,val2,$\cdots$)

根据参数对的设定, 返回一个或多个灰度共生矩阵。

属性字符串如下:

'GrayLimits': 灰度界限, 为二元向量 [low high]。灰度值小于等于 low 时对应 1, 大于等于 high 时对应于灰度级。如果参数设为 [], 则共生矩阵使用图像的最小和最大灰度值作为界限, 即 [min(I(:)) max(I(:))]。

'NumLevels': 整数, 说明 I 中进行灰度缩放的灰度级数目。例如, 如果 NumLevel 设为 8, 则共生矩阵缩放 I 中的灰度值使其为 $1\sim8$ 之间的整数。灰度级的数目决定了共生矩阵 glcm 的尺寸。缺省情况下: 数字图像为 8; 二进制图像为 2。

'Offset': p 行 2 列整型矩阵, 说明感兴趣像素与其相邻像素之间的距离。每行是一个说明像素对之间偏移关系的二元向量 [row_offset, col_offset]。行偏移 row_offset 是感兴趣像素和其相邻像素之间的间隔行数。列偏移同理。偏移常表达为一个角度, 常用的角度如下 (其中 D 为像素距离):

角度	0	45	90	135
Offset	[0 D]	[–D D]	[–D 0]	[–D –D]

4. [glcms,SI]=graycomatrix($\cdots$)

返回缩放图像 SI, SI 是用来计算灰度共生矩阵的。SI 中的元素值介于 1 和灰度级数目之间。

5. stats=graycoprops(glcm, properties)

从灰度共生矩阵 glcm 计算静态属性。glcm 是 m*n*p 的有效灰度共生矩阵。如果 glcm 是一个灰度共生矩阵的矩阵, 则 stats 是包括每个灰度共生矩阵静态属性的矩阵。

graycoprops 正规化了灰度共生矩阵, 因此元素之和为 1。正规化的 glcm 中的元素 (r, c) 是具有灰度级 r 和 c 的定义的空间关系的像素对的联合概率。graycoprops 使用正规化的 glcm 来计算属性。

属性字符串如下:

'Contrast': 对比度。返回整幅图像中像素和它相邻像素之间的亮度反差。取值范围为 [0,(glcm 行数 −1)^2]。灰度一致的图像, 对比度为 0。

'Correlation': 相关。返回整幅图像中像素与其相邻像素是如何相关的度量值。取值范围为 [−1 1]。灰度一致的图像, 相关性为 NaN。

'Energy': 能量。返回 glcm 中元素的平方和。取值范围为 [0 1]。灰度一致的图像能量为 1。

'Homogemeity': 同质性。返回度量 glcm 中元素的分布到对角线紧密程度。取值范围: [0 1]。对角矩阵的同质性为 1。

7.2 基于对称极坐标图像的生成方法

通常, 柴油机振动信号的分析处理和特征提取主要是在时域、频域或时频域上进行。近年来, 有研究者将图像处理技术引入到柴油机故障诊断领域。一般来说, 图像处理技术应用于故障诊断主要包含 3 个步骤: ① 图像生成, 即用时间序列信号生成包含故障特征的图像; ② 图像特征参数提取; ③ 图像分类识别。其中, 如何利用信号生成既包含丰富特征信息又简单直观的图像是需要解决的首要问题。

对称极坐标方法是将采样的信号在极坐标下以镜面对称图像的形式表示出来, 由于不需要采集时标信号, 直接从时域信号转换为图像, 计算方法简便, 图形显示直观, 便于实现发动机故障的在线诊断。

7.2.1 基于对称极坐标图像的生成

对称极坐标方法是一种图像生成方法, 是将采集的时域波形信号通过相应的计算公式将信号中的每一点映射为极坐标下的极径, 相邻的点映射为极角, 最后转变为极坐标下的六角雪花状镜面对称图形。采样信号的幅值和频率变化可以通过图像的差异表现出来, 这种图像生成方法不经过时频分析, 仅对时域信号操作, 计算简单、方便、快捷。

在信号的离散数据序列中, i 时刻的幅值为 x_i, $i+L$ 时刻的幅值为 x_{i+L}, 代入对称极坐标法计算公式中, 即转变成极坐标空间 $P(r(i),\varTheta(i),\phi(i))$ 中的点, 图 7.6 为对称极坐标方法的基本原理图。

图 7.6 中, $r(i)$ 为极坐标的半径; $\varTheta(i)$ 为极坐标逆时针沿初始线旋转的角度; $\phi(i)$ 为极坐标顺时针沿初始线旋转的角度。通过改变初始线的旋转角度, 一组信号 $(x_i, x_{(i+L)})$ 就可以形成极坐标下的镜面对称图像, 具体计算公式如下:

$$r(i)=\frac{x_i-x_{\min}}{x_{\max}-x_{\min}} \tag{7.1}$$

$$\varTheta(i)=\theta+\frac{x_{(i+L)}-x_{\min}}{x_{\max}-x_{\min}}g \tag{7.2}$$

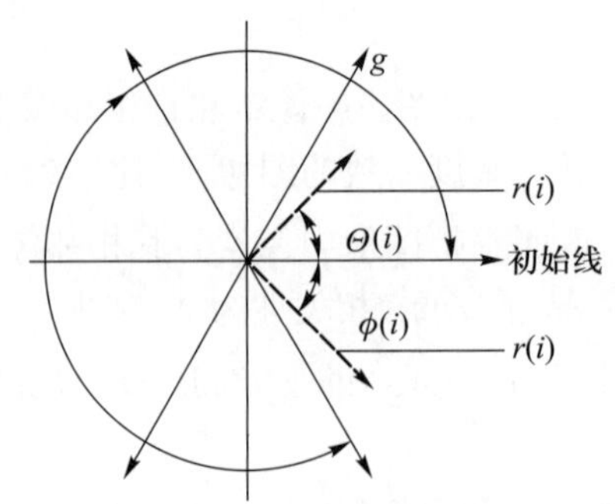

图 7.6　对称极坐标表示法的基本原理图

$$\phi(i)=\theta-\frac{x_{(i+L)}-x_{\min}}{x_{\max}-x_{\min}}g \tag{7.3}$$

式中, $x_{\max}$ 为采样数据的最大值; $x_{\min}$ 为采样数据的最小值; L 为时间间隔 (通常取值在 1~10 之间); n 为镜像对称平面的个数; θ 为初始线旋转角度 (取值为 $360m/n, m=1,\cdots,n$); g 为角度放大因子 (通常取小于 θ 的值)。

7.2.2　对称极坐标方法参数的选择

从对称极坐标方法的计算公式可以看出: 极坐标中点的位置是本方法的重点。在极坐标空间 P 中, 点的位置是由时域信号中两个时间间隔为 L 的幅值所决定的。假定 $L=1$, 如果信号中高频占主要成分, 其时域波形中 i 处的幅值 x_i 与 $i+1$ 处的幅值 x_{i+1} 之间有很大差异, 而用对称极坐标方法所表示的极坐标空间中对应的点就会有较大的半径和较小的偏转角度, 反之亦然。因此, 频率间的差别在极坐标中表现为曲率与点分布位置的不同。

图 7.7 是 3 个频率为 200 Hz、400 Hz、600 Hz 的正弦仿真信号和随机噪声信号在 θ 取 60°、g 取 40°、L 取 5 时根据对称极坐标方法得到的镜面对称雪花图。从图 7.7 中可以明显看出: 随着正弦信号频率的增大, 雪花图的花瓣发生了较大变化, 花瓣逐渐饱满, 且重叠部分增加, 图像直观形象地反映了信号的变化。对比分析正弦信号和随机噪声信号的雪花图, 能够清楚地看出: 周期信号到非线性信号的变化是可以通过图形的特征参数来描述的。

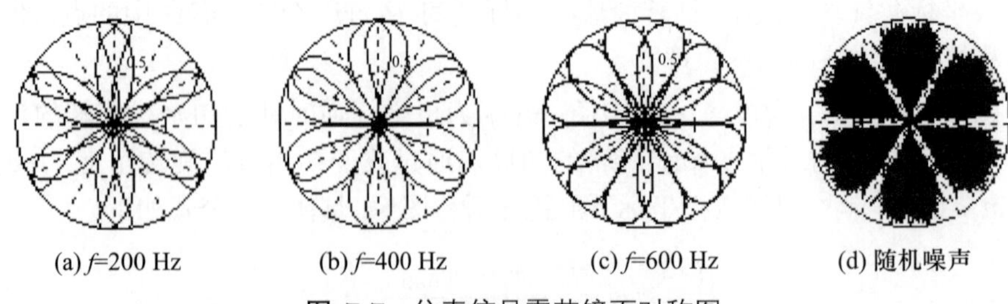

图 7.7　仿真信号雪花镜面对称图

在极坐标空间 P 中, 参数 θ、g、L 的选择非常重要。不同参数在极坐标下的镜面对称雪花图的特征各不相同。θ 是初始线旋转角，也是镜面对称平面旋转角，通常 θ 选取 60°，其镜像对称平面分别为 0°、60°、120°、180°、240°、300°。在极坐标中，这 6 个镜像平面重叠形成雪花状图的六边形。如果初始线旋转角 θ 过大，极坐标中的镜面对称图形数量过少，会降低图形可视化信息量；若 θ 过小，则镜面对称图形重叠过多，难以发现图像的特征。若 θ 为 60°，信号特征可清晰地描述，且便于对特征进行观察。下面以频率 400 Hz 的正弦仿真信号雪花图为例说明。图 7.8 是 g 取 40°，L 取 5，θ 分别取 120°、60°、30° 时的正弦仿真信号雪花图，从图中可以看出 θ 为 120° 时的图形过于简单，该图形的可视化信息量较少；θ 为 30° 时由于对称平面过多，图像繁杂；θ 为 60° 时的雪花图直观清晰，对称性和形状特征更为突出。

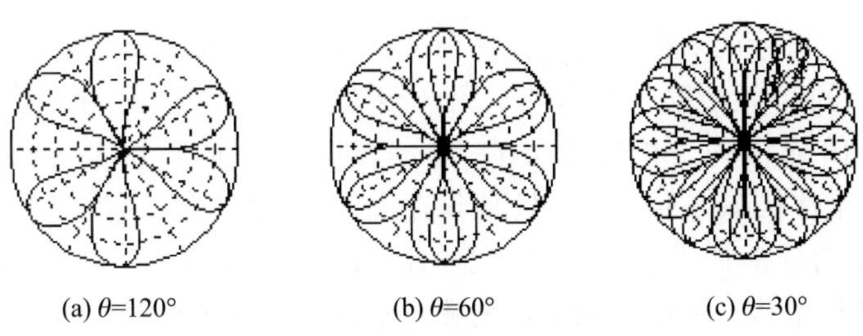

(a) θ=120°　　(b) θ=60°　　(c) θ=30°

图 7.8　不同取值的雪花图效果比较

不同信号间的细微差别主要看 g 和 L 的选取，合理地选取 g 和 L 可以提高图形的分辨率，放大不同信号之间的差别。从图 7.9 可以看出不同 g 和 L 对生成图像的影响，随着 L 的取值从 1 变化至 10，对称雪花图的花瓣越来越饱满；随着 g 取值的增大，对称雪花图的花瓣质心与水平轴的夹角逐渐变大。由于最终生成的镜面对称雪花图像是每片花瓣旋转 θ 角度重叠而成的，g 与 L 取值过大或过小，就会影响对称图像各花瓣重叠部分，导致原信号的特征信息差异表现得不显著。大量的实验证明，g 值为 20° ~ 60° 时较佳，L 值为 1~10 时较佳，具体的取值要根据分析对象而定。

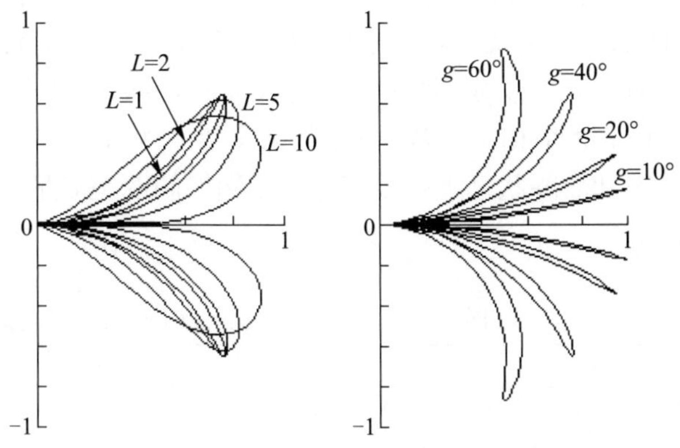

图 7.9　L、g 取值与生成图像的关系

7.2.3 基于对称极坐标方法的振动信号图像的生成

本章以曲轴轴承振动信号为例, 说明基于图像特征参数法提取柴油发动机振动信号特征参数的过程。发动机转速稳定在 1 800 r/min, 振动传感器放置在发动机缸体表面的油底壳与缸体结合部正对第 4 道主轴承的左侧, 采集曲轴轴承正常、轻微磨损、中度磨损、严重磨损 4 种技术状态的振动信号, 采样频率为 12 800 Hz。信号 n1.txt ~ n3.txt 为正常工况下的振动信号, 信号 s1.txt ~ s3.txt 为曲轴轴承轻微磨损工况下的振动信号, 信号 m1.txt ~ m3.txt 为曲轴轴承中度磨损工况下的振动信号, 信号 y1.txt ~ y3.txt 为曲轴轴承严重磨损工况下的振动信号。

7.2.3.1 振动信号的镜面对称图像的生成参数选取

为了准确地以镜面对称雪花图像的形式表现发动机振动信号的特征, 需要确定对称极坐标法的两个参数。采用基于图像相关性的优选方法, 确定 L 值和 g 值, 即 L 在 $1\sim10$ 范围内步长为 1, g 在 $20^\circ\sim60^\circ$ 范围内步长为 10°, 分别固定 L 和 g 的值, 将正常状态与不同磨损状况下信号的雪花图进行图像相关性分析。由于本文重点关注的是正常状态和故障状态的区分, 所以将 3 种故障磨损状况下信号的图像和正常技术状态下信号的图像的相关系数之和最小作为优选目标, 选择对应的 L 值和 g 值。采用图像相关系数法定量分析图像间的相关性, 计算公式为

$$R(A,B)=\frac{\sum\limits_{m}\sum\limits_{n}(A_{mn}-\bar{A})(B_{mn}-\bar{B})}{\sqrt{\left[\sum\limits_{m}\sum\limits_{n}(A_{mn}-\bar{A})^2\right]\left[\sum\limits_{m}\sum\limits_{n}(B_{mn}-\bar{B})^2\right]}} \tag{7.4}$$

式中, A、B 为图像二维矩阵。计算得到的相关系数在 $0\sim1$ 之间, $R=1$ 表示两个图像完全相同, $R=0$ 表明两个图像完全不同。

按照上述方法分别计算 L 和 g 在不同取值时, 曲轴轴承正常技术状态与不同磨损程度状态下振动信号之间的相关系数之和, L 值和 g 值可以因此确定。经计算比较, 当 g 为 30°、L 为 3 时, 相关系数之和最小, 表 7.1 给出了 g 为 30° 时不同 L 值的各工况图像间的相关系数。表中, $R(A,B_1)$、$R(A,B_2)$、$R(A,B_3)$ 分别表示正常、轻微磨损、中度磨损、严重磨损技术状态下振动信号生成图像间的相关系数, $R(A,B)$ 为上述 3 个相关系数之和, 当 $L=3$ 时相关系数之和最小, 说明曲轴轴承正常技术状态和故障状态下振动信号生成图像间的差异最大, 有利于下一步的图像特征参数提取。

表 7.1 g 为 30° 时不同 L 值的各工况图像间的相关系数

相关系数	$R(A,B_1)$	$R(A,B_2)$	$R(A,B_3)$	$R(A,B)$
$L=1$	0.746 5	0.726 62	0.739 82	2.212 9
$L=2$	0.668 33	0.735 62	0.670 19	2.074 1
$L=3$	0.663 7	0.732 05	0.660 81	2.056 6

续表

相关系数	$R(A,B_1)$	$R(A,B_2)$	$R(A,B_3)$	$R(A,B)$
$L=4$	0.721 02	0.730 12	0.700 35	2.151 5
$L=5$	0.730 24	0.730 83	0.717 02	2.178 1
$L=6$	0.728 55	0.726 28	0.716 37	2.171 2
$L=7$	0.726 74	0.739 34	0.710 51	2.176 6
$L=8$	0.732 38	0.730 18	0.730 49	2.193 1
$L=9$	0.740 1	0.729 55	0.750 45	2.220 1
$L=10$	0.734 35	0.740 29	0.753 39	2.228 0

7.2.3.2 振动信号生成图像前的预处理

柴油发动机是一个非常复杂的机械系统, 所测的振动信号属于典型的非平稳信号, 并且伴有强烈的干扰噪声, 采集到的振动信号不可避免地混入了噪声信号, 因此, 有必要在生成镜面对称图像之前对振动信号进行降噪预处理。

目前, 振动信号降噪方法有很多, 本章对振动信号的降噪处理为: 对振动信号进行经验模态分解 (EMD) 分解后, 保留包含主要故障特征信息的分量, 舍弃不太重要的其他分量。具体方法如下:

(1) 将振动信号 $S(t)$ 进行 EMD 分解, 得到 N 个固有模态函数 (IMF) 分量 $P_i, i=0,1,2,\cdots,N$;

(2) 分别计算信号 $S(t)$ 与 IMF 分量 P_i 的相关系数 $\gamma(i)$, $i=0,1,2,\cdots,N$;

(3) 分别计算正常技术状态条件下信振动号 $S_{nor}(t)$ 与 IMF 分量 P_i 的相关系数 $\lambda(i)$, $i=0,1,2,\cdots,N$;

(4) 根据 $\gamma(i)$、$\lambda(i)$ 计算联合相关系数 $\varphi(i)$, 即 $\varphi(i)=\gamma(i)-\lambda(i)$, $i=0,1,2,\cdots,N$;

(5) 计算相关系数因子 $\beta(i)$, $\beta(i)=\dfrac{\varphi(i)-\min(\varphi)}{\max(\varphi)-\min(\varphi)}$, 其中 $\varphi=\{\varphi_i\}$, $i=0,1,2,\cdots,N$;

(6) 将相关系数因子 $\beta(i)$ 由大到小排序, 取前 5 个 $\beta(i)$ 对应的 IMF 分量 P_i 作为特征分量, 其余 $\beta(i)$ 对应的 IMF 分量 P_i 则作为干扰噪声。

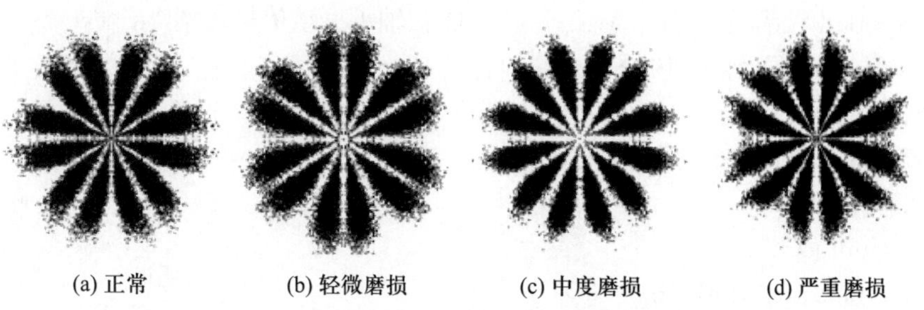

图 7.10 不同磨损程度下振动信号降噪后的镜面对称图

振动信号按照以上方法进行预处理后, 生成曲轴轴承不同工况下的基于对称极坐标方法的镜面对称图像, 如图 7.10 所示。

7.2.3.3 振动信号生成图像的代码实现

例 7.1 振动信号生成图像前的预处理。

MATLAB 程序代码如下:

```
function H=EEMDR(inpura)
imf=emd(inpura);
[m,n]=size(imf)
% 计算每个 IMF 分量及最后一个剩余分量 residual 与原始信号
for(i=1:m)
    a=corrcoef(imf(i,:),inpura);
    xg(i)=a(1,2);
end
[Y,I]=sort(xg,'descend');
MGnum=5;
for(i=1:MGnum)
    MGimf(i,:)=imf(I(i),:);% 前 5 个分量 MGimf
end
H=sum(MGimf);
end
```

例 7.2 振动图像的生成和保存 (以正常工况下的第 1 组振动信号为例)。

MATLAB 程序代码如下:

```
clc;
clear;
close all;
R=100;
x=load('\ 程序集程序 \ 第 7 章 \ 曲轴轴承振动信号数据 \n1.txt');
%% 调用振动信号预处理文件
X=EEMDR(x);
X=X-mean(X);
a=max(X);
b=min(X);
c=max(abs(a),abs(b));
y=X/c;
```

```
%%%%%%%%%%%%%%%%%
g=30*pi/180;
tao=3;
H=max(y);L=min(y);
r=(y-L)/(H-L);
theta=[0,pi/3,2*pi/3,pi,4*pi/3,5*pi/3];
i=1;
l=length(y)-tao;
figure('color','white');
for(i=1:6)
    for(n=1:l)
        sz(n)=theta(i)+(y(n+tao)-L)*g/(H-L);
        nz(n)=theta(i)-(y(n+tao)-L)*g/(H-L);
    end
    PXz1(i,:)=round(r(1:length(sz),1).*cos(sz')*R)/R;
    PYz1(i,:)=round(r(1:length(sz),1).*sin(sz')*R)/R;
    plot(PXz1(i,:),PYz1(i,:),'.');
    hold on;
    NXz1(i,:)=round(r(1:length(sz),1).*cos(nz')*R)/R;
    NYz1(i,:)=round(r(1:length(sz),1).*sin(nz')*R)/R;
    plot(NXz1(i,:),NYz1(i,:),'r.');
end
axis off;
saveas(gcf,'n1.pgm','pgm');
close all;
```

若要得到其他工况振动信号的图像, 修改调用数据即可。

7.3 基于灰度共生矩阵的方法提取振动图像特征

采用对称极坐标方法可得到不同技术状态下柴油发动机曲轴轴承振动信号的图像, 将其转化为灰度图像后提取图像纹理特征作为特征参数。

进行图像纹理分析时, 常提取灰度共生矩阵、Tamura 方向度纹理、自回归纹理模型等特征参数, 它们的相同点在于: 提取那些在特定纹理描述中最重要的特征, 而突出纹理的不同方面。其中, 灰度共生矩阵能准确描述图形纹理的粗糙 (光滑) 程度、重复方向及复杂程度, 因此常被用作图形分析中的特征参数。基于灰度共生矩阵的纹理图像识别技术近年已在医学图像、气象云图、木材纹理的识别中广泛应用。

7.3.1 灰度图像生成方法

为了便于计算和观察，提取灰度纹理特征前需将时频谱图转换为灰度图像。灰度图像是一个二维的数据矩阵，矩阵中的每个元素的下标都对应其在图像中的位置，即行列坐标，元素的值表示对应位置的亮度值。灰度图像的生成过程实际是一个数据映射过程。取灰度等级为 256 级，特征矩阵中最大值 max 与灰度等级 255 映射，最小值 min 与灰度等级 0 映射，如图 7.11 所示。

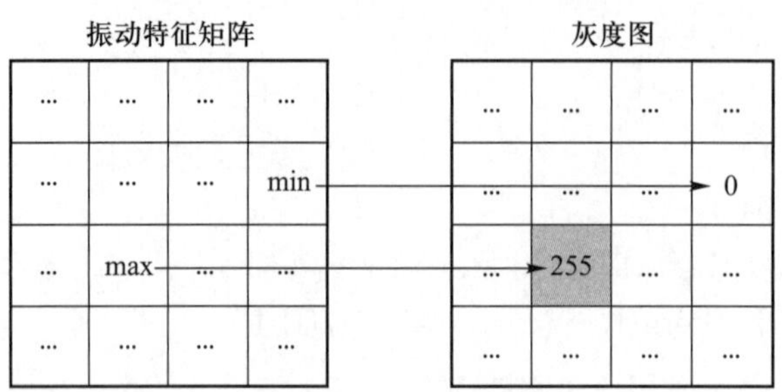

图 7.11 映射关系

设有图像矩阵 W，大小为 $m \times n$，第 i 行第 j 列的元素 $W(i,j) = c$，则 c 值按照图示的比例进行换算得到一个灰度值，生成图像的第 i 行第 j 列像元的灰度值为 unit8$(255 \times (c - \min)/(\max - \min))$，其中，unit8 为无符号 8 位取整运算符，运算结果为 $0 \sim 255$ 间的整数。

7.3.2 灰度共生矩阵及特征参数

灰度共生矩阵简称 G 阵，通过统计二维空间上具有某种位置关系的一对像元灰度对出现的频度得到。简单地说，就是从灰度图像上灰度级别为 i 的像元位置 (x,y) 出发，统计与其距离为 d、灰度级别为 j 的像元位置 $(x+Dx, y+Dy)$ 同时出现的频度 $P(i,j,d,\theta)$，定义如下：

$$P(i,j,d,\theta) = \{[(x,y),(x+Dx,y+Dy)|f(x,y)=i, f(x+Dx,y+Dy)=j]\} \tag{7.5}$$

式中，$i,j = 0,1,2,\cdots,N-1$ 为灰度级别；Dx、Dy 分别为水平和垂直方向上的位置偏移量；d 为 G 阵的生成步长；θ 为 G 阵的生成方向，通常取 0°、45°、90° 和 135° 4 个方向，如图 7.12 所示，最后得到一个 $N \times N$ 的方阵。

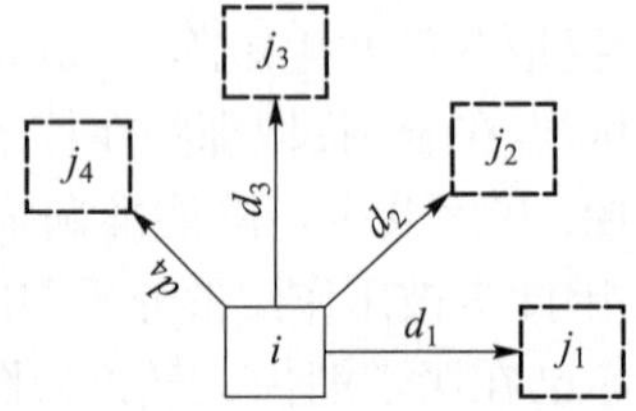

图 7.12 灰度共生矩阵的 4 个生成方向

在提取灰度共生矩阵的特征统计量前, 一般要按式 (7.6) 进行正规化处理。

$$g(i,j)=P(i,j)\Big/\sum_{i=0}^{N-1}\sum_{j=0}^{N-1}P(i,j) \tag{7.6}$$

灰度共生矩阵有 14 个特征统计量, 纹理识别时常用最大概率 (max probability)、熵 (entropy)、对比度 (contrast)、相关 (correlation)、能量 (energy) 和逆差距 (inverse difference moment) 6 个特征统计量。

(1) 最大概率: 反映了灰度共生矩阵中灰度对出现的最大频度。有

$$mp=\max_{i,j}(g(i,j)) \tag{7.7}$$

(2) 熵: 表征图像的信息量, 也能表征图像纹理复杂程度或非均匀程度。图像满纹理时熵最大, 无纹理时熵等于 0。有

$$ent=-\sum_{i=0}^{N-1}\sum_{j=0}^{N-1}g(i,j)\log(g(i,j)) \tag{7.8}$$

(3) 对比度: 是纹理清晰程度的度量, 图像纹理的沟纹越深, 图像反差越大, 纹理效果越明显, 反之亦然。有

$$con=\sum_{i=0}^{N-1}\sum_{j=0}^{N-1}(i-j)^2g(i,j) \tag{7.9}$$

(4) 相关: 是灰度共生矩阵元素在行或列方向上的相似度的度量, 同时也是图像灰度线性关系的度量。有

$$cor=\sum_{i=0}^{N-1}\sum_{j=0}^{N-1}(i-\mu)(j-\mu)g(i,j)/\sigma^2 \tag{7.10}$$

其中

$$\mu=\sum_{i=0}^{N-1}\sum_{j=0}^{N-1}i\cdot g(i,j),\quad \sigma^2=\sum_{i=0}^{N-1}\sum_{j=0}^{N-1}(i-\mu)^2\cdot g(i,j)$$

(5) 能量: 又称角二阶距, 表征图像纹理灰度变化的均匀性, 能同时反映图像灰度分布均匀程度和纹理粗细程度。有

$$ene=\sum_{i=0}^{N-1}\sum_{j=0}^{N-1}g^2(i,j) \tag{7.11}$$

(6) 逆差距: 又称局部平稳, 是图像纹理同质性的表征, 也能反映和度量纹理规则程度和局部变化的大小。图像纹理越规则, 逆差矩就越大, 图像也就越平稳, 反之亦然。有

$$idm=\sum_{i=0}^{N-1}\sum_{j=0}^{N-1}[1/(1+(i-j)^2)]g(i,j) \tag{7.12}$$

为了全面反映和量化不同工况振动信号生成镜面对称图的差异, 通过提取图像 4 个方向 ($\theta = 0°$、$45°$、$90°$、$135°, d = 1$) 的灰度共生矩阵的 6 个特征参数, 可以得到共计 24 个参数 $L1 \sim L24$: 参数 $L1 \sim L4$ 代表 0°、45°、90°、135° 方向的最大概率, $L5 \sim L8$ 代表 0°、45°、90°、135° 方向的熵, $L9 \sim L12$ 代表 0°、45°、90°、135° 方向的对比度, $L13 \sim L16$ 代表 0°、45°、90°、135° 方向的相关, $L17 \sim L20$ 代表 0°、45°、90°、135° 方向的能量, $L21 \sim L24$ 代表 0°、45°、90°、135° 方向的逆差距。工况 $N1$ 代表曲轴轴承正常磨损, $N2$ 代表曲轴轴承轻微磨损, $N3$ 代表曲轴轴承中度磨损, $N4$ 代表曲轴轴承严重磨损。

表 7.2 是曲轴轴承不同工况下第 1 组信号的特征参数列表。

表 7.2 曲轴轴承不同工况下第 1 组信号的特征参数

特征参数	$N1$	$N2$	$N3$	$N4$
$L1$	0.784 96	0.750 85	0.820 23	0.764 79
$L2$	0.761 39	0.723 16	0.799 68	0.738 51
$L3$	0.796 2	0.763 33	0.829 1	0.776 79
$L4$	0.761 36	0.723 14	0.799 72	0.738 65
$L5$	1.086 8	1.198 5	0.958 82	1.152 9
$L6$	1.168 9	1.287 6	1.038 8	1.241 7
$L7$	1.035 3	1.144 6	0.914 52	1.099 1
$L8$	1.169	1.287 7	1.038 7	1.241 3
$L9$	8.110 3	9.342 2	6.617 2	8.720 3
$L10$	11.129	12.889	9.251 6	12.087
$L11$	6.637 2	7.705 4	5.454 9	7.146 9
$L12$	11.134	12.892	9.245 8	12.069
$L13$	0.517 94	0.507 55	0.546 81	0.520 64
$L14$	0.339 75	0.321 81	0.367 63	0.336 77
$L15$	0.605 68	0.594 02	0.626 59	0.607 31
$L16$	0.339 47	0.321 65	0.368 02	0.337 8
$L17$	0.632 1	0.585 22	0.684 05	0.604 12
$L18$	0.598 91	0.548 79	0.652 97	0.568 39
$L19$	0.649 49	0.603 66	0.698 49	0.622 28
$L20$	0.598 87	0.548 76	0.653 04	0.568 57
$L21$	0.875 76	0.856 89	0.898 63	0.866 42
$L22$	0.829 52	0.802 55	0.858 28	0.814 84
$L23$	0.898 33	0.881 96	0.916 44	0.890 52
$L24$	0.829 44	0.802 51	0.858 37	0.815 13

7.3.3 振动信号灰度图像的特征提取代码实现

例 7.3 振动信号灰度图像的特征提取图像 (以正常工况下的第 1 组振动信号为例)。

MATLAB 程序代码如下:

```
clc;
clear;
close all;
g1d1=imread('n1.pgm');
%% 求灰度共生矩阵 4 个方向 6 个特征值
glcm=graycomatrix(g1d1,'NumLevels',256,'Offset',[0 1;-1 1;-1 0;-1 -1], 'G',[]);
% 调用 texturespacial 函数 (对图像进行灰度共生矩阵特征参数最大概率 \
熵)
[W1 W2]=texturespacial(glcm);
ii=1;
L(1:4,ii)=W1;% 最大概率
L(5:8,ii)=W2;% 熵
Z2=graycoprops(glcm);
L(9:12,ii)=Z2.Contrast/1000;% 对比度
L(13:16,ii)=Z2.Correlation;% 相关
L(17:20,ii)=Z2.Energy;% 能量
L(21:24,ii)=Z2.Homogeneity;% 逆差距
```

例 7.4 求图像灰度共生矩阵特征参数: 最大概率 \ 熵。

MATLAB 程序代码如下:

```
function [Z1 Z2]=texturespacial(F)
        for(jj=1:4)
            C=F(:,:,jj);
            C=C/sum(C(:));
            % 计算最大概率
            Z1(1,jj)=max(C(:));
            % 计算熵
            T=-(C.*(log2(C+eps)));
            Z2(1,jj)=sum(T(:));
        end
end
```

第三篇

模式识别篇

第 8 章　人工神经网络的 MATLAB 实现及应用研究

8.1　人工神经网络的基本概念

人工神经网络 (artificial neural networks, ANNs) 也称为神经网络 (NNs), 是应用类似于大脑神经突触连接的机构进行信息处理的一种数学模型。它是由大量的处理单元 (或称人工神经元) 通过拓扑结构连接而成的非线性、自适应处理系统, 通过模拟大脑神经网络处理、记忆信息的方式进行信息处理。目前, 人工神经网络已应用于很多领域。

8.1.1　人工神经元

人工神经元是人工神经网络的基本信息处理单元, 它是对生物神经元的简化和模拟。人工神经元的简化模型如图 8.1 所示, 其中, x_i 为输入信号, θ 为阈值, 权值 w_{ij} 表示连接的强度, y 为输出信号。

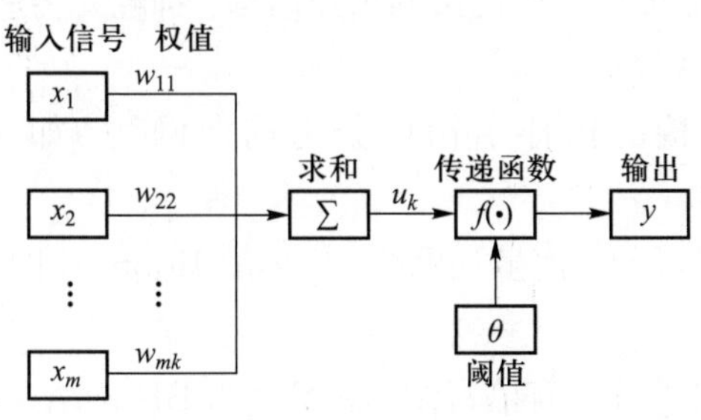

图 8.1　人工神经元模型

8.1.2　传递函数

在人工神经元系统中, 其输出是由传递函数 $f(\cdot)$ 完成的。传递函数的作用是用来限制神经元输出幅值, 将可能的无限域变换到允许范围内的输出, 以模拟生物神经元线性或非线性的转移特性。

由图 8.1 可见, 人工神经元是一个多输入、单输出的非线性单元, 主要由权值、阈值和传递函数定义, 其输入输出关系可描述为

$$y = f\left(\sum_{l=1}^{m} w_{ij} \cdot x_i - \theta_i\right), \quad j = 1, 2, \cdots, k$$

常用的传递函数主要有以下几种形式:

1. 阶跃函数

$$f(x) = \begin{cases} 1, & x \geqslant 0 \\ 0, & x < 0 \end{cases}$$

2. 线性函数

$$f(x) = x$$

3. 非线性传递函数

常见的有单极性的 sigmoid 函数曲线, 简称 S 型函数, 其定义如下:

$$f(x) = \frac{1}{1 + \mathrm{e}^{-x}}$$

这是一个单调递增非线性函数, 在曲线的两端, 随着 x 的增加, $f(x)$ 递增缓慢; 在曲线中部, 随着 x 的增加, $f(x)$ 递增较快。正是这种非线性特性, 使网络具有任意精度的泛函逼近能力。

有时也采用双极性 S 型函数 (即双曲正切) 的形式, 即

$$f(x) = \frac{1 - \mathrm{e}^{-x}}{1 + \mathrm{e}^{-x}}$$

8.1.3 人工神经网络的分类和特点

人工神经网络的分类可以按连接的拓扑结构、神经元传递函数、学习规则的不同进行划分。一般可分为以下几类:

(1) 根据网络连接的拓扑结构可分为前向网络 (如 BP 网络) 和反馈网络 (如 Hopfield 网络)。

(2) 根据状态方式可分为离散型网络 (如离散 Hopfield 网络) 和连续型网络 (如连续 Hopfield 网络)。

(3) 根据学习方式可分为有监督学习网络 (如 BP 网络、RBF 网络) 和无监督学习网络 (如自组织网络)。

神经网络的基本属性反映了神经网络的特点, 主要表现在以下几点:

(1) 非线性处理神经网络在理论上可以趋近任何非线性的映射。这一特点有助于处理复杂的非线性问题。

(2) 并行分布式处理神经网络具有高度的并行结构和并行实现能力, 较其他常规的方法有更大程度的容错能力。

(3) 具有自学习功能。通过对过去的历史数据的学习, 训练出一个具有归纳全部数据特点的神经网络, 自学习功能对于预测有特别重要的意义。

(4) 具有联想存储功能。采用人工神经网络的反馈网络就可以实现这种联想。

8.2 BP 人工神经网络

1985 年, Rumelhart 提出的误差反向传播 (error back propagation, BP) 神经网络, 系统地解决了多层网络中隐含单元层连接权的学习问题。目前, 在人工神经网络的实际应用中, 绝大部分的神经网络模型都采用 BP 网络及其变化形式。它也是前向神经网络的核心部分, 体现了人工神经网络的精华。

8.2.1 BP 人工神经网络算法简介

BP 人工神经网络由输入层、隐含层和输出层 3 层组成, 其结构如图 8.2 所示。在结构确定之后, 要通过输入和输出样本集对网络进行训练, 即通过一边向后传递误差一边修正误差的方法来不断地调节网络参数 (权值和阈值), 以使网络实现或逼近所希望的输入、输出映射关系。

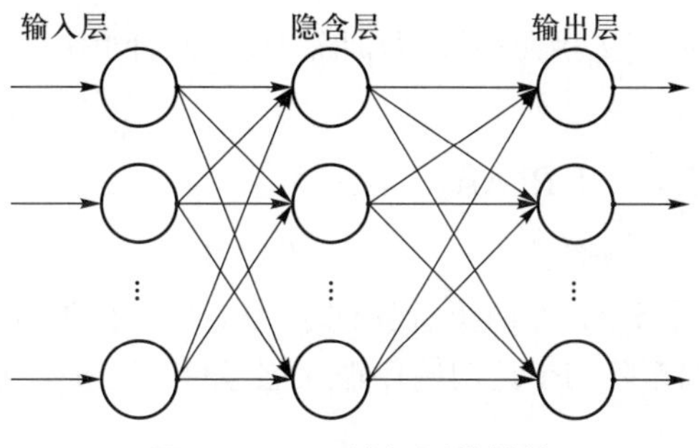

图 8.2 BP 神经网络结构

BP 网络的学习过程分为以下两个阶段:

第 1 个阶段是正向传播过程, 输入已知学习样本, 通过设置的网络结构和前一次迭代的权值和阈值, 从网络的第 1 层向后计算各神经元的输出。

第 2 个阶段是反向传播过程, 逐层计算实际输出与期望输出之间的差值, 据此对各权值和阈值进行修改使误差信号趋向最小。

以上两个过程反复交替, 直至收敛为止。由于误差逐层往回传递, 用来修正层与层之间的权值和阈值, 所以称该算法为误差反向传播算法, 这种误差反向传播学习算法可以推广到有若干个中间层的多层网络, 因此这种多层网络常称为 BP 网络。标准的 BP 算法学习规则是一种梯度下降学习算法, 其权值的修正是沿着误差性能函数梯度的反方向进行的。

BP 网络的优点是结构简单、可操作性强、能模拟任意的非线性输入、输出关系, 经过训练后的 BP 网络运行速度极快, 可用于实时处理。但它也存在收敛速度慢、易陷于局部极小点等问题。

8.2.2 BP 人工神经网络的 MATLAB 函数

MATLAB 神经网络工具箱中包含了许多用于 BP 网络分析与设计的函数, 下面介绍几个常用的函数及其功能。

1. newff

功能: BP 神经网络参数设置函数, 用于构建一个 BP 神经网络。

格式:

net=newff(PR,[S1 S2··· SN],{TF1 TF2··· TFN},BTF,BLF,PF)

说明:

PR 为每组输入元素的最大值和最小值组成的 R×2 的矩阵; Si 为第 i 层的长度; TFi 为神经元传递函数, 默认为 “tansig”; BTF 为训练函数, 默认为 “trainlm”; BLF 为权值和阈值的学习方法, 默认为 “learngdm”; PF 为网络的性能函数, 默认为 “mse”。

2. train

功能:

BP 神经网络训练函数, 用训练数据训练 BP 神经网络。

格式:

[net,tr]=train(NET,X,T,Pi,Ai)

说明:

net 是训练好的网络; tr 是训练过程记录; NET 是待训练的网络; X 是输入数据矩阵; T 是输出数据矩阵; Pi 是初始化输入层条件; Ai 是初始化输出层条件。

3. sim

功能:

BP 神经网络预测函数, 用训练好的 BP 神经网络预测函数输出。

格式:

y=sim(net,x)

说明:

net 是训练好的网络; x 是输入数据; y 是网络预测数据。

例 8.1 构建一个 BP 神经网络。

MATLAB 程序代码如下:

```
clear all;
X=[1 2;-1 2;2 3];          % 输入训练集
T=[1 2;2 1];               % 目标集
net=newff(X,T,5);          % 建立 BP 网络
net=train(net,X,T);        % 网络训练
disp('输出网络仿真数据: ');
y=sim(net,X);
```

运行程序, 输出如下, 效果如图 8.3 所示。

输出网络仿真数据:

```
y=
    1.0000    2.0000
    1.0000    2.0000
```

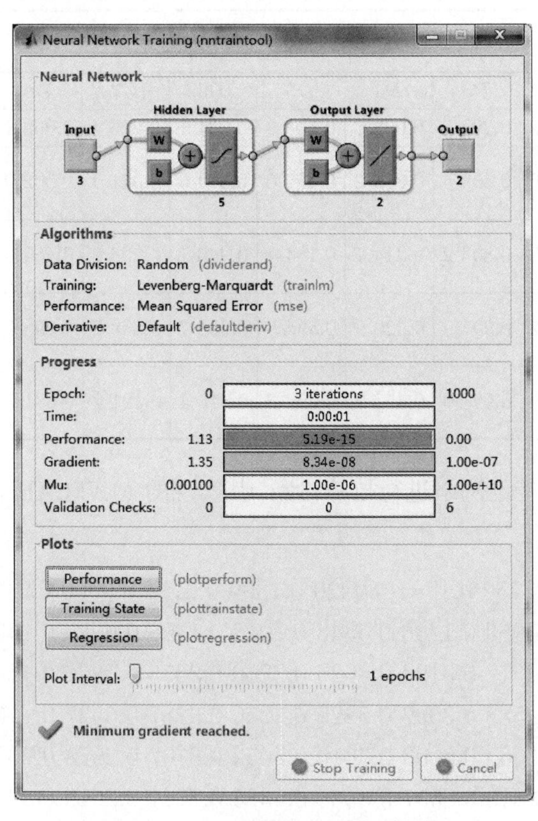

图 8.3 BP 网络仿真过程效果图

8.2.3 BP 人工神经网络在机械故障诊断中的应用

例 8.2 以诊断柴油机曲轴轴承、连杆轴承异响故障为例说明 BP 神经网络的应用。表 8.1 和表 8.2 分别为模型的训练样本和检验样本, 参数 D1 ~ D8 为振动

信号经过 3 层小波包分解后 8 个频带能量累加归一化的结果, D 为所有频带能量累加归一化结果。

表 8.1　模型训练样本

编号	*D*1	*D*2	*D*3	*D*4	*D*5	*D*6	*D*7	*D*8	*D*	技术状态
1	0.019 8	0.175 2	0.178 4	0.002 0	0.180 9	0.211 1	0.036 0	0.218 2	0.002 0	正常状态
2	0.002 0	0.095 3	0.133 6	0.034 3	0.101 8	0.190 8	0.002 0	0.149 6	0.019 0	
3	0.388 7	0.261 2	0.319 3	0.662 0	0.326 6	0.267 6	0.483 1	0.196 0	0.210 5	曲轴轴承
4	0.360 5	0.258 8	0.399 2	0.522 9	0.323 6	0.378 7	0.552 7	0.176 8	0.312 5	轻微异响
5	0.139 9	0.346 4	0.690 3	0.361 0	0.505 9	0.670 7	0.297 8	0.262 3	0.624 3	曲轴轴承
6	0.170 6	0.361 0	0.855 7	0.353 0	0.538 5	0.774 1	0.261 9	0.262 2	0.765 5	严重异响
7	0.864 1	0.939 9	0.761 6	0.718 4	0.827 3	0.751 5	0.998 0	0.878 7	0.659 1	连杆轴承
8	0.927 3	0.998 0	0.564 8	0.495 6	0.915 9	0.671 8	0.898 0	0.796 0	0.631 1	轻微异响
9	0.401 4	0.821 0	0.841 2	0.327 8	0.802 8	0.878 1	0.483 2	0.659 7	0.775 3	连杆轴承
10	0.407 7	0.751 8	0.753 5	0.339 8	0.690 1	0.821 7	0.405 5	0.640 3	0.614 5	严重异响

表 8.2　模型检验样本

编号	*D*1	*D*2	*D*3	*D*4	*D*5	*D*6	*D*7	*D*8	*D*	技术状态
1	0.089 2	0.077 2	0.302 5	0.098 6	0.108 9	0.031 1	0.225 4	0.062 4	0.216 0	正常状态
2	0.415 4	0.448 0	0.369 5	0.339 2	0.184 0	0.374 3	0.361 4	0.002 0	0.415 8	曲轴轴承 轻微异响
3	0.162 1	0.448 5	0.803 2	0.314 7	0.184 1	0.940 1	0.223 9	0.465 6	0.915 0	曲轴轴承 严重异响
4	0.956 5	0.917 7	0.904 9	0.920 9	0.834 5	0.655 7	0.888 2	0.998 0	0.815 7	连杆轴承 轻微异响
5	0.523 5	0.722 9	0.998 0	0.452 2	0.698 3	0.678 4	0.421 2	0.681 7	0.998 0	连杆轴承 轻微异响

下面通过 BP 神经网络进行故障诊断, 其实现的 MATLAB 代码如下:

```
clear all;
P=[0.0198 0.1752 0.1784 0.0020 0.1809 0.2111 0.0360 0.2182 0.0020;
   0.0020 0.0953 0.1336 0.0343 0.1018 0.1908 0.0020 0.1496 0.0190;
   0.3887 0.2612 0.3193 0.6620 0.3266 0.2676 0.4831 0.1960 0.2105;
   0.3605 0.2588 0.3992 0.5229 0.3236 0.3787 0.5527 0.1768 0.3125;
   0.1399 0.3464 0.6903 0.3610 0.5059 0.6707 0.2978 0.2623 0.6243;
   0.1706 0.3610 0.8557 0.3530 0.5385 0.7741 0.2619 0.2622 0.7655;
   0.8641 0.9399 0.7616 0.7184 0.8273 0.7515 0.9980 0.8787 0.6591;
   0.9273 0.9980 0.5648 0.4956 0.9159 0.6718 0.8980 0.7960 0.6311;
   0.4014 0.8210 0.8412 0.3278 0.8028 0.8781 0.4832 0.6597 0.7753;
   0.4077 0.7518 0.7535 0.3398 0.6901 0.8217 0.4055 0.6403 0.6145]';
T=[1 0 0 0 0;1 0 0 0 0;0 1 0 0 0;0 1 0 0 0;0 0 1 0 0;0 0 1 0 0;
   0 0 0 1 0;0 0 0 1 0; 0 0 0 0 1;0 0 0 0 1]';
```

```
% 输入向量最大值和最小值
dx=[0,1;0,1;0,1;0,1;0,1;0,1;0,1;0,1;0,1];
% 建立 BP 神经网络
net=newff(dx,[13,5],{'tansig''logsig'},'trainlm');
% 训练次数为 1000, 训练目标为 1e-6, 学习速率为 0.001
net.trainParam.epochs=1000;
net.trainParam.goal=1e-6;
net.trainParam.lr=0.001;
[net,tr]=train(net,P,T);
P_test=
[0.0892 0.0772 0.3025 0.0986 0.1089 0.0311 0.2254 0.0624 0.2160;
0.4154 0.4480 0.3695 0.3392 0.1840 0.3743 0.3614 0.0020 0.4158;
0.1621 0.4485 0.8032 0.3147 0.1841 0.9401 0.2239 0.4656 0.9150;
0.9565 0.9177 0.9049 0.9209 0.8345 0.6557 0.8882 0.9980 0.8157;
0.5235 0.7229 0.9980 0.4522 0.6983 0.6784 0.4212 0.6817 0.9980]';
y=sim(net,P_test);
```

运行程序, 输出如下, 效果如图 8.4 所示。

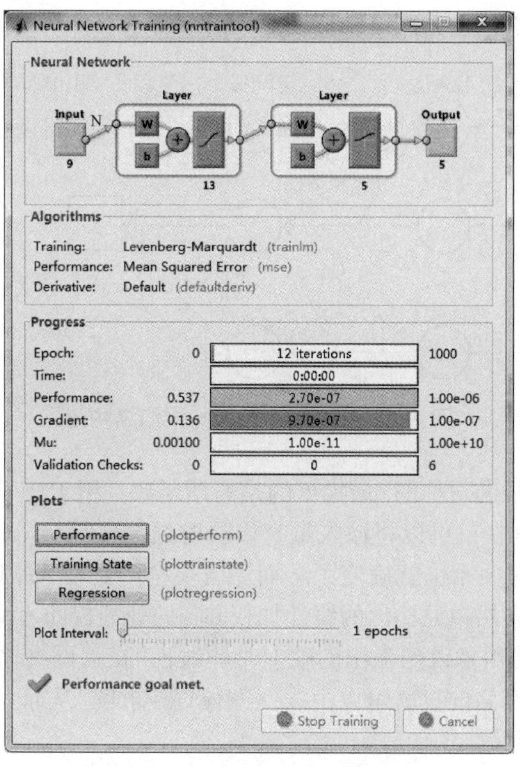

图 8.4 BP 网络训练结果

y=

0.9994	0.0000	0.0001	0.0000	0.0000
0.0017	0.9978	0.0000	0.0001	0.0000
0.0005	0.0062	0.9996	0.0001	0.0452
0.0000	0.0000	0.0000	0.9992	0.0115
0.0000	0.0000	0.0005	0.0011	0.9632

8.3 径向基函数神经网络

径向基函数 (radial basis function, RBF) 网络是由 M.J.D.Powell 于 1985 年提出的, 以函数逼近理论为基础构造的一类前向型网络。它是一种三层的前向网络, 具有结构简单、训练快速等优点。该网络不仅可以用来函数逼近, 也可以进行预测。

8.3.1 径向基函数神经网络算法简介

RBF 网络是一种三层前向型网络。输入层由信号源节点组成; 第 2 层为隐含层, 隐含层单元数视所描述问题的需要而定, 隐含层单元的变换函数为 RBF, 是一种对中心点径向对称衰减的非负、非线性函数; 第 3 层为输出层, 对输入模式的参数作出响应。从输入空间到隐含层空间的变换是非线性的, 而从隐含层空间到输出层空间的变换是线性的。其网络结构图如图 8.5 所示。

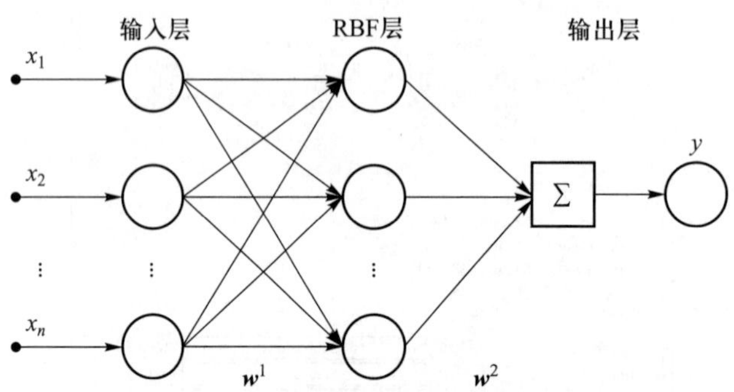

图 8.5 径向基函数神经网络结构图

径向基函数是径向对称的, 最常见的是高斯函数。用 RBF 作为隐单元的 “基” 构成隐含层空间, 这样就可以将输入量直接映射到隐含层空间。当 RBF 的中心点确定以后, 这种映射关系也就确定了。而隐含层空间到输入空间的映射是线性的, 即网络的输出是隐含层单元输出的线性加权和。此处的权即为网络可调参数。由此可见, 总体上看网络由输入到输出的映射是非线性的, 而网络输出对可调参数而言又是线性的。这样网络的权就可以由线性方程直接求解, 从而大大加快了学习速度并避免了局部最小问题。

从模式识别的观点看, 总可以将低维度空间的非线性可分的问题映射到高维空间, 使其在高维空间线性可分。在径向基函数网络中, 隐含层的神经元数目一般比标准 BP 网络的要多, 构成高维的隐含层单元空间, 同时, 隐含层神经元的传输函数为非线性函数, 从而完成从输入空间到隐含层单元空间的非线性变换。只要隐含层神经元的数目足够多, 就认为输入模式在隐含层的高维输出空间线性可分。在径向基函数网络中, 输出层为线性层, 完成对隐含层空间模式的线性分类, 即提供从隐含层单元空间到输出空间的一种线性变换。

RBF 网络的训练过程分为两步: 第一步为无导师式学习, 确定训练输入层与隐含层间的权值; 第二步为有导师式学习, 确定训练隐含层与输出层间的权值。在训练以前, 需要提供输入向量、对应的目标向量及径向基函数的扩展常数。

8.3.2 径向基函数神经网络的 MATLAB 函数

RBF 神经网络在 MATLAB 中的实现非常简单, 并且所需调节的参数也比较少。它是由函数 newrb 完成网络的构建并训练的。其调用格式如下:

net=newrb(P,T,goal,spread,MN,DF)

说明:

P 为输入向量; T 为输出向量; goal 为网络均方误差目标值, 默认值为 0; spread 为径向基函数分布密度, 默认值为 1; MN 为神经元的最大数目; DF 为两次显示之间所添加的神经元数目。网络的训练还需要训练集。为了得到一个较好的结果, 一般可以设定不同的 spread 值进行训练, 最后取误差最小时的值为最终的值。

训练结束后, 就可以应用 sim 函数对未知样本进行仿真计算。

例 8.3 建立一个径向基函数神经网络, 对非线性函数 y=sqrt(x) 进行逼近, 并作出网络的逼近误差曲线。

MATLAB 代码如下:

```
clear all;
x=0:0.1:5;% 输入初始数据
y=sqrt(x);
% 建立一个目标误差为 0, 径向基函数的分布密度为 0.5, 隐含层神经元个数
最大值为 20, 每增加 5 个神经元显示一次结果。
net=newrb(x,y,0,0.5,20,5);
```

结果如图 8.6 所示, 显示如下:

NEWRB, neurons=0, MSE=0.303225

NEWRB, neurons=5, MSE=0.0181338

NEWRB, neurons=10, MSE=0.000773599

NEWRB, neurons=15, MSE=3.60984e-05

NEWRB, neurons=20, MSE=7.36243e-07

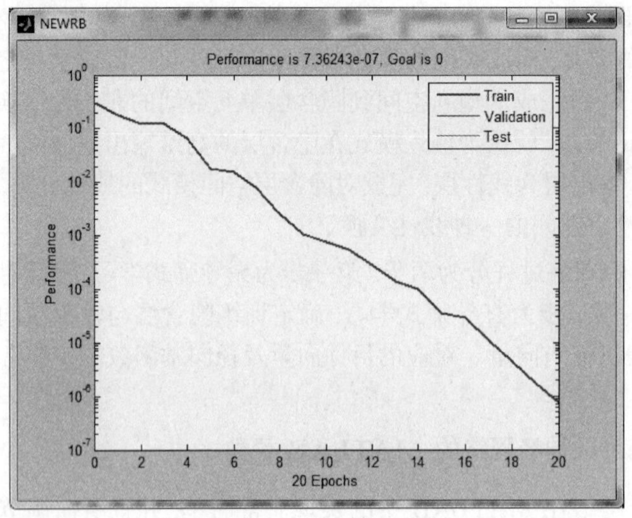

图 8.6　newrb 函数图

仿真结果代码如下:

```
t=sim(net,x);
plot(x,y-t,'*');
```

误差结果如图 8.7 所示。

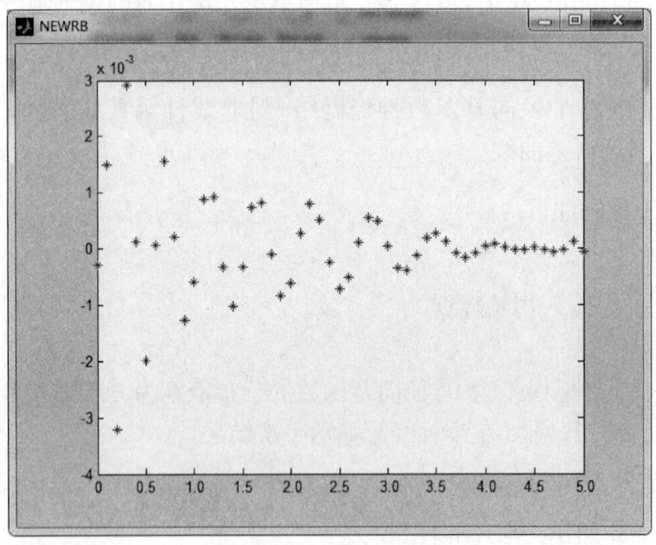

图 8.7　误差结果图

绘制原始输入数据曲线与逼近曲线图形的代码如下:

```
plot(x,y,'r',x,t,'*');
```

结果如图 8.8 所示。

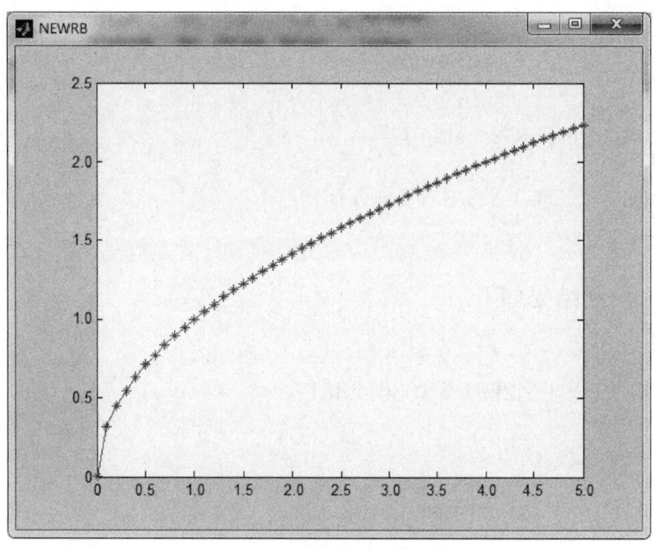

图 8.8 径向基函数网络逼近图

8.3.3 径向基函数神经网络在机械故障诊断中的应用

例 8.4 通过 RBF 神经网络进行故障诊断, 训练样本和测试样本见表 8.1、表 8.2, 其实现的 MATLAB 代码如下:

```
clear all;
pn_svm=[0.0198 0.1752 0.1784 0.0020 0.1809 0.2111 0.0360 0.2182 0.0020;
    0.0020 0.0953 0.1336 0.0343 0.1018 0.1908 0.0020 0.1496 0.0190;
    0.3887 0.2612 0.3193 0.6620 0.3266 0.2676 0.4831 0.1960 0.2105;
    0.3605 0.2588 0.3992 0.5229 0.3236 0.3787 0.5527 0.1768 0.3125;
    0.1399 0.3464 0.6903 0.3610 0.5059 0.6707 0.2978 0.2623 0.6243;
    0.1706 0.3610 0.8557 0.3530 0.5385 0.7741 0.2619 0.2622 0.7655;
    0.8641 0.9399 0.7616 0.7184 0.8273 0.7515 0.9980 0.8787 0.6591;
    0.9273 0.9980 0.5648 0.4956 0.9159 0.6718 0.8980 0.7960 0.6311;
    0.4014 0.8210 0.8412 0.3278 0.8028 0.8781 0.4832 0.6597 0.7753;
    0.4077 0.7518 0.7535 0.3398 0.6901 0.8217 0.4055 0.6403 0.6145];
pn_svm_test=[0.0892 0.0772 0.3025 0.0986 0.1089 0.0311 0.2254 0.0624
0.2160;
0.4154 0.4480 0.3695 0.3392 0.1840 0.3743 0.3614 0.0020 0.4158;
0.1621 0.4485 0.8032 0.3147 0.1841 0.9401 0.2239 0.4656 0.9150;
0.9565 0.9177 0.9049 0.9209 0.8345 0.6557 0.8882 0.9980 0.8157;
0.5235 0.7229 0.9980 0.4522 0.6983 0.6784 0.4212 0.6817 0.9980];
x1=pn_svm';
x2=pn_svm_test';
```

```
net=newrbe(x1,[1 1 2 2 3 3 4 4 5 5]);
y=sim(net,x2)
x1=pn_svm';
x2=pn_svm_test';
net=newrbe(x1,[1 1 2 2 3 3 4 4 5 5]);
y=sim(net,x2)
```

运行程序, 诊断结果如下:

```
y=
    0.9195 1.6291 2.2691 3.1036 4.3617
```

第 9 章　模糊理论的 MATLAB 实现及应用研究

模糊理论是在美国加州大学 L. A. Zadeh 教授于 1965 年创立的模糊集合理论的数学基础上发展起来的, 包括模糊集合理论、模糊逻辑、模糊推理和模糊控制等方面的内容, 主要研究利用精确的方法、公式和模型来度量和处理模糊、信息不完整或不正确的现象与规律。经过 50 多年的快速发展, 模糊理论在诸多学科与工程技术领域得到了很好的应用。

9.1　模糊理论基础

模糊系统是建立在自然语言基础上的。在自然语言中常采用一些模糊概念如 “大约” “左右” “温度偏高” 等来表示一些量化指标, 如何对这些模糊概念进行分析、推理, 是模糊集合与模糊逻辑所要解决的问题。

9.1.1　模糊集合

现实世界中很多事务的分类边界不分明, 而且这种不分明的划分在人类的识别、判断和认知过程中起着重要的作用。将这种没有明确边界的集合称为模糊集合。在自然和社会现象中, 绝对性、两极化的突变是不存在的, 两极化间的差异往往要经由一个 “中介过渡形式” 来表征, 即具有 “亦此亦彼” 性。需要定义集合与集合之间的基本运算和关系, 以便将模糊集合应用于各领域, 值得注意的是, 绝大多数事物是无法以明确的二分逻辑法加以分割的。

如果集合 X 包含了所有事件 x, A 是其中的一个子集, 那么元素 x 与集合 X 的关系可用一个特征函数来表示元素与集合间的归属程度。一般特征函数又称为隶属度函数, 即 $\mu(x)$, 其值可取 [0, 1] 区间上的任何值。模糊集常被归一化到区间 [0, 1] 上, 模糊集的隶属度函数既可以离散表示, 也可以借助于函数式来表示。

1. 隶属度函数

隶属度函数的表示方法大致有以下 3 种:

(1) 如果 $\underline{A}$ 为模糊集, 则一般情况下可表示为

$$\underline{A} = \{(u, \mu_{\underline{A}}(u)) | u \in U\}$$

(2) 如果 U 是有限集或可数集, 则可表示为

$$\underline{A} = \sum_{i} \mu_{\underline{A}}(u_i)/u_i$$

此时, 等式的右端并非代表分式求和, 它仅仅是一种符号, 分母位置放的是论域中的元素, 分子位置放的是相应元素的隶属度。当某一元素的隶属度为 0 时, 那一项可以省略。

也可以表示为向量形式, 即

$$\boldsymbol{\underline{A}} = (\mu_{\underline{A}}(u_1), \mu_{\underline{A}}(u_2), \cdots, \mu_{\underline{A}}(u_n))$$

但要注意, 在此形式中, 要求集合中各元素的顺序是确定的。

(3) 如果 U 是无限集, 则可以表示为

$$\underline{A} = \int \mu_{\underline{A}}(u)/u$$

隶属度函数可以是任意形状的曲线, 取什么形状主要取决于使用是否方便、简单、快速和有效, 唯一的约束条件是隶属度的值域为 [0,1]。

模糊系统中常用的隶属度函数有 11 种, 下面只介绍常见的几种。

(1) 高斯型。该函数有两个特征参数 σ 和 c, 其函数形式为

$$\mu(x, \sigma, c) = \mathrm{e}^{-\frac{(x-c)^2}{2\sigma^2}}$$

两个高斯型隶属度函数的组合可形成双侧高斯型隶属度函数。

(2) 钟形隶属度函数。该函数有 3 个特征参数 a、b 和 c, 其函数形式为

$$\mu(x, a, b, c) = \frac{1}{1 + \left(\dfrac{x-c}{a}\right)^{2b}}$$

(3) sigmoid 函数型隶属度函数。该函数有两个特征参数 a 和 c, 其函数形式为

$$\mu(x, a, b, c) = \frac{1}{1 + \mathrm{e}^{-a(x-c)}}$$

(4) S 型隶属度函数。该函数有两个特征参数 a、b, 其函数形式与 sigmoid 函数形式相同, 只是参数 a 和 b 的取值不同。

(5) 梯形隶属度函数。该函数有 4 个特征参数 a、b、c 和 d, 其函数形式为

$$\mu(x,a,b,c)=\begin{cases}0, & x\leqslant a\\ \dfrac{x-a}{b-a}, & a\leqslant x\leqslant b\\ 1, & b\leqslant x\leqslant c\\ \dfrac{d-x}{d-c}, & c\leqslant x\leqslant d\\ 0, & x\geqslant d\end{cases}$$

隶属度函数是模糊集合赖以建立的基石。要确定恰当的隶属度函数并不容易, 迄今仍无统一的标准。对实际问题建立一个隶属度函数需要充分了解描述的概念, 并掌握一定的数学技巧。

在某种场合, 隶属度可用模糊统计的方法来确定。

(1) 确定论域 U, 如年龄。

(2) 确定论域中的一个元素 U, 如年龄为 35 岁的人。

(3) 确定论域中边界可变的普通集合 A, 如 "年轻人", A 联系于一个模糊集及相应的模糊概念。

(4) 判断条件, 即对普通集合 A 判断的依据条件。它联系着按模糊概念所进行的划分过程的全部主客观因素, 制约着边界的改变。例如, 不同的实验者对 "年龄为 35 岁的人" 的理解, 有的人认为是年轻人, 有的人认为不是年轻人。

(5) 模糊统计实验。其基本要求是, 在每一次实验中, 要对 U_0 是否属于 A 作出一个确切的判断, 做 N 次实验, 就可以算出属于 A 的隶属频率

$$\text{隶属频率}=\frac{\text{“}U_0\in A\text{” 的次数}}{N}$$

确定隶属度函数的其他方法还有二元对比排序法、推进法和专家评分法等。

2. 模糊集运算

与经典的集合理论一样, 模糊集合也可以通过一定的规则进行运算。实际上, 模糊集的运算衍生于经典的集合理论。

1) 交集 (逻辑 "与")

两模糊集的交集 $A\cap B$ 为两隶属度 $\mu_A(x)$ 和 $\mu_B(x)$ 的最小者

$$f_{A\cap B}(x)=\mu_A(x)\wedge\mu_B(x)=\min|\mu_A(x),\mu_B(x)|$$

2) 合集 (逻辑 "或")

两个模糊集合 $A\cup B$ 为两个隶属度 $\mu_A(x)$ 和 $\mu_B(x)$ 的最大者

$$f_{A\cup B}(x)=\mu_A(x)\vee\mu_B(x)=\max|\mu_A(x),\mu_B(x)|$$

3) 逻辑 "非"

$$\mu_{\overline{A}}(x)=1-\mu_A(x)$$

4) 模糊集的基

模糊集的基为隶属度函数的积分或求和

$$\mathrm{card}(A) = \sum_i \mu(x)$$

$$\mathrm{card}(A) = \int_x \mu(x)\mathrm{d}x$$

3. λ 截集

截集描述了模糊集合与普通集合之间的转换关系。

设 $A \in F(U)$, 对任意 $\lambda \in [0,1]$, 集合

$$A_\lambda = \{u|u \in U, \mu_{\underline{A}}(u) \geqslant \lambda\}$$

称为集合 A 的 λ 截集, λ 称为阈值或置信水平。

由定义限制, A 集合为模糊集, A_λ 为普通集, 通过阈值实现了模糊集到普通集的转换。

表 9.1 列出了不同阈值情况下模糊集与截集间的关系。

表 9.1 不同阈值情况下模糊集与截集的关系

编号	年龄	$\underline{A}(u)$	$A_{0.609\,8}(u)$	$A_{0.22}(u)$
S_1	20	1	1	1
S_2	27	0.862 1	1	1
S_3	29	0.609 8	1	1
S_4	35	0.200 0	0	1
S_5	40	0.100 0	0	0

9.1.2 模糊关系

一般情况下, 对于有限论域 $U = \{u_1, u_2, \cdots, u_n\}$ 和 $V = \{v_1, v_2, \cdots, v_n\}$ 之间的模糊关系可用 n 行 m 列的模糊矩阵 $\underline{R}$ 表示

$$\underline{R} = (r_{ij})_{n\times m}$$

式中, $r_{ij} = \mu_{\underline{R}}(u_i, v_j)$。

根据模糊关系的定义, 可以得到模糊关系的合成运算, 即由 $\underline{Q}$ 和 $\underline{R}$ 构成的新的模糊关系 $\underline{Q} \circ \underline{R}$ 称为合成模糊关系

$$\mu_{\underline{Q}\circ\underline{R}}(u, w) = \bigvee_{v\in V} (\mu_{\underline{Q}}(u, v) \wedge \mu_{\underline{R}}(u, w))$$

当 U、V、W 均为有限域时, 即 $U = \{u_1, u_2, \cdots, u_n\}, V = \{v_1, v_2, \cdots, v_n\}$, $W = \{w_1, w_2, \cdots, w_n\}, \underline{Q}, \underline{R}$ 和 $\underline{S} = \underline{Q} \circ \underline{R}$ 均可表示为矩阵形式

$$\underline{Q} = (q_{ij})_{n\times m}, \quad \underline{R} = (r_{jk})_{m\times l}, \quad \underline{S} = (s_{ik})_{n\times l}$$

式中, $s_{ik} = \vee_{j=1}^{m}(q_{ij} \wedge r_{jk})$。

如果 $\underline{R}$ 满足以下条件, 则称 $\underline{R}$ 为论域 U 上的一个模糊等价关系:

(1) 自反性, 即 $\underline{R} \subset I$;

(2) 对称性, 即 $R^{\mathrm{T}} = R$;

(3) 传递性, 即 $R \circ R \subset R$。

如果 R 满足以下条件, 则称 $\underline{R}$ 为 U 上的模糊相似关系:

(1) 自发性, 即 $R \subset I$;

(2) 对称性, 即 $R^{\mathrm{T}} = R$。

从以上的定义可看出, 为了从模糊相似关系得到模糊等价关系, 可将模糊相似矩阵自乘, 即 $R \circ R \triangleq R^2, R^2 \circ R^2 \triangleq R^4$, 直到 $R^{2k} = R^k$。至此, R^k 便是模糊等价矩阵, 它所对应的模糊关系便为模糊等价关系。

建立等价关系的目的是为了将集合划分为若干等价类。

设 $\underline{R}$ 是论域 U 上的等价关系, λ 从 1 下降到 0, 依次截得等价关系 R_λ, 它们都将 U 作了分类。由于满足条件

$$\lambda_2 \leqslant \lambda_1 \Rightarrow R_{\lambda_2} \supset R_{\lambda_1}$$

因此, $\forall u, v \in U$, 若 u 与 v 相对于 R_{λ_1} 来说是属于同一类, $(u, v) \in R_{\lambda_1}$, 则 $(u, v) \in R_{\lambda_2}$, 即 u 与 v 相对于 R_{λ_2} 来说也属于同一类, 这意味着由 R_{λ_2} 所得到的分类是由 R_{λ_1} 所得到分类的加粗。

当 λ 从 1 下降到 0 时, 分类由细变粗, 逐渐归并, 形成一个分级聚类树。

9.1.3 模糊变换与模糊综合评判

设 $\underline{A} = \{\mu_{\underline{A}}(u_1), \mu_{\underline{A}}(u_2), \cdots, \mu_{\underline{A}}(u_n)\}$ 是论域 U 上的模糊集, $\underline{B} = \{\mu_{\underline{B}}(u_1), \mu_{\underline{B}}(u_2), \cdots, \mu_{\underline{B}}(u_n)\}$ 是论域 V 上的模糊集, $\underline{R}$ 是 $U \times V$ 的模糊关系, 则 $\underline{B} = \underline{A} \circ \underline{R}$ 称为模糊变换。

模糊变换可应用于模糊综合评判, 此时 $\underline{A}$ 对应评判问题的因素集, $\underline{B}$ 对应评判中的评语集, $\underline{R} = (r_{ij})_{n \times m}$ 对应评判矩阵。

9.1.4 If$\cdots$then 规则

模糊系统理论中的 If$\cdots$then 规则中, If 部分是前提和前件, then 部分是结论或后件。解释 If$\cdots$then 规则包括以下 3 个过程:

(1) 输入模糊化。确定 If$\cdots$then 规则前提中每个命题或断言为真的程度 (即隶属的值)。

(2) 应用模糊算子。如果规则的前提由几个部分组成, 则利用模糊算子可以确定出整个前提为真的程度 (即整个前提的隶属度)。

(3) 应用蕴涵算子。由前提的隶属度和蕴涵算子, 可以确定出结论为真的程度 (即结论的隶属度)。

9.1.5 模糊推理

模糊推理是采用模糊逻辑由给定的输入到输出的映射过程。模糊推理包括以下 5 个方面:

1. 输入变量模糊化

输入变量是输入变量论域内的某一个确定的数, 输入变量模糊化后, 变换为由隶属度表示的 $0 \sim 1$ 之间的某个数。此过程可由隶属度函数后查表求得。

2. 应用模糊算子

输入变量模糊化后, 就可知道每个规则前提中的每个命题被满足的程度。如果前提不是一个, 则需用模糊算子获得该规则前提被满足的程度。

3. 模糊蕴涵

模糊蕴涵可以看作一种模糊算子, 其输入是规则的前提满足的程度, 输出是一个模糊集。规则 "如果 x 是 A, 则 y 是 B" 表示了 A 与 B 之间的模糊蕴涵关系, 记为 $A \rightarrow B$。

4. 模糊合成

模糊合成也是一种模糊算子。该算子的输入是每一个规则输出的模糊集, 输出是这些模糊集经合成后得到的一个综合输出模糊集。

5. 反模糊化

反模糊化是把输出的模糊集化为确定数值的输出。常用的反模糊化方法如下:

(1) 中心法。取输出模糊集的隶属的函数曲线与横坐标轴围成区域的中心或对应的论域元素值为输出值。

(2) 二分法。取输出模糊集的隶属度函数曲线与横坐标轴围成区域的面积均分点对应的元素值为输出值。

输出可以为以下 3 种中的一种:

(1) 输出模糊集极大值的平均值;

(2) 输出模糊集极大值的最大值;

(3) 输出模糊集极大值的最小值。

9.2 模糊聚类分析

9.2.1 模糊聚类基本概念

9.2.1.1 最大隶属度原则

直接由计算样本的隶属度来判断其归属的方法, 即为模式识别的最大隶属度原则。这种分类方式的效果十分依赖于建立已知模式类隶属度函数的技巧。

设 $\underset{\sim}{A}_1,\underset{\sim}{A}_2,\cdots,\underset{\sim}{A}_m \in F(U), x$ 是 U 中的一个元素, 若

$$\mu_{\underset{\sim}{A}_i}(x) > \mu_{\underset{\sim}{A}_j}(x), \quad j=1,2,\cdots,m, i\neq j$$

则隶属于 $\underset{\sim}{A}_i$, 即将 x 判属于第 i 类。

例 9.1 以人的年龄作为论域 $U=(0,100]$, 则 "年轻" 可以表示为 U 上的模糊集, 其隶属度函数为

$$\mu_1(u)=\begin{cases}1, & 0<u\leqslant 25\\ \left[1+\left(\dfrac{u-25}{5}\right)^2\right]^{-1}, & 25<u\leqslant 100\end{cases}$$

"年老" 也可以表示为 U 上的模糊集, 其隶属度函数为

$$\mu_2(u)=\begin{cases}1, & 50<u\leqslant 100\\ \left[1+\left(\dfrac{u-50}{5}\right)^2\right]^{-1}, & 0<u\leqslant 50\end{cases}$$

如果某人的年龄为 40 岁, 问此人应属于哪一类?

解: 将 $u=40$ 分别代入上述两个隶属度函数进行计算, 可分别得到

$$\mu_1(40)=0.1, \quad \mu_2(40)=0.2$$

所以应该属于 "年老" 一类。

9.2.1.2 择近原则

择近原则就是利用贴近度的概念来实现分类操作。

贴近度是用来衡量两个模糊集 $\underset{\sim}{A}$ 和 $\underset{\sim}{B}$ 的接近程度, 用 $N=(\underset{\sim}{A},\underset{\sim}{B})$ 表示。贴近度越大, 表明两者越接近。

在模式识别中, 论域 U 或者为有限集, 即 $U=\{u_1,u_2,\cdots,u_n\}$, 或者在一定的区间内, 即 $U=[a,b]$。常用的贴近度函数有以下 3 种:

1. Hamming 贴进度

$$N(\underset{\sim}{A},\underset{\sim}{B})=1-\frac{1}{n}\sum_{i=1}^{n}|\underset{\sim}{A}(u_i)-\underset{\sim}{B}(u_i)|$$

或

$$N(\underset{\sim}{A},\underset{\sim}{B})=1-\frac{1}{b-a}\int_a^b|\underset{\sim}{A}(u_i)-\underset{\sim}{B}(u_i)|\mathrm{d}u$$

2. Euclidean 贴近度

$$N=(\underset{\sim}{A},\underset{\sim}{B})=1-\frac{1}{\sqrt{n}}\left\{\sum_{i=1}^{n}[\underset{\sim}{A}(\mu_i)-\underset{\sim}{B}(\mu_i)]^2\right\}^{1/2}$$

或

$$N=(\underset{\sim}{A},\underset{\sim}{B})=1-\frac{1}{\sqrt{b-a}}\left\{\int_a^b[\underset{\sim}{A}(\mu_i)-\underset{\sim}{B}(\mu_i)]^2\mathrm{d}u\right\}^{1/2}$$

3. 格贴进度

$$N(\underset{\sim}{A},\underset{\sim}{B})=(\underset{\sim}{A}\circ\underset{\sim}{B})\wedge(\underset{\sim}{A}^C\circ\underset{\sim}{B}^C)$$

式中, $\underset{\sim}{A}^C$ 为 A 的余; $\underset{\sim}{A}\circ\underset{\sim}{B}$ 为 $\underset{\sim}{A}$、$\underset{\sim}{B}$ 的内积, 即

$$\underset{\sim}{A}\circ\underset{\sim}{B}=\bigvee_{i=1}^{n}(\underset{\sim}{A}(\mu_i)\wedge B(\mu_i))$$

9.2.2 模糊聚类分析的 MATLAB 实现

模糊聚类分析是利用模糊等价关系来实现的。基于模糊等价关系的聚类分析可分为如下 3 步:

1. 建立模糊相似矩阵

建立模糊相似矩阵是实现模糊聚类的关键。设 $S=\{X^1,X^2,\cdots,X^N\}$ 为待聚类的全部样本, 每一个样本都由 n 个特征表示

$$X^i=(x_1^i,x_2^i,\cdots,x_n^i)$$

首先求样本集中任意两个样本 X_i 与 X_j 之间的相关系数 r_{ij}, 进而构造模糊相似矩阵 $R=(r_{ij})_{N\times M}$。

2. 改造相似关系为等价关系

对于第 1 步建立的模糊矩阵, 一般情况下是模糊相似矩阵, 即只满足对称性和自反性, 不满足传递性, 还需要将其改造成模糊等价矩阵。

3. 聚类

对求得的模糊等价矩阵求 λ 截集, 即可求得在一定条件下的分类情况。

例 9.2 $X=$[I, II, Ⅲ, Ⅳ, V] 为 5 个区域的集合, 每个区域的环境污染情况由空气、水、土壤、噪声等 4 类污染物在区域中含量的超限度来描述, 污染数据如下:

$$\begin{aligned}\text{I}&=(5,5,3,2)\\ \text{II}&=(2,3,4,5)\\ \text{III}&=(5,5,2,3)\\ \text{IV}&=(1,5,3,1)\\ \text{V}&=(2,4,5,1)\end{aligned}$$

对这 5 个区域的污染情况进行聚类分析。

可以用两种方法求解。第一种是根据模糊聚类的原理，自编相应的函数以供调用。

MATLAB 程序代码如下:

```
function y=fuz_distance(x,type)
[r,c]=size(x);
for i=1:r
    for j=1:r
        switch type
            case 1    % 欧氏距离
              y(i,j)=0;
              for k=1:c;
                  y(i,j)+(x(i,k)-x(j,k))^2;
              end
            case 2    % 数量积
              if i==j
                  y(i,j)=1;
              else
              y(i,j)=0;
              for k=1:c;
                    y(i,j)+x(i,k)*x(j,k);
              end
              end
            case 3    % 相关系数
              m=mean(x);
              a1=0;a2=0;a3=0;
              for k=1:c
                  a1=a1+abs((x(i,k)-m(k)))*abs((x(j,k)-m(k)));
                  a2=a2+sqrt((x(i,k)-m(k))^2);
                  a3=a3+sqrt((x(j,k)-m(k))^2);y(i,j)=a1/(a2*a3);
              end
            case 4    % 最大最小法
              a1=0;
              a2=0;
              for k=1:c
                a1=a1+min(x(i,k),x(j,k));
                a2=a2+sqrt(x(i,k)*x(j,k));
                y(i,j)=a1/a2;
              end
```

```
                case 5      % 几何平均法
                  a1=0;a2=0;
                  for k=1:c
                    a1=a1+min(x(i,k),x(j,k));
                    a2=a2+sqrt(x(i,k)*x(j,k));
                    y(i,j)=a1/a2;
                  end
                case 6      % 绝对指数法
                  y(i,j)=exp(-sum(abs(x(i,:)-x(j,:))));
                case 7      % 绝对值减数法
                  if i==j
                    y(i,j)=1;
                  else
                    y(i,j)=1-0.1*sum(abs(x(i,:)-x(j,:)));%0.1 这个数值可以改
变
                  end
            end
        end
end
for i=1:r
  for j=1:r
      a=max(max(y));
      switch type
        case 1
          y(i,j)=1-sqrt(y(i,j))/a;
        case 2
          if i==j
            continue;
          else
          y(i,j)=y(i,j)/a;
          end
      end
  end
end
```

根据此函数, 可求得按绝对值减数法确定的相关系数, 并由此组成相似矩阵如下:

$R=$ [1. 0000 0.1000 0.8000 0.5000 0.3000
0. 1000 1.0000 0.1000 0.2000 0.4000

```
0. 8000  0.1000  1.0000  0.3000  0.1000
0. 5000  0.2000  0.3000  1.0000  0.6000
0. 3000  0.4000  0.1000  0.6000  1.0000];
```

再根据 fuzzmu 函数求得 $\underset{\sim}{R}^8 = \underset{\sim}{R}^4$, 即模糊等价矩阵 $\underset{\sim}{R}^* = \underset{\sim}{R}^4$。

最后利用 fuzzr(x, a) 求 $\underset{\sim}{R}^4$ 不同的 λ 截集而进行聚类。

例如, 当 $0.6 < \lambda < 0.8$ 时, 可分为 4 类: $\{x_1, x_3\}, \{x_2\}, \{x_4\}, \{x_5\}$。

对于这类问题, 也可以用 MATLAB 函数 fcm 进行求解。此函数采用的是模糊 C 均值聚类方法, 调用格式为:

[center,U,obj_fcn]=fcm(data,cluster_n)

其中, data 为要聚类的数据集合; cluster_n 为聚类数; center 为最终的聚类中心矩阵; U 为最终的模糊分区矩阵 (或称为隶属度函数矩阵); obj_fcn 为在迭代过程中的目标函数值。

```
>>data=[5 5 3 2;2 3 4 5;5 5 2 3;1 4 3 1;2 4 5 1];
>>[center,U,obj_fcn]=fcm(data,2);% 分两个聚类中心
>>maxU=max(U);
>>index1=find(U(1,:)==maxU);% 第 1 类
>>index2=find(U(2,:)==maxU);% 第 2 类
>> data(index1,:)% 第 1 类中的样本数据
```

```
ans=%I、Ⅲ 为一类
    5    5    3    2
    5    5    2    3
```

```
>> data(index2,:)% 第 1 类中的样本数据
```

```
ans=%Ⅱ、Ⅳ、V 为一类
    2    3    4    5
    1    4    3    1
    2    4    5    1
```

如果分成 3 类聚类中心, 则有

```
>>[center,U,obj_fcn]=fcm(data,3);
>>maxU=max(U);index1=find(U(1,:)==maxU);
>>index2=find(U(2,:)==maxU);
>>index3=find(U(3,:)==maxU);
>> data(index1,:)% 第 1 类中的样本数据
```

```
ans=
    2    3    4    5
```

```
>> data(index2,:)% 第 2 类中的样本数据
```

ans=

```
    1    4    3    1
    2    4    5    1
>> data(index3,:)% 第 3 类中的样本数据
ans=
    5    5    3    2
    5    5    2    3
```

用类似的方法, 可以将评价区域分成有 4 个、5 个聚类中心的集合。

9.2.3 模糊聚类分析在机械故障诊断中的应用

例 9.3 一个故障诊断系统的故障编码如表 9.2 所示。对此系统进行模拟逼近。

表 9.2 故障诊断系统的故障编码

故障序号	测试编码	故障编码
1	11111	00000
2	01000	10000
3	10000	01000
4	11000	00100
5	11000	00010
6	11110	00001

用前 5 个数据进行训练, 最后一个数据用于检验。

MATLAB 程序代码如下:

```
clc;
clear;
close all;
x_in=[1 1 1 1 1;0 1 0 0 0;1 0 0 0 0;1 1 0 0 0;1 1 1 0 0];
%anfis 格式只允许一列输出, 将故障编码改为十进制
x_out=[0;16;8;4;2];data=[x_in x_out];
fismat=genfis2(x_in,x_out,0.5,minmax(data')');
epoch=50;errorgoal=0;step=0.01;% 训练参数
trnOpt=[epoch errorgoal step NaN NaN];
disOpt=[1 1 1 1];
chkData=[];
[fis2,error,st,fis3,e2]=anfis(data,fismat,trnOpt,disOpt,chkData);
x1=[1 1 1 1 0];
yy=evalfis(x1,fis2)
yy=
    1.0000
```

```
dec2bin('1')% 显示 4 位, 前两位为补码
ans=
     110001
```

即故障编码为 00001。

9.3 模糊神经网络

作为重要的智能信息处理方法, 模糊逻辑和人工神经网络在模拟人脑功能方面各有偏重: 模糊逻辑主要模拟人脑的逻辑思维, 具有较强的结构性知识表达能力; 人工神经网络则主要模拟人脑神经元的功能, 具有较强的自学习功能和数据直接处理能力。

对于一般的神经元模型具有如下的信息处理能力:

$$net = \sum_{i=1}^{n} w_i x_i - \theta$$
$$y = f(net)$$

式中, x_i 为该神经元的输入; w_i 为对应输入 x_i 的连接权值; θ 为该神经元的阈值; y 为输出; $f(\cdot)$ 为转换函数。

现将这一神经元模型推广, 使之具有更一般的表示形式

$$net = \mathop{\widehat{+}}_{i=1}^{n} (\omega_i \,\widehat{\cdot}\, x_i) - \theta$$
$$y = f(net)$$

该式是以算子 $(\widehat{+}, \widehat{\cdot})$ 代替上式中的算子 $(+, \cdot)$。算子 $(\widehat{+}, \widehat{\cdot})$ 即称为模糊神经元算子。

当 $x_i \in [0,1](i = 1, 2, \cdots, n-1)$ 时, 采用模糊神经元算子的神经元模型即为模糊神经元模型。

选用不同的模糊神经元算子即可得到不同的模糊神经元模型。表 9.3 列出了其中的 6 种, 从中也可看出, 第 1 种模糊神经元实际上就是普通神经元, 即普通神经元可视为模糊神经元的特例。

表 9.3　6 种模糊神经元模型

模糊神经元序号	算子名称	算子符号	
1	和与积	$+$	$\cdot$
2	取小与积	$\wedge$	$\cdot$
3	取大与积	$\vee$	$\cdot$
4	和与取小	$+$	$\wedge$
5	取小与取小	$\wedge$	$\wedge$
6	取大与取小	$\vee$	$\wedge$

由两个或两个以上的模糊神经元相互连接而形成的网络就是模糊神经网络 (fuzzv neural networks, FNN), 是模糊逻辑与神经网络相融合而成的。构成模糊神经网络的方式有以下两种:

(1) 传统神经网络模糊化。这种 FNN 保留原来的神经网络结构, 而将神经元进行模糊化处理, 使之具有处理模糊信息的能力。

(2) 基于模糊逻辑的 FNN。这种 FNN 的结构与一个模糊系统相对应。

就具体形式而言, FNN 可以分为以下 5 大类:

(1) FNN1—— 神经元之间的运算与常规的神经元相同, 采用 sigmoid 函数, 输入值改为模糊量。

(2) FNN2—— 神经元之间的运算与常规的神经网络相同, 采用 sigmoid 函数, 连接权值改为模糊量。

(3) FNN3—— 神经元之间的运算与常规的神经网络相同, 采用 sigmoid 函数, 输入值与连接权值都改为模糊量。

(4) HNN—— 输入、权值与常规的神经网络相同, 但是用 “与” “或” 运算代替 sigmoid 函数。

(5) HFNN—— 分别在 FNN1、FNN2、FNN3 的基础上, 采用 “与” “或” 运算代替 sigmoid 函数。

模糊 BP 网络是最常用的模糊神经网络模型。一个具有两个输入、两个输出的网络具有如图 9.1 所示的结构方式。

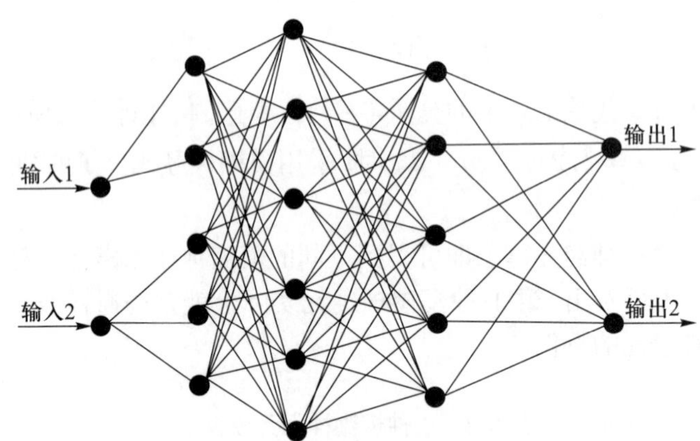

图 9.1 模糊 BP 结构示意图

该网络具有 5 层。第 1 层为输入层, 它的每一个节点对应一个输入常量, 其作用是不加变换地将输入信号传送到下一层; 第 2 层是量化输入层, 其作用是将输入变量模糊化; 第 3 层为 BP 网络的隐含层, 其作用与普通 BP 网络基本相同, 用于实现输入变量模糊值到输入变量模糊值之间的映射; 第 4 层为量化输出层, 其输出的是模糊化数值; 第 5 层是加权输出层, 实现输出的清晰化。

9.3.1 模糊神经网络的 MATLAB 实现

例 9.4 胃病病人和非胃病病人的生化指标测量值如表 9.4 所列。用模糊神经网络方法对某未知样本进行判别。

表 9.4 胃病病人和非胃病病人生化指标的测量值

胃病类型	铜蓝蛋白 (x_1)	蓝色反应 (x_2)	吲哚乙酸 (x_3)	中性硫化物 (x_4)	归类
	288	134	20	11	1
	245	134	10	40	1
胃病	200	167	12	27	1
	170	150	7	8	1
	100	167	20	14	1
	225	125	7	14	2
	130	100	6	12	2
	150	117	7	6	2
	120	133	10	26	2
非胃病	160	100	5	10	2
	185	115	5	19	2
	170	125	6	4	2
	165	142	5	3	2
	185	108	2	12	2
未知样本	100	117	7	2	

下面是模糊神经网络计算的步骤。

(1) 对于 k 维输入量 $x=[x_1,x_2,\cdots,x_k]$, 首先根据模糊规则计算各输入变量 x_j 的隶属度, 隶属度函数采用高斯型

$$\mu A_j^i=\exp[-(x_j-c_j^i)2/b_j^i],\quad j=1,2,\cdots,k,\quad i=1,2,\cdots,n$$

式中, c_j^i、b_j^i 分别为隶属度函数的中心和宽度; k 为输入参数的维数 (即特征向量数); n 为模糊子集数。

(2) 将各隶属度进行模糊计算, 模糊算子采用连乘算子

$$\omega^i=\mu A_j^1(x_1)\mu A_j^2(x_2)\cdots\mu A_j^k(x_k),\quad i=1,2,\cdots,n$$

(3) 根据模糊计算结果计算模糊模型的输出值

$$y_i=\sum_{i=1}^{n}\omega^i(p_0^i+p_1^ix_1+\cdots+p_k^ix_k)/\sum_{i=1}^{n}\omega^i$$

(4) 计算误差

$$e=\frac{1}{2}(y_d-y_c)^2$$

式中, y_d 为网络期望输出; y_c 为网络实际输出。

(5) 系数修正

$$p_j^i(k)=p_j^i(k-1)-\alpha\frac{\partial e}{\partial p_j^i},\quad \frac{\partial e}{\partial p_j^i}=(y_d-y_c)\omega^i/\sum_{i=1}^{n}\omega^i x_j$$

(6) 参数修正

$$c_j^i(k)=c_j^i(k-1)-\beta\frac{\partial e}{\partial c_j^i},\quad b_j^i(k)=b_j^i(k-1)-\beta\frac{\partial e}{\partial b_j^i}$$

本例中参数的修正方法采用遗传算法。由于输入数据为 4 维, 输出数据为 1 维, 所以模糊神经网络的结构设为 4–8–1, 即有 8 个隶属度函数, 选择 5×8 个系数 $p_0(1:8)\sim p_4(1:8)$, c_j^i、b_j^i 分别为 8×4 的矩阵, 共有 104 个待优化系数。

适应度函数 MATLAB 代码如下:

```
function y=m1(x)%适应度函数
clc;
xdata=[228 134 20 11;245 134 10 40;200 167 12 27;170 150 7 8;
100 167 20 14;255 125 7 14;130 100 6 12;150 117 7 6;120 133 10 26;
160 100 5 10;185 115 5 19;170 125 6 4;165 142 5 3;185 108 2 12;100 117 7
2]';
xdata=guiyi(xdata);%对数据进行归一化处理
ydata=[1 1 1 1 1 2 2 2 2 2 2 2 2 2 2];
I=4;M=8;
[n,m]=size(xdata);%计算待测样本时从这一行开始
p0(1:8)=x(1:8);p1(1:8)=x(9:16);p2(1:8)=x(17:24);p3(1:8)=x(25:32);p4(1:8)
=x(33:40);
c=reshape(x(41:72),8,4);
b=reshape(x(73:104),8,4);%将 x 分配给各个参数
for k=1:m-1%计算待测样本时期中的 x 值为测试样本归一化的值
    for i=1:I;
        for j=1:M;u(i,j)=exp(-(xdata(i,k)-c(j,i))^2/b(j,i));%参数模糊化
        end;
    end
    for i=1:M;w(i)=u(1,i)*u(1,i)*u(3,i)*u(4,i);end%隶属度计算
         addw=sum(w);
    for i=1:M
        yi(i)=p0(i)+p1(i)*xdata(1,k)+p2(i)*xdata(2,k)
        +p3(i)*xdata(3,k)+p4(i)*xdata(4,k);%输出
    end
     addyw=0;addyw=yi*w';yn(k)=addyw/addw;%预测值, 计算待测样
本时到
```

```
此结束
    y=y+(ydata(k)-yn(k))^2/2;
end
```

打开遗传算法工具箱 GUI, 在相应的框中输入各参数就可以进行计算。其中边界约束为: Lower 输入 0.01*ones(1,104); Upper 输入 10*ones(1l,104), 种群规模选 50。

计算结束后, 将结果输出到命令窗口, 即可以得到各个参数。利用这些参数和适应度函数的程序从就可以计算未知样的归属, 结果为 $y = 1.982\,5$, 属于第 2 类。

9.3.2 模糊神经网络在机械故障诊断中的应用

9.3.2.1 模型建立

基于模糊神经网络的机械故障诊断算法流程如图 9.2 所示。其中, 模糊神经网络根据训练样本的输入、输出维数确定网络的输入和输出节点数, 由于输入数据维数为 9, 输出数据维数为 1, 所以确定网络的输入节点个数为 9, 输出节点个数为 1; 根据网络输入、输出节点的个数, 认为隶属度函数个数为 18。因此, 构建的网络结构为 9–18–1, 随机初始化模糊隶属度函数的中心 c、宽度 b 以及系数 $p_0 \sim p_9$。

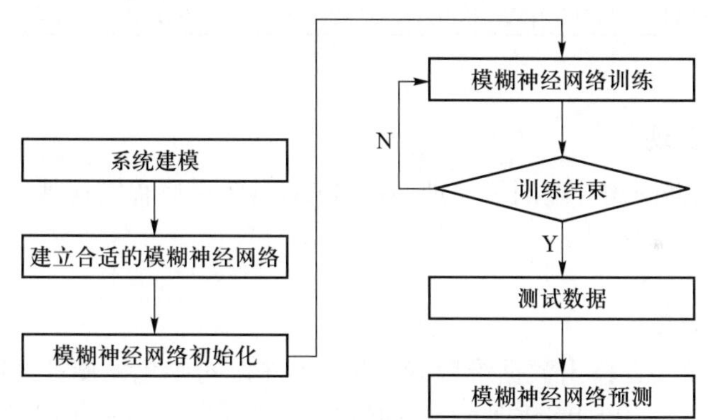

图 9.2 模糊神经网络机械故障诊断算法流程

模糊神经网络用数据训练网络, 表 9.5 所示为训练样本。参数 $D1 \sim D8$ 为振动信号经过 3 层小波包分解后 8 个频带能量累加值, D 为所有频带能量累加结果。用表 9.6 所示的检验样本对网络的效果进行测试。

表 9.5 训 练 样 本

编号	$D1$	$D2$	$D3$	$D4$	$D5$	$D6$	$D7$	$D8$	D	技术状态
1	14.867 6	10.417 9	13.848 0	10.503 6	11.215 4	15.325 6	13.254 6	13.589 6	11.029 3	正常状态
2	14.442 8	9.471 2	12.952 4	11.339 5	10.234 1	14.963 5	12.336 4	12.553 6	11.369 8	
3	23.671 5	11.437 6	16.660 6	27.565 5	13.023 5	16.332 5	25.321 4	13.254 7	15.214 5	曲轴轴承
4	22.998 2	11.409 4	18.256 3	23.969 2	12.985 7	18.314 5	27.201 3	12.965 4	17.263 5	轻微异响

续表

编号	D1	D2	D3	D4	D5	D6	D7	D8	D	技术状态
5	17.734 4	12.448 2	24.067 5	19.785 4	15.247 8	23.521 4	20.321 0	14.256 4	23.523 6	曲轴轴承
6	18.467 5	12.621 5	27.369 5	19.578 5	15.652 4	25.365 2	19.352 2	14.254 2	26.358 2	严重异响
7	35.019 0	19.483 7	25.492 3	29.023 0	19.236 5	24.963 5	39.220 1	23.563 2	24.221 5	连杆轴承
8	36.526 3	20.172 5	21.562 5	23.263 5	20.336 5	23.541 2	36.521 0	22.314 2	23.658 9	轻微异响
9	23.976 2	18.073 9	27.080 3	18.925 6	18.932 5	27.221 0	25.325 8	20.256 4	26.554 1	连杆轴承
10	24.125 8	17.253 6	25.330 2	19.235 4	17.534 6	26.214 8	23.227 8	19.963 2	23.325 9	严重异响

表 9.6　检 验 样 本

编号	D1	D2	D3	D4	D5	D6	D7	D8	D	技术状态
1	16.523 5	9.256 3	16.325 1	13.002 1	10.321 4	12.115 6	18.365 8	11.236 8	15.325 8	正常状态
2	16.258 9	8.365 2	10.325 0	15.214 5	8.995 4	11.596 3	17.225 6	10.369 8	15.362 0	
3	25.324 4	10.253 4	19.321 0	20.125 4	12.563 2	18.325 8	20.135 6	11.259 6	19.358 7	曲轴轴承
4	24.310 2	13.652 0	17.663 2	19.221 4	11.254 1	18.236 6	22.036 9	10.325 2	19.336 5	轻微异响
5	19.325 1	19.256 3	23.658 4	18.321 7	11.365 2	25.321 4	19.365 2	15.321 0	27.254 1	曲轴轴承
6	18.263 5	13.658 9	26.321 4	18.586 5	11.254 7	28.325 4	18.325 6	17.325 6	29.358 4	严重异响
7	37.223 1	19.221 0	28.352 4	34.258 7	19.325 4	23.254 8	36.256 3	25.365 2	27.365 8	连杆轴承
8	38.214 5	20.110 2	23.565 8	36.252 4	21.354 7	20.336 4	34.526 3	20.054 1	26.358 1	轻微异响
9	25.362 1	17.213 0	26.331 4	23.658 5	18.320 0	29.358 7	25.365 4	21.021 3	30.545 2	连杆轴承
10	26.889 1	16.911 2	30.211 4	22.142 0	17.635 8	23.658 4	23.651 0	20.589 3	31.025 6	严重异响

9.3.2.2　编程实现

例 9.5　根据模糊神经网络原理, 在 MTALAB 中编程实现基于模糊神经网络的机械故障诊断算法。

1. 网络初始化

根据训练输入、输出数据维数确定网络结构, 初始化模糊神经网络隶属度函数参数和系数, 归一化训练数据。从数据库文件 data_fnn.mat 中下载训练数据, 其中 input_train 和 output_trian 为模糊神经网络训练数据, input_test 和 output_test 为模糊神经网络测试数据。

MATLAB 程序代码如下:

```
% -------------------网络初始化 -------------------
clear all;
% 下载数据
load data_fnn;
% 网络结构
I=9;                          % 输入节点
M=18;                         % 隐含节点
O=1;                          % 输出节点
```

```
% 初始化模糊神经网络参数
p0=0.3*ones(M,1);p0_1=p0;
p1=0.3*ones(M,1);p1_1=p1;
p2=0.3*ones(M,1);p2_1=p2;
p3=0.3*ones(M,1);p3_1=p3;
p4=0.3*ones(M,1);p4_1=p4;
p5=0.3*ones(M,1);p5_1=p5;
p6=0.3*ones(M,1);p6_1=p6;
p7=0.3*ones(M,1);p7_1=p7;
p8=0.3*ones(M,1);p8_1=p8;
p9=0.3*ones(M,1);p9_1=p9;
% 初始化模糊隶属度参数
c=0.8+0.6*rands(M,I);c_1=c;
b=0.8+0.6*rands(M,I);b_1=b;
% 训练数据归一化
[inputn,inputps]=mapminmax(input_train);
[outputn,outputps]=mapminmax(output_train);
```

2. 模糊神经网络训练

用训练样本训练模糊神经网络, MATLAB 程序代码如下:

```
% -------------------训练模糊神经网络 -------------------
[n,m]=size(input_train);
maxgen=10000;                          % 迭代次数
xite=0.07;                             % 网络学习率
EE=1;
p=1;
% 开始迭代
while p<=maxgen&& EE>=1e-15
    for k=1:m                          % m 样本个数
% 提取训练样本
        x=inputn(:,k);
% 输入参数模糊化
        for i=1:I
            for j=1:M
                u(i,j)=exp(-(x(i)-c(j,i))^2/b(j,i));
            end
        end
% 模糊隶属度计算
```

```
        for i=1:M
            w(i)=u(1,i)*u(2,i)*u(3,i)*u(4,i)*u(5,i)*u(6,i)*u(7,i)*u(8,i)
            *u(9,i);
        end
        addw=sum(w);
% 输出计算
        for i=1:M
            yi(i)=p0_1(i)+p1_1(i)*x(1)+p2_1(i)*x(2)+p3_1(i)*x(3)
            +p4_1(i)*x(4)+p5_1(i)*x(5)+p6_1(i)*x(6)+p7_1(i)*x(7)
            +p8_1(i)*x(8)+p9_1(i)*x(9);
        end
        addyw=0;
        addyw=yi*w';
        yn(k)=addyw/addw;
        e(k)=outputn(k)-yn(k);% 计算误差
% 系数 p 修正值计算
        d_p=zeros(M,1);
        for i=1:M
            d_p(i)=xite*e(k)*w(i)/addw;
        end
% 系数 b 修正值计算
        d_b=0*b;
        for i=1:M
            for j=1:I
                d_b(i,j)=xite*e(k)*(yi(i)*addw-addyw)*(x(j)-c(i,j))^2
                *w(i)/(b(i,j)^2*addw^2);
            end
        end
%c 的修正值计算
        d_c=0*c;
        for i=1:M
            for j=1:I
                d_c(i,j)=xite*e(k)*(yi(i)*addw-addyw)*2*(x(j)-c(i,j))
                *w(i)/(b(i,j)*addw^2);
            end
        end
% 系数修正
        p0_1=p0_1+d_p;
```

```
        p1_1=p1_1+d_p*x(1);
        p2_1=p2_1+d_p*x(2);
        p3_1=p3_1+d_p*x(3);
        p4_1=p4_1+d_p*x(4);
        p5_1=p5_1+d_p*x(5);
        p6_1=p6_1+d_p*x(6);
        p7_1=p7_1+d_p*x(7);
        p8_1=p8_1+d_p*x(8);
        p9_1=p9_1+d_p*x(9);
% 隶属度参数修正
        b=b+d_b;
        c=c+d_c;
    end
% 用修正参数重新计算
    for k=1:m
        x=inputn(:,k);
        for i=1:I
            for j=1:M
                u(i,j)=exp(-(x(i)-c(j,i))^2/b(j,i));
            end
        end
        for i=1:M
            w(i)=u(1,i)*u(2,i)*u(3,i)*u(4,i)*u(5,i)*u(6,i)*u(7,i)*u(8,i)
            *u(9,i);
        end
        addw=sum(w);
        for i=1:M
            yi(i)=p0_1(i)+p1_1(i)*x(1)+p2_1(i)*x(2)+p3_1(i)*x(3)
            +p4_1(i)*x(4)+p5_1(i)*x(5)+p6_1(i)*x(6)+p7_1(i)*x(7)
            +p8_1(i)*x(8)+p9_1(i)*x(9);
        end
        addyw=0;
        addyw=yi*w';
        yn(k)=addyw/addw;
end
% 计算误差均方值
    EE=(1/2)*sumsqr(outputn-yn)
    E(p)=EE;
```

```
    p=p+1;
end
% 输出误差、迭代次数和训练结果
EE,p
y=mapminmax('reverse',yn,outputps)
% 绘制误差曲线
epoch=1:size(E,2);
figure
plot(epoch,E,'-r');
```

训练结果如下:

```
EE=
    9.9660e-16
p=
    4135
y=
    Columns 1 through 7
    1.0000    1.0000    2.0000    2.0000    3.0000    3.0000    4.0000
    Columns 8 through 10
    4.0000    5.0000    5.0000
```

误差变化曲线如图 9.3 所示。

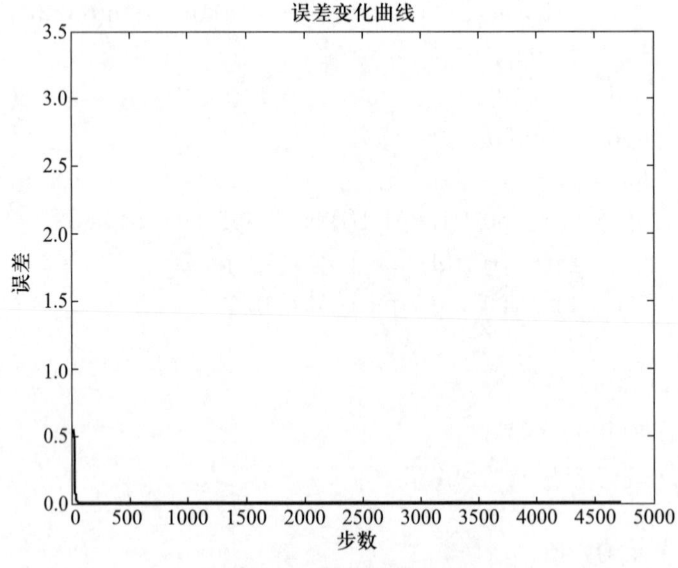

图 9.3 误差变化曲线

3. 模糊神经网络机械故障诊断

用训练好的模糊神经网络对机械故障进行诊断, 根据网络的预测值得到机械的技术状态。预测值小于 1.5 时为正常状态, 预测值在 1.5~2.5 之间时为曲轴轴承轻微异响, 预测值在 2.5~3.5 之间时为曲轴轴承严重异响, 预测值在 3.5~4.5 之间时为连杆轴承轻微异响, 预测值大于 4.5 时为连杆轴承严重异响。

MATLAB 程序代码如下:

```
% ------------------- 测试样本网络预测 -------------------
% 输入数据归一化
inputn_test=mapminmax('apply',input_test,inputps);
[n,m]=size(input_test);
% 网络预测
for k=1:1:m
    x=inputn_test(:,k);
% 输入参数模糊化
    for i=1:I
        for j=1:M
            u(i,j)=exp(-(x(i)-c(j,i))^2/b(j,i));
        end
    end
% 模糊隶属度计算
    for i=1:M
        w(i)=u(1,i)*u(2,i)*u(3,i)*u(4,i)*u(5,i)*u(6,i)*u(7,i)*u(8,i)*u(9,i);
    end
    addw=sum(w);
% 输出计算
    for i=1:M
        yi(i)=p0_1(i)+p1_1(i)*x(1)+p2_1(i)*x(2)+p3_1(i)*x(3)
        +p4_1(i)*x(4)+p5_1(i)*x(5)+p6_1(i)*x(6)+p7_1(i)*x(7)
        +p8_1(i)*x(8)+p9_1(i)*x(9);
    end
    addyw=0;
    addyw=yi*w';
% 网络预测值
    ytn(k)=addyw/addw;
end
% 预测值反归一化
yt=mapminmax('reverse',ytn,outputps)
```

结果输出如下:

```
yt=
    Columns 1 through 5
    0.9541    0.9190    2.0671    1.9001    3.2924
    Columns 6 through 10
    3.4145    4.4623    4.0007    5.4760    5.3833
```

可以看出, 经过训练的网络能准确地诊断出故障的类型。

第 10 章　遗传算法的 MATLAB 实现及应用研究

10.1　遗传算法简介

遗传算法 (genetic algorithm, GA) 最先是由美国密歇根大学的 John Holland 于 1975 年提出的。遗传算法模型模拟了达尔文的遗传选择和自然淘汰的生物进化过程, 其思想源于生物遗传学和适者生存的自然规律, 是具有“生存 + 检测”迭代过程的搜索算法。遗传算法以一个群体中的所有个体为对象, 利用随机化技术对一个被编码的参数空间进行高效搜索。其中, 选择、交叉和变异构成了遗传算法的基本操作; 参数编码、初始群体的设定、适应度函数的设计、遗传操作设计、控制参数设定 5 个要素构成了遗传算法的核心内容。

遗传算法是一类可用于复杂系统优化的、具有鲁棒性的搜索算法, 与传统的优化算法相比, 主要有以下特点:

(1) 遗传算法以决策变量的编码作为运算对象。传统优化算法往往直接决策变量的实际值本身, 而遗传算法处理决策变量的某种编码, 从而可以借鉴生物学中的染色体和基因的概念, 模仿自然界生物的遗传和进化机理, 方便地应用遗传操作算子。

(2) 遗传算法直接以适应度作为搜索引导信息, 无需导数等其他辅助信息。

(3) 遗传算法使用多个点的信息, 具有较强的隐含并行性。

(4) 遗传算法使用的是概率搜索技术, 而非确定性规则。

10.1.1　遗传算法的基本原理

遗传算法是从解决问题的潜在解集的一个种群 (population) 开始的, 而一个种群由基因 (gene) 编码的一定数目的个体 (individual) 组成。每个个体实际上是染

色体 (chromosome) 带有特征的实体。染色体作为遗传物质的主要载体, 即多个基因的集合, 其内部表现 (即基因型) 为某种基因组合, 决定个体形态的外部表现, 如黑头发的特征是由染色体中控制这一特征的某种基因组合决定的。因此, 首先需要实现从表现型到基因型的映射, 即编码。由于仿照生物基因编码的工作很复杂, 实际应用中往往进行简化, 如二进制编码。初代种群产生之后, 按照适者生存和优胜劣汰的机理, 逐代演化出越来越好的近似解。在每一代, 根据问题域中个体的适应度 (fitness) 大小选择 (selection) 个体, 并借助于自然遗传学的遗传算子 (genetic operators) 进行交叉 (crossover) 和变异 (mutation), 产生出代表新解集的种群。这个过程将导致像自然进化一样的后代种群比前代种群更加适应 "环境", 末代种群中的最优个体经过解码 (decoding) 可以作为问题的近似最优解。

10.1.2 遗传算法分析

基本遗传算法 (simple genetic algorithms, SGA) 只使用选择、交叉和变异这 3 种基本算子。其遗传进化操作简单, 容易理解, 是其他遗传算法的雏形和基础。

基本遗传算法的构成要素主要有染色体编码、个体适应度评价、遗传算子操作以及遗传参数设置等。

1. 染色体编码

基本遗传算法使用固定长度的二进制符号串来表示群体中的个体, 其等位基因由二值符号集 $\{0,1\}$ 组成。初始种群中各个体的基因值可用均匀分布的随机数来生成。例如, $X = 001011011001110010$ 就可表示一个个体, 该个体的染色体长度 $n = 18$。

2. 适应度函数评价

基本遗传算法按与个体适应度成正比的概率来决定当前群体中每个个体遗传到下一代群体中机会的多少。为正确计算这个概率, 要求所有个体的适应度必须为正值或零。这样, 根据不同种类的问题, 必须预先确定好由目标函数到个体适应度之间的转换规则, 特别是要预先确定好当目标函数值为负数时的处理方法。

3. 遗传算子操作

遗传算子就是遗传算法中进化的规则。基本遗传算法使用下述 3 种遗传算子:

1) 选择算子

按照某种策略从父代中挑选个体进入中间群体, 如使用比例选择。比例选择算法是一种回放式随机采样的方法。其基本思想是: 各个体被选中的概率与其适应度大小成正比。

设某一代的群体大小为 n, 某个体的适应度值为 $f(i)$, 那么该个体被选中的概率为

$$P_i = \frac{f_i}{\sum\limits_{k=1}^{n} f_k}$$

式中, $f(i)$ 为第 i 个个体适应度函数值; n 为种群规模。将每个个体的选取概率画在一张轮盘上, 每转动一次轮盘, 指针落入个体 i 所占区域的概率为 P_i, 当 P_i 比较大时, 个体 i 被选取的概率就比较大。当某一个体被选中时, 它就完全复制产生下一代。

2) 交叉算子

随机地从中间群体中抽取两个个体, 并按照某种交叉策略使两个个体相互交换部分染色体编码串, 从而形成两个新的个体。如使用单点交叉。

交叉算子有单点交叉、两点交叉、多点交叉和均匀交叉。下面以单点交叉举例:

(1) 在染色体中随机选择一个点作为交叉点。

(2) 第 1 个父辈的交叉点前的编码串和第 2 个父辈交叉点后的编码串组成一个新的染色体, 第 2 个父辈的交叉点前的编码串和第 1 个父辈交叉点后的编码串组成另一个新的染色体。例如, 以下面两个串进行交叉:

11010 | 01100101101

yxyyx | yxxyyyxyxxy

形成新的编码串 11010yxxyyyxyxxy 和 yxyyx01100101101, 并替代其父辈编码串放入中间群体。

3) 变异算子

按照一定的概率, 改变染色体中某些基因的值。

对于基本遗传算法中二进制编码串所表示的个体, 若进行变异操作的某一基因值为 0, 则变异操作后该基因值变为 1; 反之, 若原基因值为 1, 则变异操作后其值变为 0。

基本位变异算子的具体执行过程如下:

(1) 对个体的每一个基因, 依变异概率 P_m 指定其为变异点;

(2) 对每一个指定的变异点, 做取反运算或用其他等位基因来代替, 从而产生出一个新的个体。

10.2 遗传算法的 MATLAB 实现

10.2.1 编码

遗传算法不对优化问题的实际决策变量进行操作, 因此应用遗传算法的首要问题是通过编码操作将决策变量表示成串结构数据。这里我们采用最常用的二进制编码方案, 即用二进制数构成的符号串来表示一个个体, 用下面的 encoding 函数来实现编码并产生初始种群:

```
function[bin_gen,bits]=encoding(min_var,max_var,scale_var,popsize)
bits=ceil(log2 ((max_var-min_var)./scale_var));
```

bin_gen=randint(popsize,sum(bits));

在上面的代码中，首先根据各决策变量的下界 min_var、上界 max_var 及其搜索精度 scale_var 来确定各决策变量的二进制串的长度 bits，然后随机产生一个种群大小为 popsize 的初始种群 bin_gen。编码后的实际搜索精度为 scale_dec=(max_var−min_var)/(2^bits–1)，该精度会在解码时用到。

10.2.2 解码

编码后的种群 bin_gen 必须经过解码操作才能转换成原问题空间的决策变量构成的种群 var_gen，进而才能计算相应的适应度。我们用下面的 MATLAB 代码实现:

```
function[var_gen,fitness]=decoding(funname,bin_gen,bits,min_var,max_var)
num_var=length(bits);
popsize=size(bin_gen,1);
scale_dec=(max_var-min_var)./(2.^bits-1);
bits=cumsum(bits);
bits=[0 bits];
for i=1:num_var
bin_var{i}=bin_gen( :,bits(i)+1:bits(i+1));
var{i}=sum(ones(popsize,1)*2.^(size(bin_var{i},2)-1:-1:0).*bin_var{i},2).*
scale_dec(i)+min_var(i);
end
var_gen=[var{1 , :}];
for i=1:popsize
    fitness(i)=eval([funname,'(var_gen(i,:))']);
end
```

解码的关键在于: 先由二进制数求得对应的十进制数 D，再根据下式求得实际决策变量值 X:

```
X=D*scale_dec + min_var
```

10.2.3 选择

选择过程是利用解码后求得的各个体适应度大小，淘汰一些较差的个体而选出一些比较优良的个体，以进行下一步的交叉和变异操作。选择算子的操作程序如下:

```
function[evo_gen,best_indiv,max_fitness]=selection(old_gen,fitness)
popsize=length(fitness);
```

```
[max_fitness,index1]=max(fitness); [min_fitness,index2]=min(fitness);
best_indiv=old_gen(index1,:);
index=[1:popsize];index(index1)=0;index(index2)=0;
index=nonzeros(index);
evo_gen=old_gen(index,:);
evo_fitness=fitness(index,:);
evo_popsize=popsize-2;
ps=evo_fitness/sum(evo_fitness);
pscum=cumsum(ps);
r=rand(1,evo_popsize);
selected=sum(pscum*ones(1,evo_popsize)<ones(evo_pop-size,1)*r)+1;
evo_gen=evo_gen(selected,:);
```

在该算子中, 采用了最优保存策略和比例选择法相结合的思路, 即首先找出当前群体中适应度最高和最低的个体, 将最佳个体 best2indiv 保留并用其替换掉最差个体。为保证当前最佳个体不被交叉、变异操作所破坏, 允许其不参与交叉和变异而直接进入下一代。然后将剩下的个体 evo_gen 按比例选择法进行操作。比例选择法也称赌轮算法, 其实质是个体被选中的概率与该个体的适应度大小成正比。将这两种方法相结合的目的是: 在遗传操作中, 不仅能不断地提高群体的平均适应度, 而且可保证最佳个体的适应度不减小。

10.2.4 交叉

采用单点交叉的方法来实现交叉操作, 即按选择概率 pc 在两两配对的个体编码串 cpairs 中随机设置一个交叉点 cpoints, 然后在该点相互交换两个配对个体的部分基因, 从而形成两个新的个体。交叉算子的操作程序如下:

```
function new_gen=crossover(old_gen,pc)
[nouse,mating]=sort(rand(size(old_gen,1),1));
mat_gen=old_gen(mating,:);
pairs=size(mat_gen,1)/2;
bits=size(mat_gen,2);
cpairs=rand(pairs,1)<pc;
cpoints=randint(pairs,1,[1,bits]);
cpoints=cpairs.*cpoints;
for i=1:pairs
new_gen([2*i-1 2*i],:)=[mat_gen([2*i-1 2*i],1:cpoints(i)) mat_gen([2*i 2*i-
1],cpoints(i)+1:bits)];
end
```

10.2.5 变异

对于二进制的编码串而言, 变异操作就是按照变异概率 pm 随机选择变异点 mpoints, 在变异点处将其值取反即可。变异算子的操作程序如下:

```
function new_gen=mutation(old_gen,pm)
mpoints=find(rand(size(old_gen))<pm);
new_gen=old_gen;
new_gen(mpoints)=1-old_gen(mpoints);
```

10.3 遗传算法在机械故障诊断中的应用

10.3.1 诊断问题的数学描述

使用遗传算法求解故障诊断问题时, 首先要用数学表达式将诊断问题描述出来。一个假设或解通常由一个以上的故障构成, 通过一种竞争机制实现故障诊断。故障诊断问题可以定义成一个概率因果网络, 这个网络由故障集 D、故障征兆集 M、因果强度 C、先验概率 P_i 共同组成。问题的解是一个最可能的假设, 也就是设计 D^+, 即一个在所有可能假设的解之间具有最高先验概率的故障集。因为存在的故障和不存在的故障是相互独立的, 任何故障的组合都是可能的, 所以一个解的潜在的搜索空间是 2^D 个, 一般来说, 这是一个相当大的搜索空间。因此, 用这种方式求解的故障诊断问题可以归结为难于解决的非线性优化问题: 在所有可能的 2^D 个假设之中, 找到下式的最大值:

$$L(D_l, M^+) = \prod_{m_j \in M^+}\left[1 - \prod_{d_i \in D_l}(1 - C_{ij})\right] \cdot \prod_{m_i \in M^-}\prod_{d_i \in D_l}(1 - C_{il}) \cdot \prod_{d_i \in D_l}\frac{P_i}{1 - P_i} \tag{10.1}$$

若用数学解析的方法和实验的方法解决这类问题, 相当复杂, 有时甚至陷入无可奈何的境地。换句话说, 对某些问题是无法求解的。鉴于此, 这里使用遗传算法求解旋转机械的故障诊断问题。

10.3.2 遗传算法在机械故障诊断中的应用实例

例 10.1 故障现象、训练样本和检验样本如表 10.1 ~ 表 10.3 所示。

表 10.1 发动机异响故障现象集合

故障现象	代码	故障现象	代码
怠速异响明显	1	中速稍高异响明显	4
怠速稍高异响明显	2	中速一次性加速异响明显	5
中速异响明显	3	连续加速异响明显	6

续表

故障现象	代码	故障现象	代码
低速抖油门异响明显	7	低温时异响更明显	14
加机油口处异响明显	8	冷启动瞬间异响更明显	15
发动机左右听诊异响明显	9	温度升高后异响更明显	16
油底与缸体结合处异响明显	10	单缸断火异响减轻或消失	17
加速时油底壳下部异响明显	11	单缸断火异响更清晰	18
缸体中上部或顶部异响明显	12	相邻缸断火异响减轻或消失	19
加速时机体抖动	13		

表 10.2 训 练 样 本

编号	样本输入																			输出	故障
	1	2	3	4	5	6	7	8	9	10	11	12	13	14	15	16	17	18	19		
1	1	1	1	0	0	0	1	0	0	0	0	1	0	1	0	0	0	0	1	1	活塞敲缸响
2	0	1	1	0	0	0	1	0	0	0	0	0	0	1	0	1	0	0	1	1	
3	1	1	0	0	0	0	1	0	0	0	0	0	0	1	0	0	0	0	1	1	
4	1	1	0	0	0	0	1	0	0	0	0	1	0	1	0	0	0	0	1	1	
5	0	0	1	0	1	0	1	0	1	0	0	1	0	0	0	0	0	1	0	2	活塞销子响
6	0	0	1	0	1	1	1	0	1	0	0	1	0	0	0	0	0	1	0	2	
7	0	1	1	0	1	0	1	0	1	0	0	0	0	0	1	0	0	1	0	2	
8	0	1	0	0	1	0	1	0	1	0	0	1	0	0	1	0	0	1	0	2	
9	0	0	1	0	1	0	0	0	0	1	0	0	0	0	0	0	1	0	0	3	连杆轴承响
10	0	0	1	0	0	0	0	0	0	1	0	0	0	0	1	0	0	0	1	3	
11	0	0	1	0	0	0	0	0	0	0	1	0	0	0	0	0	0	0	1	3	
12	0	0	1	1	0	1	0	0	0	1	0	0	1	0	0	0	1	0	0	3	
13	0	1	1	1	0	1	0	0	1	0	1	0	1	0	0	0	0	0	1	4	曲轴轴承响
14	0	0	1	1	0	1	0	0	0	0	1	0	0	0	0	0	0	0	1	4	
15	0	0	1	0	0	1	0	0	1	0	1	0	1	0	0	0	0	0	1	4	
16	0	0	1	1	0	1	0	0	0	0	1	0	1	0	0	0	0	0	1	4	

表 10.3 检 验 样 本

编号	样本输入																			输出	故障
	1	2	3	4	5	6	7	8	9	10	11	12	13	14	15	16	17	18	19		
1	1	1	0	0	0	0	0	0	0	0	0	1	0	0	0	0	0	0	1	1	活塞敲缸响
2	0	1	0	0	0	0	0	0	0	0	0	1	0	1	0	0	0	0	1	1	
3	1	1	1	0	0	0	0	1	0	0	0	0	0	0	0	0	0	1	0	2	活塞销子响
4	0	1	1	0	0	0	1	1	0	0	0	0	0	0	0	0	0	1	0	2	
5	0	0	1	0	1	0	0	0	0	1	1	0	0	0	0	0	0	0	1	3	连杆轴承响
6	0	0	1	0	1	1	1	0	0	1	1	0	0	0	0	0	0	0	1	3	
7	0	0	1	0	0	0	0	0	0	0	1	0	0	0	0	0	1	0	0	4	曲轴轴承响
8	0	0	1	1	0	1	0	0	1	1	1	0	1	0	0	0	1	0	0	4	

10.3.2.1 初始化

MATLAB 程序代码如下:

```
% 清空环境变量
clear all
warning off
% 声明全局变量
global P_train T_train P_test T_test mint maxt S s1
S=19;
s1=round(sqrt(19+1)+1);
% 导入数据
load data3.mat
% 训练数据
P_train=input';
T_train=output;
% 测试数据
P_test=test';
T_test=test_output;
% 显示实验条件
count_1=length(find(output==1));
count_2=length(find(output==2));
count_3=length(find(output==3));
count_4=length(find(output==4));
number_1=length(find(test_output==1));
number_2=length(find(test_output==2));
number_3=length(find(test_output==3));
number_4=length(find(test_output==4));
disp('实验条件为: ');
disp(['训练集样本总数: 'num2str(16)]);
disp(['活塞敲缸响: 'num2str(count_1)]);
disp(['活塞销子响: 'num2str(count_2)]);
disp(['连杆轴承响: 'num2str(count_3)]);
disp(['曲轴轴承响: 'num2str(count_4)]);
disp(['测试集样本总数: 'num2str(8)]);
disp(['活塞敲缸响: 'num2str(number_1)]);
disp(['活塞销子响: 'num2str(number_2)]);
disp(['连杆轴承响: 'num2str(number_3)]);
disp(['曲轴轴承响: 'num2str(number_4)]);
```

运行后结果如下:
实验条件为:
训练集样本总数: 16
活塞敲缸响: 4
活塞销子响: 4
连杆轴承响: 4
曲轴轴承响: 4
测试集样本总数: 8
活塞敲缸响: 2
活塞销子响: 2
连杆轴承响: 2
曲轴轴承响: 2

10.3.2.2 创建单 BP 网络

MATLAB 程序代码如下:

```
t=cputime;
net_bp=newff(minmax(P_train),[s1,1],{'tansig','purelin'},'trainlm');
% 设置训练参数
net_bp.trainParam.epochs=1000;
net_bp.trainParam.show=10;
net_bp.trainParam.goal=1e-10;
net_bp.trainParam.lr=0.01;
net_bp.trainParam.showwindow=0;
% 训练单 BP 网络
net_bp=train(net_bp,P_train,T_train);
% 仿真测试单 BP 网络
T_bp_sim=sim(net_bp,P_test);
e=cputime - t;
T_bp_sim(T_bp_sim>=3.5)=4;
T_bp_sim(T_bp_sim>=2.5&T_bp_sim<3.5)=3;
T_bp_sim(T_bp_sim>=1.5&T_bp_sim<2.5)=2;
T_bp_sim(T_bp_sim<1.5)=1;
result_bp=[T_bp_sim'T_test'];
% 结果显示 (单 BP 网络)
number_1_sim=length(find(T_bp_sim==1 & T_test==1));
number_2_sim=length(find(T_bp_sim==2 & T_test==2));
```

```
number_3_sim=length(find(T_bp_sim==3 & T_test==3));
number_4_sim=length(find(T_bp_sim==4 & T_test==4));
% number_5_sim=length(find(T_bp_sim==5 & T_test==5));
disp('BP 网络的测试结果为: ');
disp(['活塞敲缸响: 'num2str(number_1_sim)...
'误诊: 'num2str(number_1 - number_1_sim)...
'确诊率 p1='num2str(number_1_sim/number_1*100) '%']);
disp(['活塞销子响: 'num2str(number_2_sim)...
'误诊: 'num2str(number_2 - number_2_sim)...
'确诊率 p2='num2str(number_2_sim/number_2*100) '%']);
disp(['连杆轴承响: 'num2str(number_3_sim)...
'误诊: 'num2str(number_3 - number_3_sim)...
'确诊率 p3='num2str(number_3_sim/number_3*100) '%']);
disp(['曲轴轴承响: 'num2str(number_4_sim)...
'误诊: 'num2str(number_4 - number_4_sim)...
'确诊率 p4='num2str(number_4_sim/number_4*100) '%']);
disp(['建模时间为: 'num2str(e) 's'] );
```

运行结果如下:

BP 网络的测试结果为:

活塞敲缸响: 2 误诊: 0 确诊率 p1=100%

活塞销子响: 1 误诊: 1 确诊率 p2=50%

连杆轴承响: 1 误诊: 1 确诊率 p3=50%

曲轴轴承响: 0 误诊: 2 确诊率 p4=0%

建模时间为: 1.7628s

10.3.2.3 遗传算法优化

MATLAB 程序代码如下:

```
popu=20;
bounds=ones(S,1)*[0,1];
% 产生初始种群
initPop=randint(popu,S,[0 1]);
% 计算初始种群适应度
initFit=zeros(popu,1);
for i=1:size(initPop,1)
    initFit(i)=de_code(initPop(i,:));
end
```

```
initPop=[initPop initFit];
gen=100;
% 优化计算
[X,EndPop,BPop,Trace]=ga(bounds,'fitness',[],initPop,[1e-6 1 0],
'maxGenTerm',...
    gen,'normGeomSelect',0.09,'simpleXover',2,'boundaryMutation',[2 gen
3]);
[m,n]=find(X==1);
disp(['优化筛选后的输入自变量编号为:'num2str(n)]);
% 绘制适应度函数进化曲线
figure
plot(Trace(:,1),Trace(:,3),'r:')
hold on
plot(Trace(:,1),Trace(:,2),'b')
xlabel('进化代数')
ylabel('适应度')
title('适应度函数进化曲线')
legend('平均适应度函数','最佳适应度函数')
xlim([1 gen])
```

运行结果如下及图 10.1 所示:

优化筛选后的输入自变量编号为: 2 4 9 11 18 19

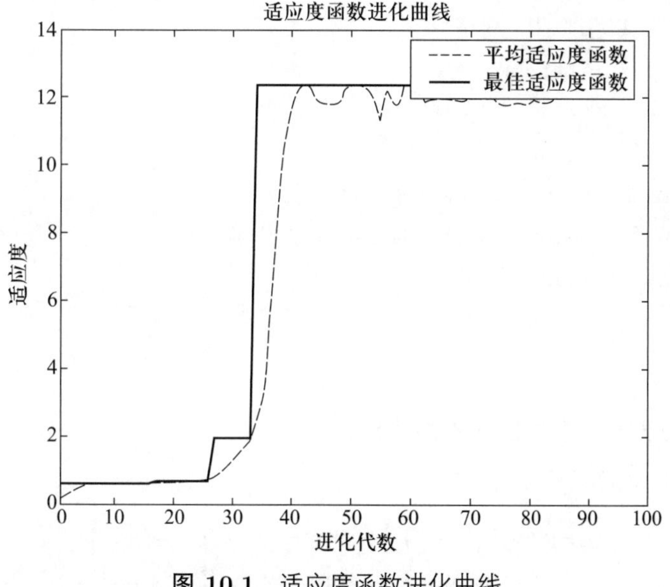

图 10.1 适应度函数进化曲线

新训练集/测试集数据提取的程序代码如下:

```
p_train=zeros(size(n,2),size(T_train,2));
p_test=zeros(size(n,2),size(T_test,2));
for i=1:length(n)
    p_train(i,:)=P_train(n(i),:);
    p_test(i,:)=P_test(n(i),:);
end
t_train=T_train;
```

10.3.2.4 创建优化 BP 网络

MATLAB 程序代码如下:

```
t=cputime;
net_ga=newff(minmax(p_train),[round(sqrt(numel(n)+1)+1),1],{'tansig',
'purelin'},'trainlm');
% 训练参数设置
net_ga.trainParam.epochs=1000;
net_ga.trainParam.show=10;
net_ga.trainParam.goal=1e-10;
net_ga.trainParam.lr=0.01;
net_ga.trainParam.showwindow=0;
% 训练优化 BP 网络
net_ga=train(net_ga,p_train,t_train);
% 仿真测试优化 BP 网络
T_ga_sim=sim(net_ga,p_test);
e=cputime - t;
T_ga_sim(T_ga_sim>=3.5)=4;
T_ga_sim(T_ga_sim>=2.5&T_ga_sim<3.5)=3;
T_ga_sim(T_ga_sim>=1.5&T_ga_sim<2.5)=2;
T_ga_sim(T_ga_sim< 1.5)=1;
result_ga=[T_ga_sim'T_test'];
```

10.3.2.5 结果显示 (优化 BP 网络)

MATLAB 程序代码如下:

```
number_11_sim=length(find(T_ga_sim==1 & T_test==1));
number_22_sim=length(find(T_ga_sim==2 & T_test==2));
number_33_sim=length(find(T_ga_sim==3 & T_test==3));
number_44_sim=length(find(T_ga_sim==4 & T_test==4));
```

```
disp('优化 BP 网络的测试结果为: ');
disp(['活塞敲缸响: 'num2str(number_11_sim)...
'误诊: 'num2str(number_1 - number_11_sim)...
'确诊率 p1='num2str(number_11_sim/number_1*100) '%']);
disp(['活塞销子响: 'num2str(number_22_sim)...
'误诊: 'num2str(number_2 - number_22_sim)...
'确诊率 p2='num2str(number_22_sim/number_2*100) '%']);
disp(['连杆轴承响: 'num2str(number_33_sim)...
'误诊: 'num2str(number_3 - number_33_sim)...
'确诊率 p3='num2str(number_33_sim/number_3*100) '%']);
disp(['曲轴轴承响: 'num2str(number_44_sim)...
'误诊: 'num2str(number_4 - number_44_sim)...
'确诊率 p4='num2str(number_44_sim/number_4*100) '%']);
disp(['建模时间为: 'num2str(e) 's'] );
```

运行结果如下:

优化 BP 网络的测试结果为:

活塞敲缸响: 2 误诊: 0 确诊率 p1=100%

活塞销子响: 1 误诊: 1 确诊率 p2=50%

连杆轴承响: 2 误诊: 0 确诊率 p3=100%

曲轴轴承响: 2 误诊: 0 确诊率 p4=100%

建模时间为: 0.2808s

第 11 章　粒子群算法的 MATLAB 实现及应用研究

粒子群算法, 也称粒子群优化 (particle swarm optimization, PSO) 算法, 是近年来发展起来的一种新的进化算法 (evolutionary algorithm, EA), 最初由美国人 Kennedy 和 Eberhart 于 1951 年提出。PSO 算法属于进化算法的一种, 与遗传算法相似, 也是从随机解出发, 通过迭代寻找最优解, 并通过适应度来评价解的品质, 但该算法比遗传算法规则更为简单, 没有遗传算法的 "交叉" (crossover) 和 "变异" (mutation) 操作, 而是通过追随当前搜索到的最优值来寻找全局最优解。这种算法以其实现容易、精度高、收敛快等优点引起了学术界的重视, 并且在解决实际问题中展示了其优越性。目前, 该方法已广泛应用于函数优化、数据挖掘、人工神经网络训练等领域。

11.1　粒子群算法的基本原理

粒子群算法将优化问题的每一个解看作一个粒子, 并定义一个符合度函数来衡量每个粒子的优越程度。每个粒子根据自己的两个最优解进行搜索, 从而达到在全局空间搜索最优解的目的。具体搜索过程如下: 每个粒子在解空间中同时向两个点接近, 第一个点是整个粒子群中所有粒子在历代搜索过程中所达到的最优解, 称为全局最优解 g_{best}; 另一个点则是每个粒子在历代搜索过程中自身所达到的最优解, 称为个体最优解 p_{best}。每个粒子表示为 n 维空间中的一个点, 用 $x_i = [x_{i1}, x_{i2}, \cdots, x_{in}]$ 表示第 i 个粒子。第 i 个粒子的个体最优解 (第 i 个粒子最小适应度所对应的解) 表示为 $p_{\text{best}i} = [p_{i1}, p_{i2}, \cdots, p_{in}]$; 全局最优解 (整个粒子群在历代搜索过程中最小适应度所对应的解) 表示为 $g_{\text{best}} = [g_{i1}, g_{i2}, \cdots, g_{in}]$; 而 x_i 的第 k 次迭代的修正量 (粒子移动的速度) $v_i^k = [v_{i1}^k, v_{i2}^k, \cdots, v_{in}^k]$, 其计算公

式如下:

$$v_{id}^{k} = w_i v_{id}^{k-1} + c_1 \cdot \text{rand}_1 \cdot (p_{\text{best}i} - x_{id}^{k-1}) + c_2 \cdot \text{rand}_2 \cdot (g_{\text{best}i} - x_{id}^{k-1}) \quad (11.1)$$

式中, $i = 1, 2, \cdots, m, d = 1, 2, \cdots, n$, 其中 m 为粒子群中粒子的个数, n 为解向量的维数; c_1 和 c_2 为两个正常数; rand_1 和 rand_2 为两个独立的、介于 $[0, 1]$ 之间的随机数; w_i 为动量项系数, 调整其大小可以改变搜索能力的强弱。全局粒子群优化算法的步骤如下: ① 随时给出 n 维空间初始化粒子 x_i 向量的粒子和速度 v_i, 设定迭代次数; ② 计算每个粒子在当前状态下的适应函数值 p_i; ③ 将② 中计算的适应度函数值 p_i 与自身的优化解 $p_{\text{best}i}$ 进行比较, 如果 $p_i < p_{\text{best}i}$, 则用新的适应度函数值取代前一轮的优化解, 用新的粒子取代前一轮的粒子, 即 $p_{\text{best}i} = p_i, x_{\text{best}i} = x_i$; ④ 将每个粒子的最好适应度函数值 $p_{\text{best}i}$ 与所有粒子的最好适应度函数值 $g_{\text{best}i}$ 进行比较, 如果 $p_{\text{best}i} < g_{\text{best}i}$, 则用每个粒子的最好适应度函数值取代原所有粒子的适应度函数值, 同时保存粒子的当前状态, 即 $g_{\text{best}i} = p_{\text{best}i}, x_{\text{best}} = x_{\text{best}i}$; ⑤ 完成以上的计算后, 再进行新一轮的计算, 按式 (11.1) 将粒子进行移动, 产生新的粒子 (即新解), 返回步骤②, 直至完成设定的迭代次数, 或满足事先给定的精度要求为止。

粒子群算法的 MATLAB 实现如下

1. 参数编码

在 MATLAB 环境中, 种群中粒子及其速度都采用实数编码。粒子参数编码格式如图 11.1 所示。其中, dimSize 表示参数维度。粒子群编码格式参见图 11.2, 其中 popSize 表示种群大小。

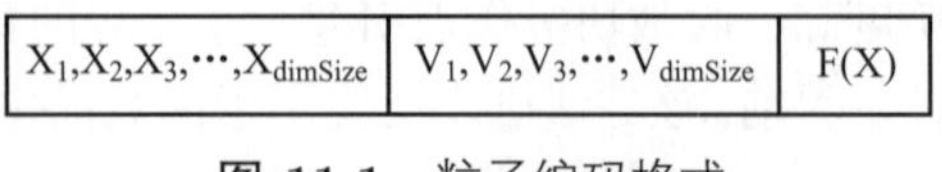

图 11.1 粒子编码格式

$$\text{POP}=\begin{bmatrix} X_{11},X_{12},X_{13},\cdots,X_{1\text{dimSize}}, & V_{11},V_{12},V_{13},\cdots,V_{1\text{dimSize}}, & F(X_1) \\ X_{21},X_{22},X_{23},\cdots,X_{2\text{dimSize}}, & V_{21},V_{22},V_{23},\cdots,V_{2\text{dimSize}}, & F(X_2) \\ \vdots & \vdots & \vdots \\ X_{\text{popSize}1},\cdots,X_{\text{popSizedimSize}}, & V_{\text{popSize}1},\cdots,V_{\text{popSizedimSize}}, & F(X_{\text{popSize}}) \end{bmatrix}$$

图 11.2 粒子群编码格式

2. 粒子群初始化

在 MATLAB 中初始化种群就是要产生一个随机矩阵, 矩阵元素满足图 11.2 所示编码要求, 下面给出其种群初始化伪码。其中, x 表示粒子, objectFun 为适应度函数。

```
for dimIndex=1:dimSize
x(dimIndex)=粒子取值区间内的随机值;
```

```
x(dimSize+dimIndex)=速度取值区间内的随机值;
x(2*dimSize+1)=objectFun(x(1:dimSize));
end
```

3. 粒子速度更新

在 MATLAB 中, 粒子速度更新程序伪码如下:

```
for dimIndex=1:dimSize
    w=最大加权因子-(最大加权因子 - 最小加权因子)*当前世代数/总世
代数;
    subtract1=pBest-x(1:dimSize);
    subtract2=gBest-x(1:dimSize);
    tempV=w*x(dimSize+dimIndex)+2*subtract1+2*subtract2;
    if tempV>vMax
    x(dimSize+dimIndex)=vMax;
    elseif tempV<-vMax
x(dimSize+dimIndex)=-vMax;
    else
    x(dimSize+dimIndex)=tempV;
    end
end
```

4. 粒子位置更新

粒子群中, 在算法运行的每一代, 粒子都更新了自己的位置, 需要注意的是, 粒子位置更新后, 各维坐标都不能超越取值区间。下面给出粒子位置更新的程序伪码:

```
for dimIndex=1:dimSize
    pos=x(dimIndex)+x(dimsize+dimIndex);
    if pos>粒子该维最大取值
          pos=粒子该维最大取值;
    elseif pos<粒子该维最小取值
pos=粒子该维最小取值;
    end
    x(dimIndex)=pos;
end
```

5. 主程序

在 MATLAB 环境中, 粒子群优化算法主程序运行后, 将返回最优解以及最优解对应的适应度。另外, 考虑到算法性能评价的需要, 还应该返回各代跟踪信息。跟踪信息采用图 11.3 所示的编码结构。

PSO 算法主程序实现伪码如下:

$$\text{TraceInfo}=\begin{bmatrix} 1, & X_e(s)_{T=1}, & X_e^*(s)_{T=1} \\ 2, & X_e(s)_{T=2}, & X_e^*(s)_{T=2} \\ \vdots & \vdots & \vdots \\ \text{iterMax}, & X_e(s)_{T=\text{iterMax}}, & X_e^*(s)_{T=\text{iterMax}} \end{bmatrix}$$

图 11.3 世代跟踪信息编码格式

```
for iter=1:iterMax
    for popIndex=1:popSize
        评价各粒子的适应度;
        if 粒子适应度>objectFun(pBest)
            pBest=粒子当前位置;
            end
        if 粒子适应度>objectFun(gBest)
            gBest=粒子当前位置;
        end
        粒子速度更新; 粒子位置更新; 计算粒子适应度;
    end
        计算 TraceInfor(iter);
end
```

11.2 粒子群算法在机械故障诊断中的应用

11.2.1 基于改进 PSO 的 BP 混合算法

在混合算法中, 需要优化的对象 (粒子) 是 BP 神经网络的权值和阈值。首先, 应把要优化的神经网络的全部权值和阈值构成一个实数数组, 并赋予它们 [0, 1] 之间的随机数。然后, 按照选定的网络结构, 用前向算法计算出对应于每组输入样本的神经网络输出。这里, BP 网络的激活函数都选为 sigmoid 函数, 然后用改进 PSO 算法搜索出最优位置, 使如下的均方误差指标 (适应度函数值) 达到最小:

$$E(X)=\frac{1}{2n}\sum_{p=1}^{n}\sum_{k=0}^{c}(Y_{k,p}(X)-t_{t,p})$$

式中, n 为样本个数; c 为网络神经元的输出个数; $t_{k,p}$ 为第 p 个样本的第 k 个理想输出值; $Y_{k,p}$ 为第 p 个样本的第 k 个实际输出值。

这样适应度函数值达到最小时搜索到的便是 BP 网络的最佳权值和阈值。下面是混合算法的实现步骤:

(1) 确定适应度阈值 ω、最大允许迭代步数 t、搜索范围 $[-x_{\max}, x_{\max}]$、最大速度, 并根据网络规模确定粒子数。

(2) 根据粒子群规模, 随机产生一定数目的个体 (粒子) x_i (其速度为 v_i) 组成种群, 其中不同的个体代表神经网络一组不同的权值。

(3) 计算各粒子的适应度函数值。

(4) 比较适应度, 确定每个粒子的当前最好适应度 L_{best} 及全局最好适应度 P_{best}, 并确定惯性权重 w。

(5) 若 $P_{\text{best}} < \omega$ 或运行次数大于 t, 则停止, 该粒子的位置即为所求。

(6) 更新每个粒子的位置及速度, 并考虑它们是否在限定的范围内。若 $v_{ij}(t+1) < -v_{\max}$, 则 $v_{ij}(t+1) = -v_{\max}$; 若 $v_{ij}(t+1) > v_{\max}$, 则 $v_{ij}(t+1) = v_{\max}$; 若 $x_{ij}(t+1) < -x_{\max}$, 则 $x_{ij}(t+1) = -x_{\max}$; 若 $x_{ij}(t+1) > x_{\max}$, 则 $x_{ij}(t+1) = x_{\max}$。

(7) 返回步骤 (3)。

11.2.2 粒子群算法在机械故障诊断中的应用实例

例 11.1 训练样本和测试样本见表 8.1 和表 8.2。

1. 初始化

MATLAB 程序代码如下:

```
clc
clear
warning off
% 读取数据
load data5 input output test
% 节点个数
inputnum=9;
hiddennum=13;
outputnum=5;
% 训练数据和预测数据
input_train=input';
input_test=test';
output_train=output';
output_test=output';
inputn=input_train;
outputn=output_train;
% 构建网络
dx=[0,1;0,1;0,1;0,1;0,1;0,1;0,1;0,1;0,1];
net=newff(dx,[hiddennum,outputnum],{'tansig''logsig'},'trainlm');
% 参数初始化
```

```
% 粒子群算法中的两个参数
c1=1.49445;
c2=1.49445;
maxgen=2;        % 进化次数
sizepop=20;      % 种群规模
Vmax=1;
Vmin=-1;
popmax=5;
popmin=-5;
for i=1:sizepop
    pop(i,:)=5*rands(1,200);
    V(i,:)=rands(1,200);
    fitness(i)=fun(pop(i,:),inputnum,hiddennum,outputnum,net,inputn,
    outputn);
end
% 个体极值和群体极值
[bestfitness bestindex]=min(fitness);
zbest=pop(bestindex,:);          % 全局最佳
gbest=pop;                       % 个体最佳
fitnessgbest=fitness;            % 个体最佳适应度
fitnesszbest=bestfitness;        % 全局最佳适应度
```

2. 迭代寻优

MATLAB 程序代码如下:

```
for i=1:maxgen
    for j=1:sizepop
        % 速度更新
        V(j,:)=V(j,:)+c1*rand*(gbest(j,:)-pop(j,:))+c2*rand*(zbest-
pop(j,:));
        V(j,find(V(j,:)>Vmax))=Vmax;
        V(j,find(V(j,:)<Vmin))=Vmin;
        % 种群更新
        pop(j,:)=pop(j,:)+0.2*V(j,:);
        pop(j,find(pop(j,:)>popmax))=popmax;
        pop(j,find(pop(j,:)<popmin))=popmin;
        % 自适应变异
        pos=unidrnd(21);
        if rand>0.95
```

```
            pop(j,pos)=5*rands(1,1);
        end
        % 适应度值
        fitness(j)=fun(pop(j,:),inputnum,hiddennum,outputnum,net,
        inputn,outputn);
    end
    for j=1:sizepop
    % 个体最优更新
    if fitness(j)<fitnessgbest(j)
        gbest(j,:)=pop(j,:);
        fitnessgbest(j)=fitness(j);
    end
    % 群体最优更新
    if fitness(j)<fitnesszbest
        zbest=pop(j,:);
        fitnesszbest=fitness(j);
    end
    end
    yy(i)=fitnesszbest;
end
结果分析
plot(yy)
title(['适应度曲线 ''终止代数='num2str(maxgen)]);
xlabel('进化代数');ylabel('适应度');
x=zbest;
```

程序运行结果如图 11.4 所示。

3. 将最优初始阈值、权值赋予网络并预测

MATLAB 程序代码如下:

```
% 用遗传算法优化的 BP 网络进行值预测
w1=x(1:inputnum*hiddennum);
B1=x(inputnum*hiddennum+1:inputnum*hiddennum+hiddennum);
w2=x(inputnum*hiddennum+hiddennum+1:inputnum*hiddennum+
hiddennum+hiddennum*outputnum);
B2=x(inputnum*hiddennum+hiddennum+hiddennum*outputnum+
1:inputnum*hiddennum+hiddennum+hiddennum*outputnum+outputnum);
net.iw{1,1}=reshape(w1,hiddennum,inputnum);
net.lw{2,1}=reshape(w2,outputnum,hiddennum);
```

```
net.b{1}=reshape(B1,hiddennum,1);
net.b{2}=reshape(B2,outputnum,1);
BP 网络训练
% 网络进化参数
net.trainParam.epochs=1000;
net.trainParam.lr=0.001;
net.trainParam.goal=1e-6;
net.trainParam.showwindow=0;
% 网络训练
[net,per2]=train(net,inputn,outputn);
```

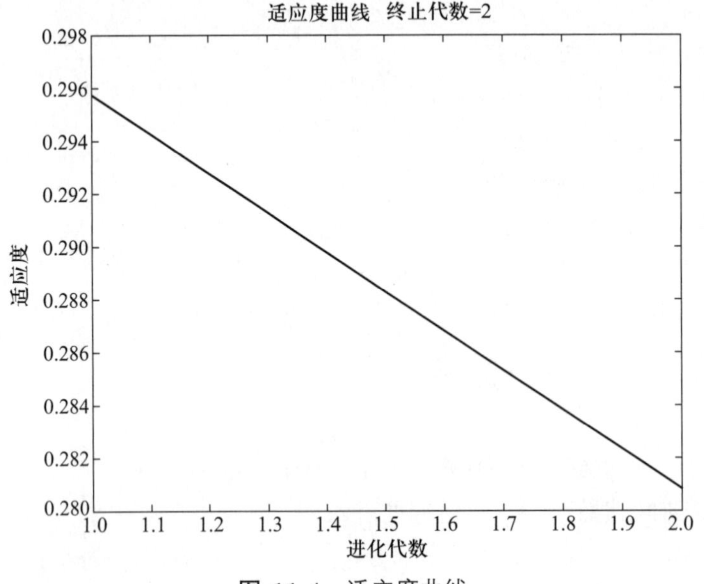

图 11.4 适应度曲线

4. BP 网络预测

MATLAB 程序代码如下:

```
an=sim(net,input_test)
an=
    0.9959  0.0002  0.0004  0.0006  0.0002
    0.0121  0.9983  0.0000  0.0000  0.0006
    0.0003  0.0001  0.9883  0.0001  0.0028
    0.0000  0.0002  0.0001  0.9950  0.0001
    0.0018  0.0004  0.0675  0.0053  0.9988
```

5. 适应度子函数

MATLAB 程序代码如下:

```
function error=fun(x,inputnum,hiddennum,outputnum,net,inputn,outputn)
% 该函数用来计算适应度
%x           input    个体
%inputnum    input    输入层节点数
%outputnum   input    隐含层节点数
%net         input    网络
%inputn      input    训练输入数据
%outputn     input    训练输出数据
%error       output   个体适应度
% 提取
w1=x(1:inputnum*hiddennum);
B1=x(inputnum*hiddennum+1:inputnum*hiddennum+hiddennum);
w2=x(inputnum*hiddennum+hiddennum+1:inputnum*hiddennum+
hiddennum+hiddennum*outputnum);
B2=x(inputnum*hiddennum+hiddennum+hiddennum*outputnum+
1:inputnum*hiddennum+hiddennum+hiddennum*outputnum+outputnum);
% 网络权值赋值
net.iw{1,1}=reshape(w1,hiddennum,inputnum);
net.lw{2,1}=reshape(w2,outputnum,hiddennum);
net.b{1}=reshape(B1,hiddennum,1);
net.b{2}=reshape(B2,outputnum,1);
% 网络训练
an=sim(net,inputn);
error=perform(net,outputn,an);
end
```

通过改进的粒子群算法对网络权值进行训练，改善了使用多层感知器的 BP 算法中存在的网络学习收敛速度慢，以及容易陷入局部极小等问题，提高了网络收敛的速度，可以有效地用于设备故障诊断，对设备故障进行特征识别和诊断分析。

第 12 章　支持向量机的 MATLAB 实现及应用研究

V. Vapnik 等在 20 世纪六七十年代就致力于小样本的机器学习研究, 到 20 世纪 90 年代中期, 统计学习理论受到越来越广泛的重视。人们研究如何从一些观察数据 (样本) 出发, 模拟目前为止尚不能通过理论或实验发现的规律, 并利用这些规律分析客观对象, 对未来数据或无法观测的数据进行预测, 这就是机器学习统计方法。支持向量机 SVM (support vector machine) 是在统计学习理论基础上发展起来的一种新的机器学习方法, 是结构风险最小化原理的实现。算法实现需要具有深厚的数学功底和计算机编程技术, 对非计算机专业的广大研究人员来说, MATLAB 提供了很好的应用技术平台, 在该平台下 SVM 具有易于实现和应用灵活的特点。

12.1　支持向量机

12.1.1　统计学习理论

统计学习理论就是研究小样本统计估计和预测的理论, 主要内容包括以下 4 个方面:

(1) 经验风险最小化准则下统计学习一致性的条件;

(2) 在这些条件下关于统计学习方法推广性的界的结论;

(3) 在这些界的基础上建立的小样本归纳推理准则;

(4) 实现新的准则的实际方法 (算法)。

其中, 最有指导性的理论结果是推广性的界, 与此相关的一个核心概念是 VC 维。

1. VC 维

为了研究学习过程一致收敛的速度和推广性, 统计学习理论定义了一系列有关函数集学习性能的指标, 其中最重要的是 VC 维 (Vapnik–Chervonenkis Dimension)。模式识别方法中 VC 维的直观定义是: 对一个指示函数集, 如果存在 h 个样本能够被函数集中的函数按所有可能的 2^h 种形式分开, 则称函数集能够将 h 个样本打散; 函数集的 VC 维就是它能打散的最大样本数 h。若对任意数目的样本都有函数能将它们打散, 则函数集的 VC 维是无穷大。有界实函数的 VC 维可以通过用一定的阈值将其转化为指示函数来定义。VC 维反映了函数集的学习能力, VC 维越大则机器学习越复杂 (容量越大)。遗憾的是, 目前尚没有通用的关于任意函数集 VC 维计算的理论, 只知道一些特殊函数集的 VC 维。对于一些比较复杂的机器学习 (如神经网络), 其 VC 维除了与函数集 (神经网结构) 有关外, 还受学习算法等的影响, 其确定更加困难。对于给定的学习函数集, 如何用理论或实验的方法计算其 VC 维是当前统计学习理论中有待研究的一个问题。

2. 推广性的界

对于各种类型的函数集, 统计学习理论系统地研究了经验风险和实际风险之间的关系, 即推广性的界。关于两类分类问题, 结论是: 对指示函数集中的所有函数 (包括使经验风险最小的函数), 经验风险 $R_{\mathrm{emp}}(w)$ 和实际风险 $R(w)$ 之间以至少 $1-\eta$ 的概率满足如下关系:

$$R(w) \leqslant R_{\mathrm{emp}}(w) + \sqrt{\left|\frac{h[\ln(2n/h)+1]-\ln(\eta/4)}{n}\right|} \tag{12.1}$$

式中, $R(w)$ 是实际风险; $R_{\mathrm{emp}}(w)$ 是经验风险; h 是函数集的 VC 维; n 是样本数。

这一结论从理论上说明了机器学习的实际风险是由两部分组成的: 一是经验风险 (训练误差); 另一部分称作置信范围, 与机器学习的 VC 维及训练样本数有关, 可以简单地表示为

$$R(w) \leqslant R_{\mathrm{emp}}(w) + \varPhi(h/n) \tag{12.2}$$

式 (12.2) 表明, 在有限训练样本下, 机器学习的 VC 维越高 (复杂性越高), 则置信范围越大, 导致真实风险与经验风险之间可能的差别也越大, 这就是为什么会出现过学习现象的原因。机器学习过程不但要使经验风险最小, 还要使 VC 维尽量小, 以缩小置信范围, 才能取得较小的实际风险, 即对未来样本有较好的推广性。

需要指出, 推广性的界是对于最坏情况的结论, 在很多情况下是较松的, 尤其当 VC 维较高时更是如此。而且, 这种界只对同一类学习函数进行比较时有效, 可以指导我们从函数集中选择最优的函数, 在不同函数集之间比较却不一定成立。Vapnik 指出, 寻找更好地反映机器学习能力的参数和得到更紧的界是学习理论今后的研究方向之一。

3. 结构风险最小化

从上面的论述看到, 结构风险最小化原则在样本有限时是不合理的, 我们需要同时最小化经验风险和置信范围。其实, 在传统方法中, 选择学习模型和算法的过程就是调整置信范围的过程, 如果模型比较适合现有的训练样本 (相当于 h/n 值适当), 则可以取得比较好的效果。但因为缺乏理论指导, 这种选择只能依赖先验知识和经验, 造成了如神经网络等方法对使用者 “技巧” 的过分依赖。

统计学习理论提出了一种新的策略, 即把函数集构造为一个函数子集序列, 使各个子集按照 VC 维的大小 (亦即 Φ 的大小) 排列; 在每个子集中寻找最小经验风险, 在子集间折中考虑经验风险和置信范围, 使实际风险为最小, 这种思想称作结构风险最小化 (structural risk minimization), 即 SRM 准则。统计学习理论还给出了合理的函数子集结构应满足的条件及在 SRM 准则下实际风险收敛的性质。

实现 SRM 原则可以有两种思路: 一是在每个子集中求最小经验风险, 然后选择使最小经验风险和置信范围之和最小的子集。显然这种方法比较费时, 当子集数目很大甚至是无穷时不可行。因此有第二种思路, 即设计函数集的某种结构使每个子集中都能取得最小的经验风险 (如使训练误差为 0), 然后只需选择适当的子集, 使置信范围最小, 则这个子集中使经验风险最小的函数就是最优函数。支持向量机方法实际上就是这种思想的具体实现。

12.1.2 最优分类面

SVM 是从线性可分情况下的最优分类面发展而来的, 基本思想可用图 12.1 的二维情况说明。图中实心点和空心点代表两类样本, H 为分类线, H_1、H_2 分别为过各类中离分类线最近的样本且平行于分类线的直线, 它们之间的距离叫作分类间隔 (margin)。所谓最优分类线就是要求分类线不但能将两类正确分开 (训练错误率为 0), 而且使分类间隔最大。分类线方程为 $\boldsymbol{W}\cdot\boldsymbol{X}+b=0$, 我们可以对其进行归一化, 使得对于线性可分的样本集 $(x_i, y_i), i=1,\cdots,n, x\in\mathbf{R}^n, y\in\{-1,1\}$, 满足

$$y_i[(\boldsymbol{W}\cdot\boldsymbol{X}_i)+b]-1\geqslant 0, i=1,\cdots,n \tag{12.3}$$

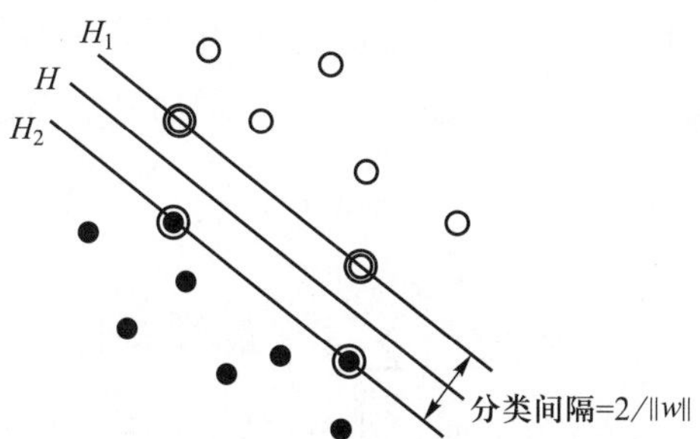

图 12.1 线性可分情况下的最优分类线

此时分类间隔等于 $2/\|w\|$, 使间隔最大等价于使 $\|w\|^2$ 最小。满足式 (12.3) 且使 $\dfrac{1}{2}\|w\|^2$ 最小的分类面就叫作最优分类面, H_1、H_2 上的训练样本点就称作支持向量。

使分类间隔最大实际上就是对推广能力的控制, 这是 SVM 的核心思想之一。统计学习理论指出, 在 N 维空间中, 设样本分布在一个半径为 R 的超球范围内, 则满足条件 $\|w\|\leqslant A$ 的正则超平面构成的指示函数集 $f(x,w,b)=\mathrm{sgn}[(w\cdot x)+b]$

(sgn 为符号函数) 的 VC 维满足下面的界:

$$h \leqslant \min([R^2A^2], N) + 1 \tag{12.4}$$

因此, 使 $\|w\|^2$ 最小就是使 VC 维的上界最小, 从而实现 SRM 准则中对函数复杂性的选择。

利用 Lagrange 优化方法可以把上述最优分类面问题转化为其对偶问题, 即在约束条件

$$\sum_{i=0}^{n} y_i\alpha_i = 0 \tag{12.5}$$

和

$$\alpha_i \geqslant 0, \quad i = 1, \cdots, n \tag{12.6}$$

下对 α_i 求解下列函数的最大值:

$$Q(\alpha) = \sum_{i=1}^{n} \alpha_i - \frac{1}{2}\sum_{i,j=1}^{n} \alpha_i\alpha_j y_i y_j (\boldsymbol{X}_i \cdot \boldsymbol{X}_j) \tag{12.7}$$

式中, α_i 为与每个样本对应的 Lagrange 乘子。这是一个不等式约束下二次函数寻优的问题, 存在唯一解。容易证明, 解中将只有一部分 (通常是少部分) α_i 不为零, 对应的样本就是支持向量。解上述问题后得到的最优分类函数是

$$f(x) = \mathrm{sgn}[(\boldsymbol{W} \cdot \boldsymbol{X}_i) + b] = \mathrm{sgn}\left[\sum_{i=0}^{n} \alpha_i^* y_i (\boldsymbol{X}_i \cdot \boldsymbol{X}) + b^*\right] \tag{12.8}$$

上式中的求和实际上只对支持向量进行。b^* 是分类阈值, 可以用任意一个支持向量 [满足式 (12.3) 中的等号] 求得, 或通过两类中任意一对支持向量取中值求得。

在线性不可分的情况下, 可以在式 (12.3) 中增加一个松弛项 $\xi_i \geqslant 0$, 成为

$$y_i[(\boldsymbol{W} \cdot \boldsymbol{X}_i) + b] - 1 + \xi_i \geqslant 0, i = 1, \cdots, n \tag{12.9}$$

将目标改为求 $(W, \xi) = \dfrac{1}{2}\|w\|^2 + C\left(\sum_{i=0}^{n} \xi_i\right)$ 最小, 即折中考虑最少错分样本和最大分类间隔, 就得到广义最优分类面。其中, $C > 0$ 是一个常数, 控制对错分样本惩罚的程度。广义最优分类面的对偶问题与线性可分情况下几乎完全相同, 只是式 (12.6) 变为

$$0 \leqslant \alpha_i \leqslant C, \quad i = 1, \cdots, n \tag{12.10}$$

12.1.3 支持向量机模型

对于 N 维空间中的线性函数, 其 VC 维为 $N + 1$, 但根据式 (12.4) 的结论, 在 $\|w\| \leqslant A$ 的约束下其 VC 维可能大大减小, 即使在十分高维的空间中也可以得到较小 VC 维的函数集, 以保证有较好的推广性。同时我们看到, 通过把原问题转

化为对偶问题, 计算的复杂度不再取决于空间维数, 而是取决于样本数, 尤其是样本中的支持向量数。这些特点使有效地解决高维问题成为可能。

对非线性问题, 可以通过非线性变换转化为某个高维空间中的线性问题, 在变换空间求最优分类面。这种变换可能比较复杂, 因此这种思路在一般情况下不易实现。但应注意到, 在上面的对偶问题中, 不论是寻优函数公式 (12.7) 还是分类函数公式 (12.8) 都只涉及训练样本之间的内积运算 $(\boldsymbol{X}_i \cdot \boldsymbol{X}_j)$, 这样, 在高维空间实际上只需进行内积运算, 而这种内积运算是可以用原空间中的函数实现的, 我们甚至没有必要知道变换的形式。根据泛函的有关理论, 只要一种核函数 $K(\boldsymbol{X}_i \cdot \boldsymbol{X}_j)$ 满足 Mercer 条件, 它就对应某一变换空间中的内积。

因此, 在最优分类面中采用适当的内积函数 $K(\boldsymbol{X}_i \cdot \boldsymbol{X}_j)$ 就可以实现某一非线性变换后的线性分类, 而计算复杂度却没有增加, 此时目标函数式 (12.7) 变为

$$Q(\alpha) = \sum_{i=1}^{n} \alpha_i - \frac{1}{2} \sum_{i,j=1}^{n} \alpha_i \alpha_j y_i y_j K(\boldsymbol{X}_i \cdot \boldsymbol{X}_j) \tag{12.11}$$

而相应的分类函数也变为

$$f(x) = \text{sgn}\{(\boldsymbol{W} \cdot \boldsymbol{X}_i) + b\} = \text{sgn}\left[\sum_{i=0}^{n} \alpha_i^* y_i K(\boldsymbol{X}_i \cdot \boldsymbol{X}) + b^*\right] \tag{12.12}$$

这就是支持向量机模型。

概括地说, 支持向量机就是首先用内积函数定义的非线性变换将输入空间变换到一个高维空间, 在这个空间中求 (广义) 最优分类面。SVM 分类函数形式上类似于一个神经网络, 输出是中间节点的线性组合, 每个中间节点对应一个支持向量, 如图 12.2 所示。

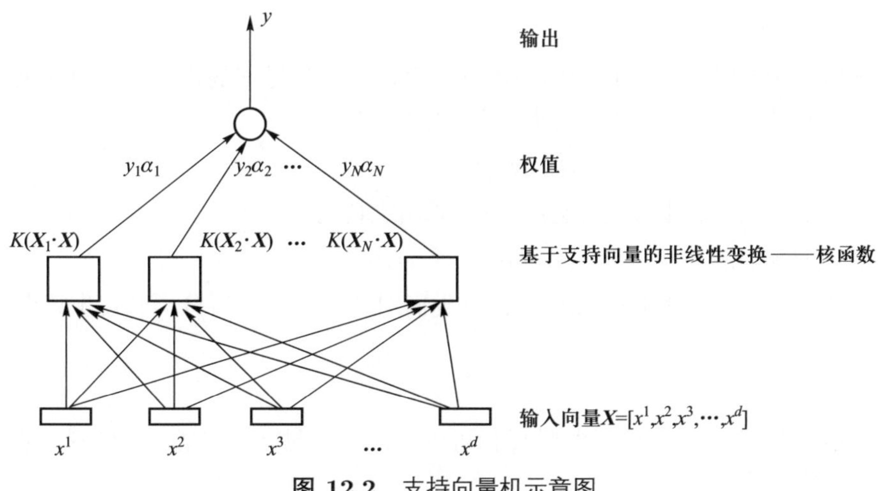

图 12.2 支持向量机示意图

12.2 支持向量机的 MATLAB 实现

将支持向量机用于解决分类问题即支持向量分类 (SVC), 将支持向量机用于解决回归问题即支持向量回归 (SVR) 。Southampton 大学 S. R. Gunn 编写了 MATLABSVM 工具箱。该工具箱运行在 MATLAB 环境下, 由许多用 m 语言编写的脚本文件和函数组成, 为 SVM 技术的工程化、实用化提供了一个良好的平台。

SVM 工具箱主要有两大功能: 支持向量分类和支持向量回归。

12.2.1 支持向量分类的相关函数

1. 支持向量机设计和训练函数 svc

格式:

[nsv alpha b0]=svc (X, Y, ker , C)

说明:

X 是训练样本的输入; Y 是训练样本的输出; ker 是核函数; C 是惩罚因子。

该函数用于 SVM 分类器的设计和对训练样本进行训练。该函数有 4 个参数, 分别是训练样本的输入、训练样本的输出、核函数和惩罚因子。输出参数 nsv 是 svc 函数返回的训练样本中支持向量的个数; alpha 是 svc 函数返回的每个训练样本对应的 Lagrange 乘子, Lagrange 乘子不为零的向量即为支持向量; b0 是偏置量。

SVM 工具箱支持如下几种核函数, 即 'linear'、'poly'、'rbf'、'sigmoid'、'spline'、'bsp line', 'fourier'、'erfb'、'anova'。除了 'linear'和 'spline'这两个核函数之外, 其他的核函数还需要设定一些参数, 如指定多项式核函数 'poly'的阶数、径向基核函数 'rbf'的宽度等, 这些参数在工具箱的全局变量 p1、p2 中设置。

2. 输出函数 svcoutput

该函数根据训练样本得到的最优分类面计算实际样本的输出。利用该函数还可以得到测试样本的分类情况, 对最优分类面进行测试。

3. 支持向量机分类绘图函数 svcplot

该函数用来绘制出最优分类面, 并标识出支持向量。

4. 统计测试样本分类错误数量函数 svcerror

该函数可统计出利用已知的最优分类面对测试样本进行分类时发生错误分类的数目。

5. uiclass 函数

该函数具有简单的图形用户界面, 可以方便地实现导入数据、选择核函数、显示最优分类面等功能。

12.2.2 支持向量回归的相关函数

1. 支持向量机回归函数 svr

格式:

[nsv , beta , bias]=svr (X, Y, ker, C, loss , e)

说明:

X 为训练样本的输入; Y 为训练样本的输出; ker 为核函数; C 为惩罚因子; loss 为损失函数; e 为不敏感系数; nsv 为支持向量的个数; beta 为 Lagrange 乘子; bias 为偏置量。

该函数根据训练样本设计最优回归函数, 并找出支持向量。

2. 输出函数 svroutput

该函数利用 svr 函数得到的最优回归函数来计算测试样本的输出, 并返回。

3. svrplot 函数

该函数用来绘制最优回归函数曲线, 并标识出支持向量。

4. svrerror 函数

该函数用来显示根据最优回归函数计算的测试样本的拟合误差。

5. uiregress 函数

该函数具有简单的图形用户界面, 可以方便地导入数据、选择损失函数、输入惩罚因子和不敏感系数、显示最优回归函数曲线。对于非线性回归, 还有输入核函数宽度系数等功能。

12.2.3 SVM 工具箱中的其他函数

1. 数据归一化函数 svdatanorm

有的核函数对输入的数据有一定的要求。例如, 当核函数是 'spline'时, 要求输入数据的上界为 1, 下界为 0; 当核函数是 'fourier'时, 要求输入数据的上界为 – pi/2, 下界为 pi/2。这时, 需要对输入数据进行归一化。

2. 核函数计算函数 svkernel

该函数的主要功能是进行相应核函数的计算。

12.2.4 数据的导入方法

用 SVM 工具箱进行样本分类或数据回归, 必须准备训练样本和测试样本。可通过多种方式进行样本数据的获取, 具体采用哪种方法取决于数据的多少以及数据文件的格式等。

用元素列表方式可直接输入数据, 即创建数据文件, 然后通过 MATLAB 提供的装载数据函数从数据文件中读取。函数 load 适合从 MAT 文件、ASCII 文件中读取数据; MATLAB I/O 函数适合从其他应用中的数据文件中读取数据; 还可以

通过数据输入向导 (ImportWizard) 从文件或剪贴板中读取数据, 即单击 File 菜单下的 “ImportData ···”, 将出现 “Im2portWizard” 窗口, 通过该窗口进行设置, 但该方法不适合从 M 文件中读取数据。

12.2.5 SVM 工具箱的应用实例

1. 支持向量机分类应用

利用 SVM 工具箱进行数据样本分类时, 核函数的选择、惩罚因子的大小以及有关核函数的宽度参数对支持向量的个数和最优分类面的建立有很大的影响, 需要经过多次实验才能够获得分类结果较好的参数。SVM 工具箱中的函数仅支持两分类问题。要解决多分类问题, 可以通过组合多个二值子分类器来实现, 具体的构造方法有一对一和一对多两种。

下面通过一个非线性分类的例子来说明 SVM 支持向量分类的应用。MATLAB 程序代码如下:

```
%a nonlinear separation example
load nlinesep; %nlinesepisa datafile
ker='poly'; % kernerl function
C=Inf; % chengfayinzi
    [nsv, alpha, b0 ]=svc (trnX, trnY, ker, C); % design a classifier andob-
tain support vectors
svcplot(trnX, trnY, ker, alpha, b0); % draw the optimum separableplane
tstX=[ 1 2 ] ; tstY=[ 1 ]; %test sample
    predictedY=svcoutput (trnX, trnY, tstX, ker, alpha, bias);% output
theseparation result of test sample
err=svcerror(trnX, trnY, tstX, tstY, ker, alpha, b0)
```

在 matlab 中运行上述程序, 就可以得到相应的结果。

上述程序中用到的数据样本如表 12.1 所示。其中, 1 ~ 8 号样本保存在数据文件 nlinesep 中, 9 号样本作为测试样本。

表 12.1 非线性可分数据表

序号	X		Y
1	1	1	–1
2	2	2	1
3	1	3	1
4	2	1	–1
5	2	2.5	1
6	3	2.5	–1
7	3	3	–1

续表

序号	X		Y
8	1.5	1.5	1
9	1	2	1

2. 支持向量回归应用

利用 SVM 工具箱进行数据样本的回归时, 不敏感系数、惩罚因子、核函数及其宽度参数对支持向量的个数和最优回归函数曲线的建立有很大的影响, 需要经过多次实验才能够获得分类结果较好的参数。

下面通过一个非线性回归的例子来说明 SVM 支持向量回归的应用。在 MATLAB 中编写程序对 sinc 函数进行回归拟合, 代码如下:

```
%a nonlinear regression example
load sinc1; % sinc1 is a data file
ker='erbf'; %kernel function
C=5; % upper bound
e=0. 01; % insensitivty
loss='einsensitive'; % loss function
[nsv, beta, bias]=svr(trnX, trnY, ker, C, loss, e);
svrplot(trnX, trnY, ker, beta, bias, e);
tstX=0.1; tstY=sinc (tstX); % test samp le
TstY=svroutput(trnX, tstX, ker, beta, bias); %output of the regression
result of test sample
err=svrerror(trnX, tstX, tstY, ker, beta, bias, loss, e);
```

在 MATLAB 中运行上述程序, 就可以得到相应的结果。

12.3 支持向量机在机械故障诊断中的应用

故障诊断技术近几十年取得了长足的发展。概括地讲, 诊断方法主要有以下 3 类:

(1) 基于解析模型的方法, 如参数估计方法、状态估计方法和等价空间方法等。

(2) 基于信号处理的方法, 如相关分析、频谱分析、小波分析等。

(3) 基于知识的方法, 如智能诊断、模糊推理、神经网络等。

毋庸置疑, 基于知识的诊断方法应该是一种很有前途的方法, 尤其是在非线性系统领域, 其智能化技术和丰富的专家知识给用户提供了一个简单易用而又可靠的系统。然而, 众所周知, 故障样本数的不足制约着这项技术的实用化。例如, 专家诊断系统和神经网络智能诊断系统都需要有较多的先验知识和足够的学习样本。对于机械设备系统, 尤其是大型机械设备, 故障一旦发生, 就会造成巨大的经济损失,所以也就不会存有很多的故障样本。因此, 这些理论上很优秀的诊断方法在实际应用中就很难有出色的表现。而统计学习理论和支持向量机的诞生为这一问题的解决开辟了新的途径。统计学习理论是建立在结构风险最小化原则基础上的, 是专门针对少样本情况下机器学习问题建立的一套新的理论体系, 与传统的统计学习理论不同, 在这种体系下的统计推理不是要得到样本数趋于无穷大时的最优解, 而是追求在有限样本的情况下得到最优解, 是兼顾经验风险和置信范围的一种折中的思想。支持向量机就是在统计学习理论基础上发展起来的一种新的机器学习算法, 它是统计学习理论的具体应用。而另一方面, 也正是由于支持向量机的出现, 才使统计学习理论受到越来越多的重视, 并在 20 世纪 90 年代后期得到了较大的发展。台湾大学林智仁教授开发设计的 LIBSVW 工具箱可以快速、有效地实现 SVM 模式识别与回归功能, 在机械故障诊断领域得到了广泛的应用。

例 12.1 以小型实验台上滚动轴承的振动信号为例, 对支持向量机分类算法进行验证。

1. 初始化

MATLAB 程序代码如下:

```
clear all
clc
load data.mat
% 训练集 —— 10 个样本
train_matrix=input;
train_label=output';
% 测试集 —— 10 个样本
test_matrix=test;
test_label=output';
```

2. 数据归一化

MATLAB 程序代码如下:

```
% 训练集
[Train_matrix,PS]=mapminmax(train_matrix');
Train_matrix=Train_matrix';
% 测试集
Test_matrix=mapminmax('apply',test_matrix',PS);
Test_matrix=Test_matrix';
```

3. SVM 创建/训练 (RBF 核函数)

MATLAB 程序代码如下:

```
% 寻找最佳 c/g 参数 —— 交叉验证方法
```

```
[c,g]=meshgrid(-10:0.2:10,-10:0.2:10);
[m,n]=size(c);
cg=zeros(m,n);
eps=10^(-4);
v=5;
bestc=1;
bestg=0.1;
bestacc=0;
for i=1:m
for j=1:n
    cmd=['-v ',num2str(v),'-c ',num2str(2^c(i,j)),'-g ',num2str(2^g(i,j))];
    cg(i,j)=svmtrain(train_label,Train_matrix,cmd);
if cg(i,j)>bestacc
    bestacc=cg(i,j);
    bestc=2^c(i,j);
    bestg=2^g(i,j);
end
if abs(cg(i,j)-bestacc)<=eps&&bestc>2^c(i,j)
    bestacc=cg(i,j);
    bestc=2^c(i,j);
    bestg=2^g(i,j);
end
end
end
% 创建/训练 SVM
cmd=['-c ',num2str(bestc),'-g ',num2str(bestg)];
model=svmtrain(train_label,Train_matrix,cmd);
```

4. SVM 仿真测试

MATLAB 程序代码如下:

```
[predict_label_1,accuracy_1]=svmpredict(train_label,Train_matrix,model);
[predict_label_2,accuracy_2]=svmpredict(test_label,Test_matrix,model);
result_1=[train_label predict_label_1]
result_2=[test_label predict_label_2]
Accuracy=100% (10/10) (classification)
Accuracy=100% (10/10) (classification)
```

5. 绘图

MATLAB 程序代码如下:

```
figure
plot(1:length(train_label),train_label,'r-*',1:length(train_label),predict_label_1,'b:o')
grid on
legend('真实类别','预测类别')
xlabel('训练集样本编号')
ylabel('测试集样本类别')
string_1={'训练集 SVM 预测结果对比';['精度 ='num2str(accuracy_1(1)) '%']};
title(string_1)
figure
plot(1:length(test_label),test_label,'r-*')
hold on
plot(1:length(test_label),predict_label_2,'b:o')
grid on
legend('真实类别','预测类别')
xlabel('测试集样本编号')
ylabel('测试集样本类别')
string={'测试集 SVM 预测结果对比 (RBF 核函数)';['精度 =' num2str(accuracy_2(1)) '%']};
title(string)
```

6. 诊断结果

诊断结果显示如下:

```
result_1=
     1     1
     1     1
     2     2
     2     2
     3     3
     3     3
     4     4
     4     4
     5     5
     5     5
result_2=
     1     1
     1     1
     2     2
```

2　2
3　3
3　3
4　4
4　4
5　5
5　5

诊断结果对比示意图如图 12.3 所示.

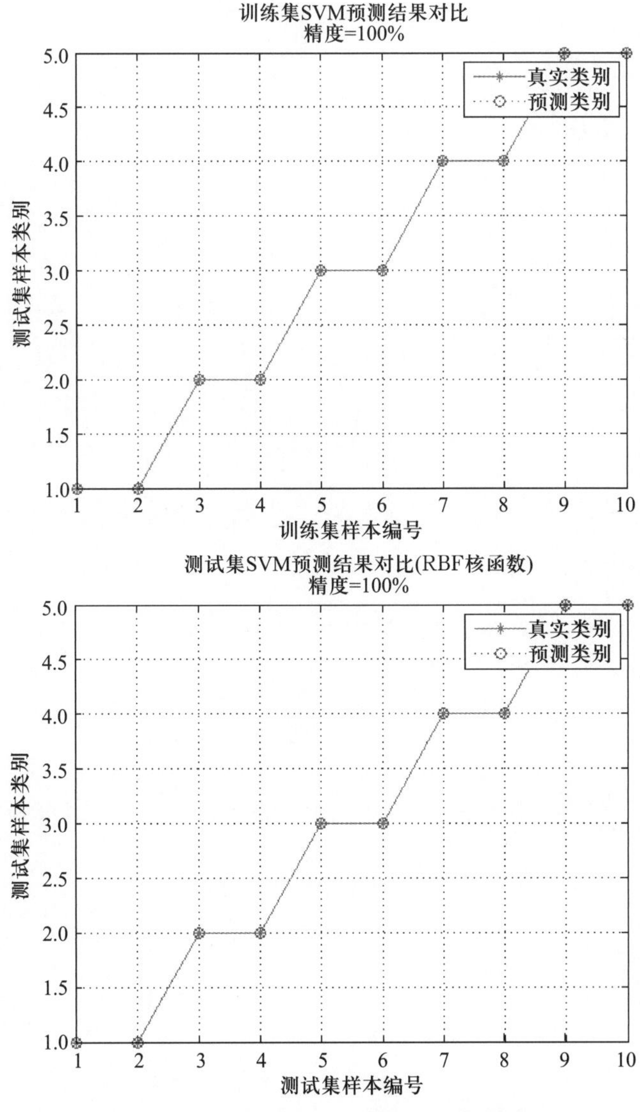

图 12.3　诊断结果对比示意图 (见书后彩图)

诊断结果表明, SVM 方法对具有少样本的机械故障诊断具有很好的适应性。该方法的应用将有望使制约故障诊断向智能化方向发展的瓶颈问题得到解决。

参 考 文 献

[1] 胡晓东. MATLAB 从入门到精通 [M]. 北京: 人民邮电出版社, 2010.

[2] 史洁玉, 孔玲军. MATLAB R2012a 超级学习手册 [M]. 北京: 人民邮电出版社, 2013.

[3] 曹龙汉. 柴油机智能化故障诊断技术 [M]. 北京: 国防工业出版社, 2005.

[4] 肖云魁. 汽车故障诊断学 [M]. 2 版. 北京: 北京理工大学出版社, 2006.

[5] 张玲玲. 基于振动信号分析和信息融合技术的柴油机故障诊断研究 [D]. 石家庄: 军械工程学院, 2013.

[6] 肖云魁. 军用车辆视情维修分析系统的研究 [D]. 北京: 北京理工大学, 2004.

[7] 曹亚娟, 杨万成, 张玲玲, 等. 发动机非稳态信号的短时傅里叶变换 [J]. 军事交通学院学报, 2005, 7(4): 15-19.

[8] 肖云魁, 李世义, 王建新, 等. 基于小波包 – AR 谱技术提取柴油发动机曲轴轴承故障特征 [J]. 北京理工大学学报: 自然科学版, 2004, 24(6): 505-508.

[9] 张玲玲, 赵懿冠, 肖云魁, 等. 基于小波包 – AR 谱的变速器轴承故障特征提取 [J]. 振动、测试与诊断, 2011, 31(4): 492-495.

[10] 张玲玲, 骆诗定, 肖云魁, 等. 集合经验模式分解在柴油机机械故障诊断中的应用 [J]. 科学技术与工程, 2010, 10(27): 6745-6749.

[11] 杨露, 沈怀荣. 希尔伯特 – 黄变换与小波变换在故障特征提取中的对比研究 [J]. 兵工学报, 2009, 30(5): 628-632.

[12] 蔡艳萍, 李艾华, 王涛, 等. 基于 EMD–Wigner–Ville 的内燃机振动时频分析 [J]. 振动工程学报, 2010, 23(4): 430-437.

[13] 苗守谦, 李道国. 粗糙集理论、算法与应用 [M]. 北京: 清华大学出版社, 2008.

[14] 郭桂蓉, 庄钊文. 信息处理中的模糊技术 [M]. 长沙: 国防科技大学出版社, 1993.

[15] 张玲玲, 廖红云, 曹亚娟, 等. 基于 EEMD 和模糊 C 均值聚类算法诊断发动机曲轴轴承故障 [J]. 内燃机学报, 2011, 29(4): 332-336.

[16] 张庆, 徐光华, 王晶, 等. 基于支持向量域描述的多故障诊断动态模型 [J]. 西安交通大学学报, 2007, 5(41): 593-597.

[17] 张玲玲, 廖红云, 贾继德, 等. 基于 SVDD 与 D–S 证据理论的发动机故障诊断研究 [J]. 汽车工程, 2013, 35(1): 23-26.

[18] 蔡艳平, 李艾华, 王涛, 等. 基于时频谱图与图像分割的柴油机故障诊断 [J]. 内燃机学报, 2011, 29(2): 181-186.

[19] 肖云魁, 李世义. 基于粗糙集近似逼近理论提取发动机振动故障特征 [J]. 振动、测试与诊断, 2004(4): 262-265.

[20] 高展宏, 徐文波. 基于 MATLAB 的图像处理案例教程 [M]. 北京: 清华大学出版社, 2011.

[21] 许国根, 贾瑛. 模式识别与智能计算的 MATLAB 实现 [M]. 北京: 北京航空航天大学出版社, 2012.

[22] 候媛彬, 杜京义, 汪梅. 神经网络 [M]. 西安: 西安电子科技大学出版社, 2007.

[23] 张德丰. MATLAB 神经网络应用设计 [M]. 北京: 机械工业出版社, 2012.

[24] 王小川, 史峰, 郁磊, 等. MATLAB 神经网络 43 个案例分析 [M]. 北京: 北京航空航天大学出版社, 2013.

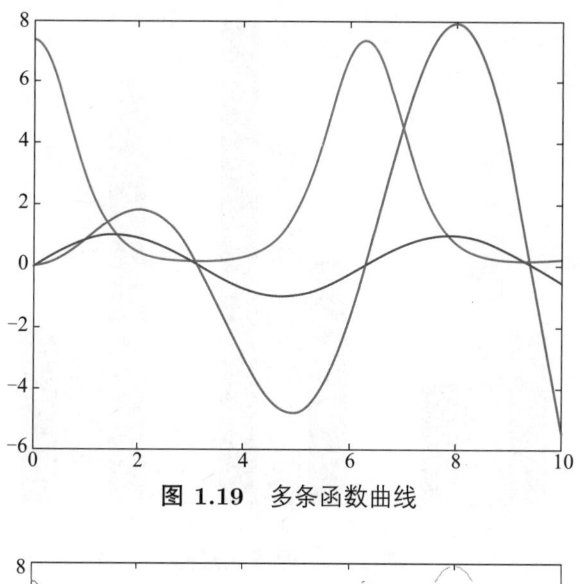

图 1.19　多条函数曲线

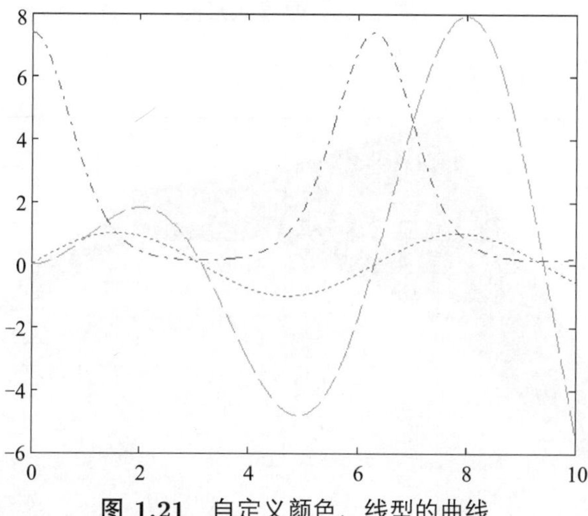

图 1.21　自定义颜色、线型的曲线

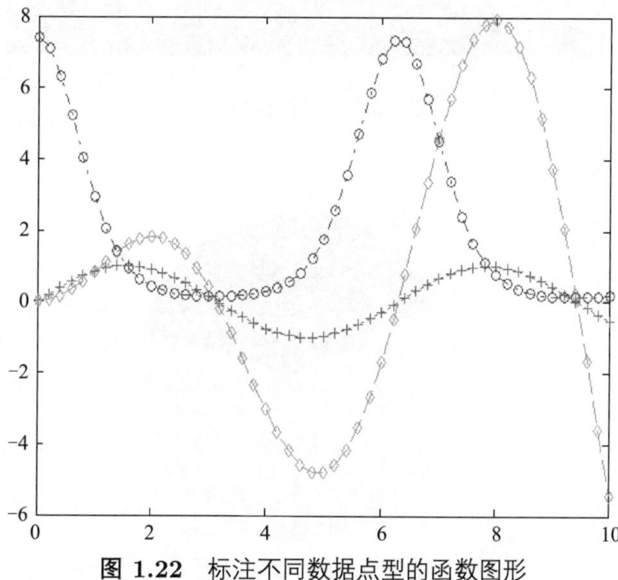

图 1.22　标注不同数据点型的函数图形

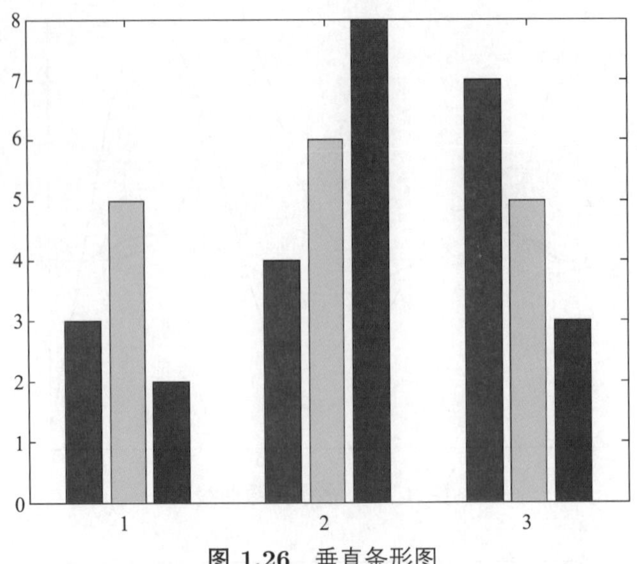

图 1.26　垂直条形图

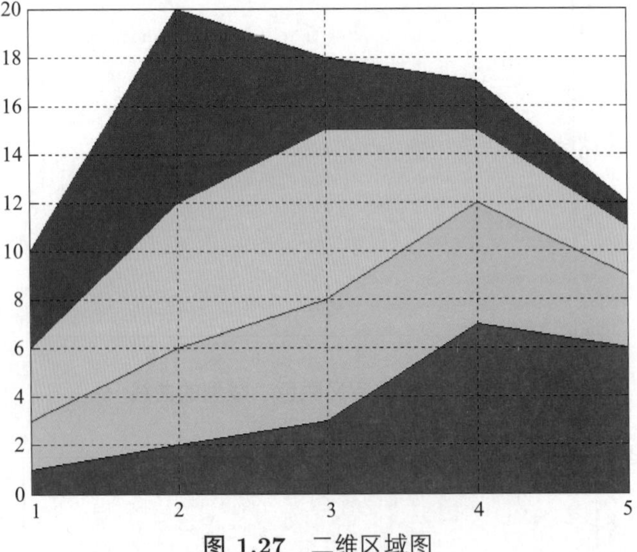

图 1.27　二维区域图

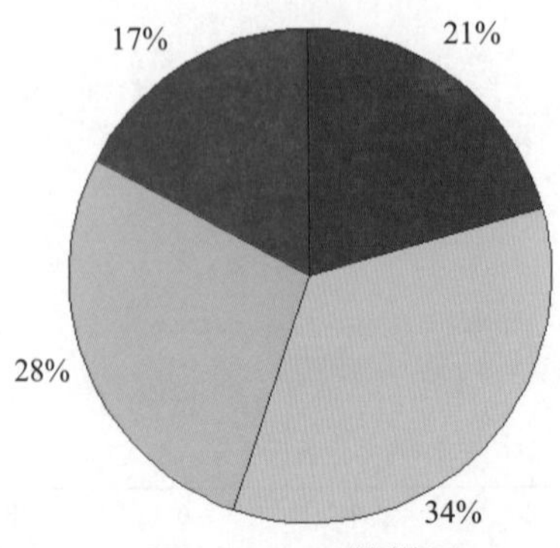

图 1.28　二维饼图

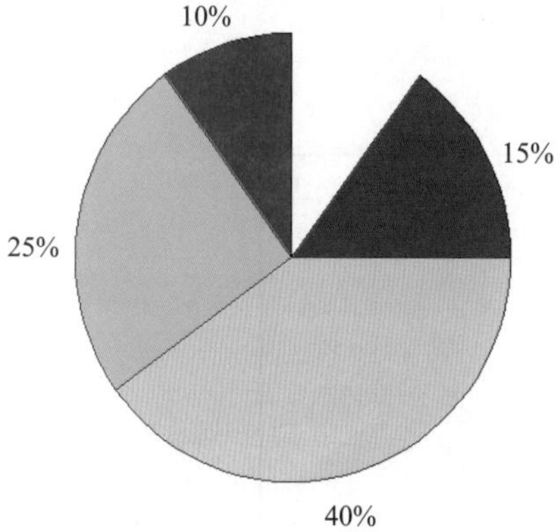

图 1.29 不完整的饼图

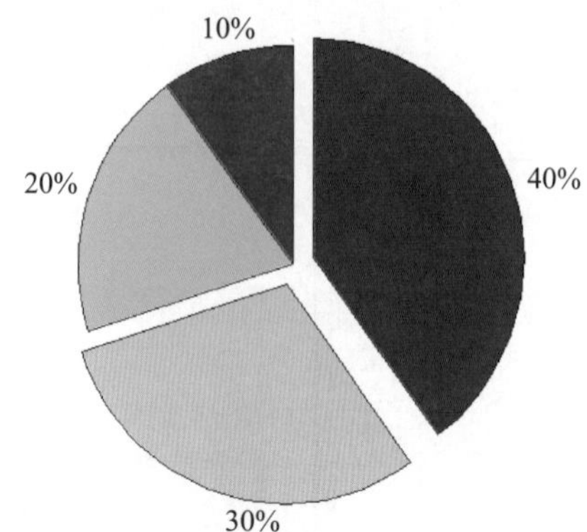

图 1.30 具有分离切片的二维饼图

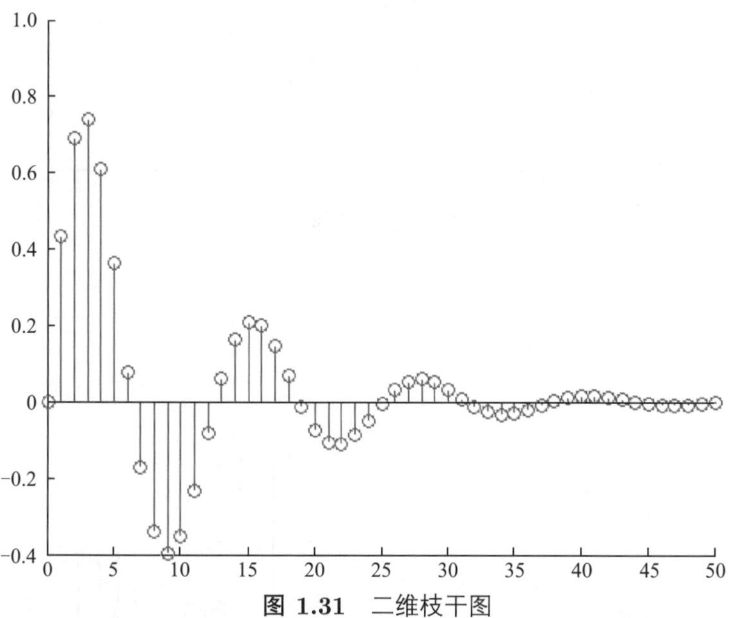

图 1.31 二维枝干图

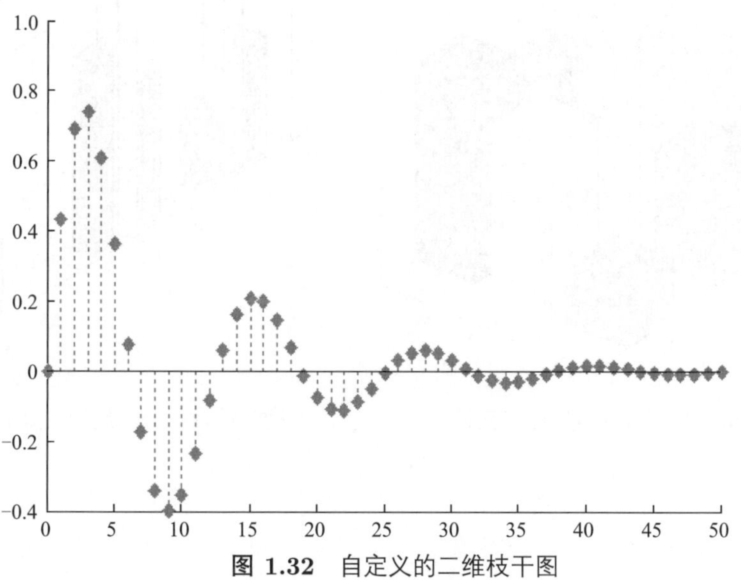

图 1.32 自定义的二维枝干图

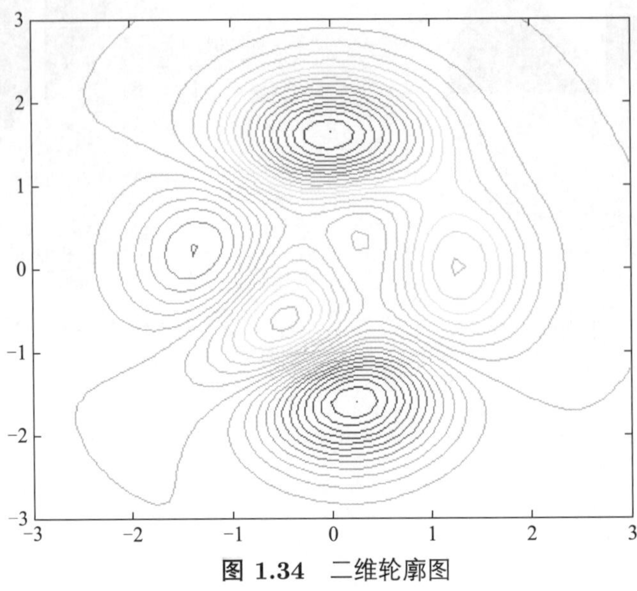

图 1.34 二维轮廓图

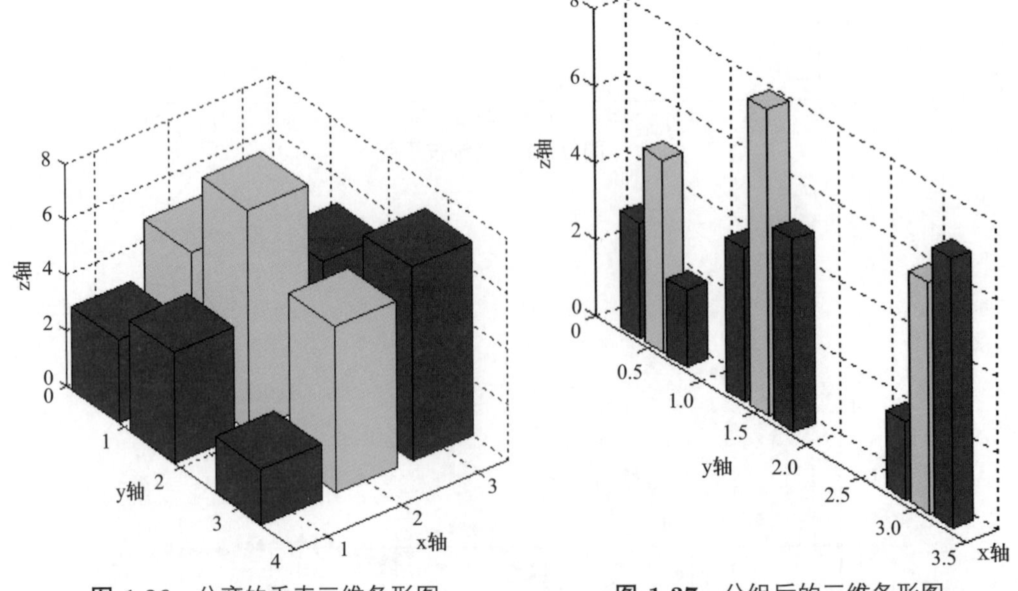

图 1.36 分离的垂直三维条形图

图 1.37 分组后的三维条形图

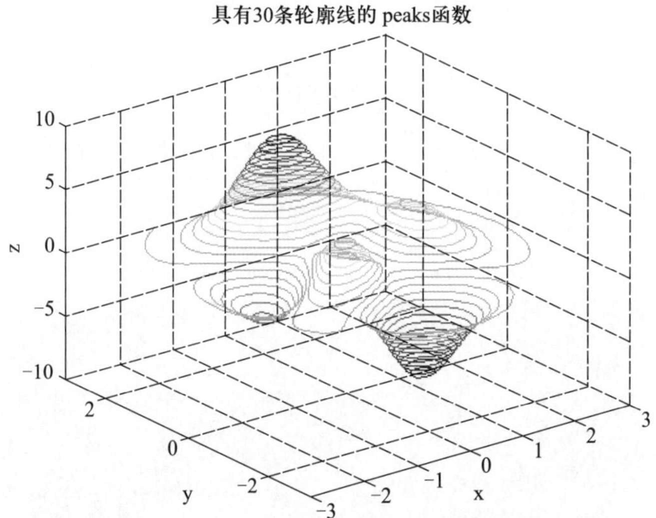

图 1.40 带有标注的三维轮廓图

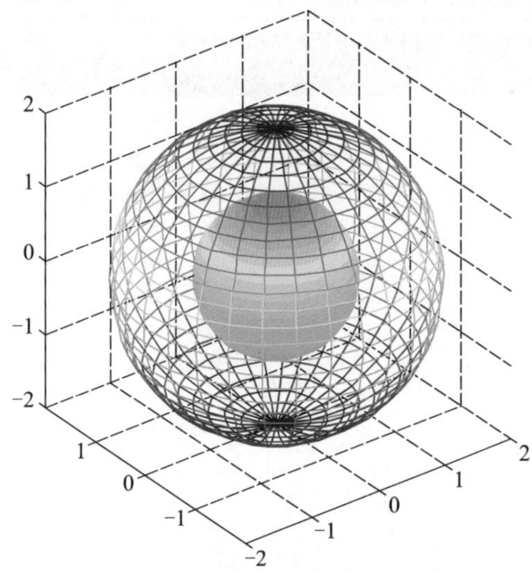

图 1.41 经透明处理的三维图形

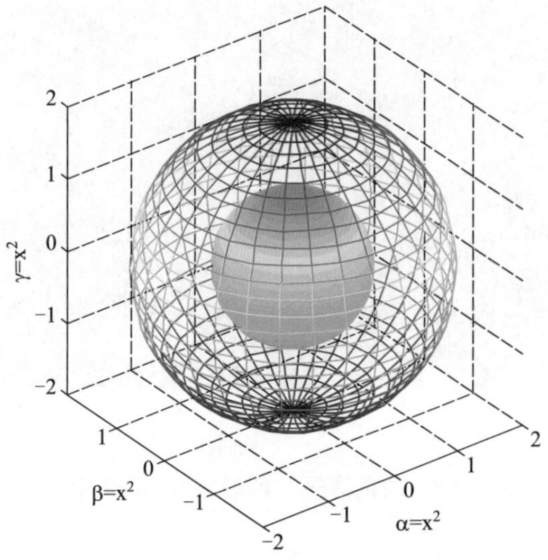

图 1.42 进行坐标轴物理量标注后的图形

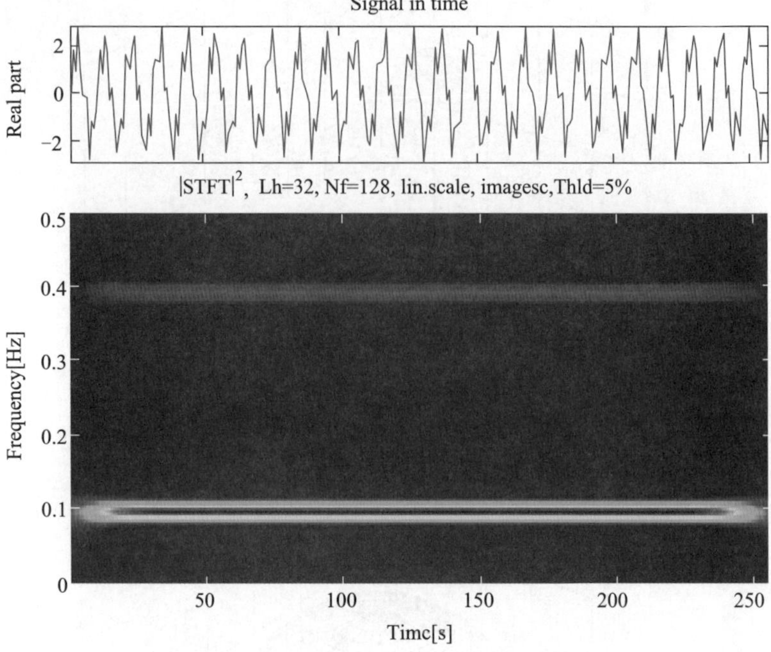

图 2.9　仿真信号 1 的时域波形和时频分布

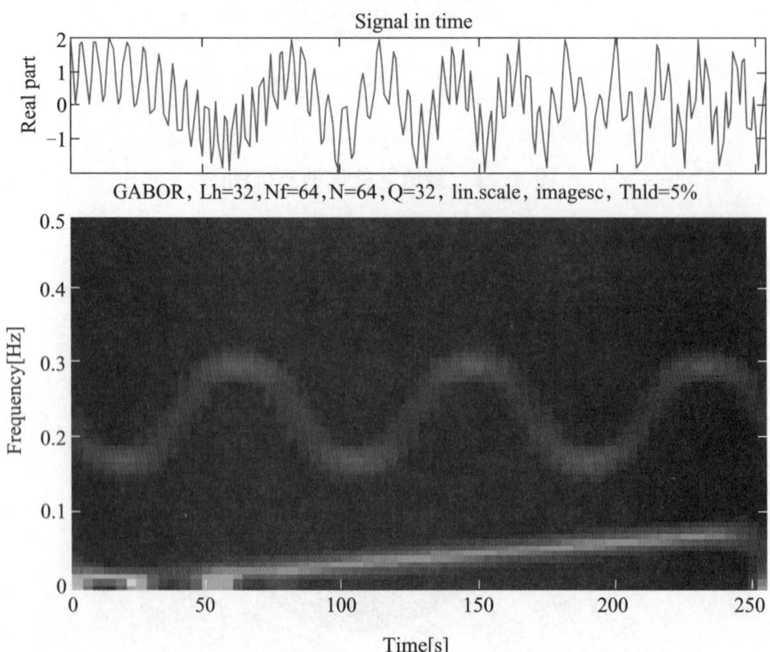

图 2.10　仿真信号 2 的时域波形和时频分布

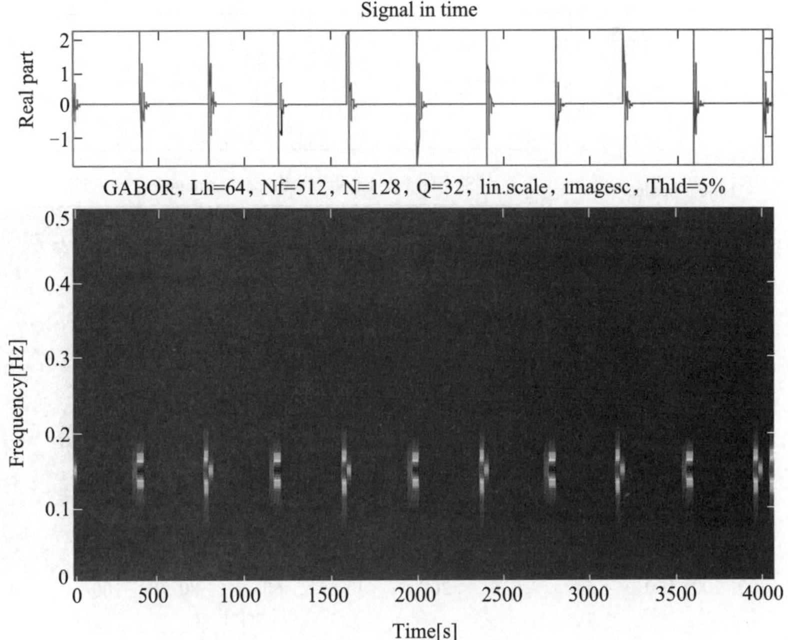

图 2.11 仿真信号 3 的时域波形和时频分布

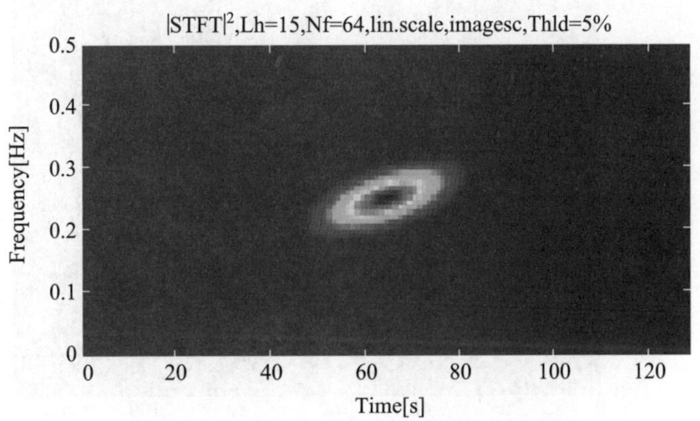

图 3.4 系统直接给出的时频分布图

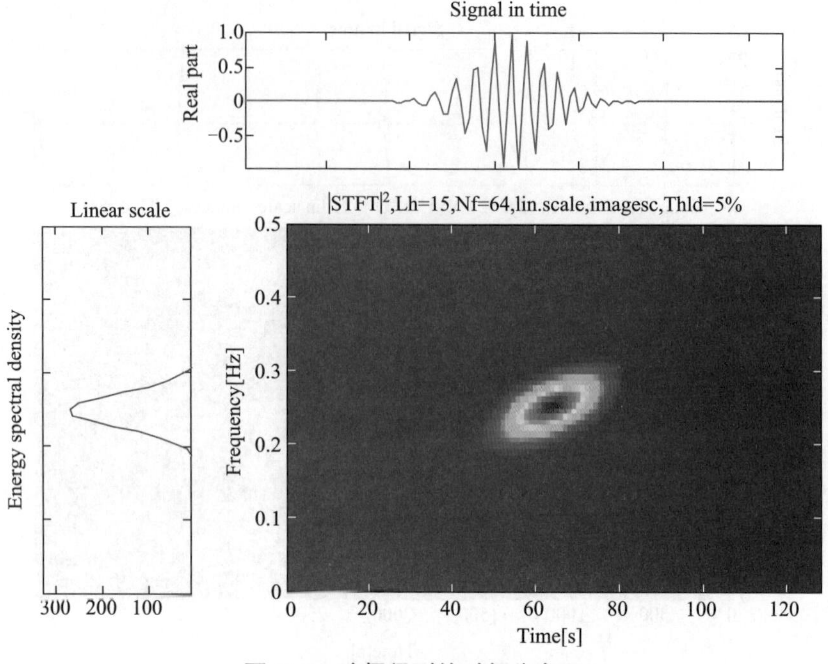

图 3.5　选择得到的时频分布图

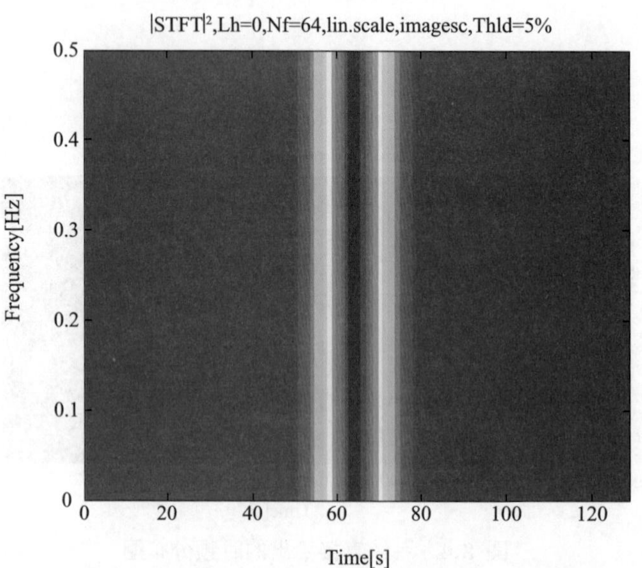

图 3.6　Hamming 窗长度为 1 的时频分布图

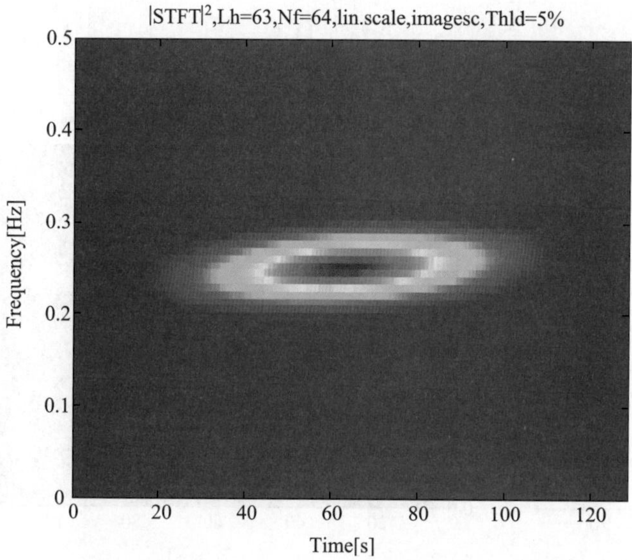

图 3.7　Hamming 窗长度为 127 的时频分布图

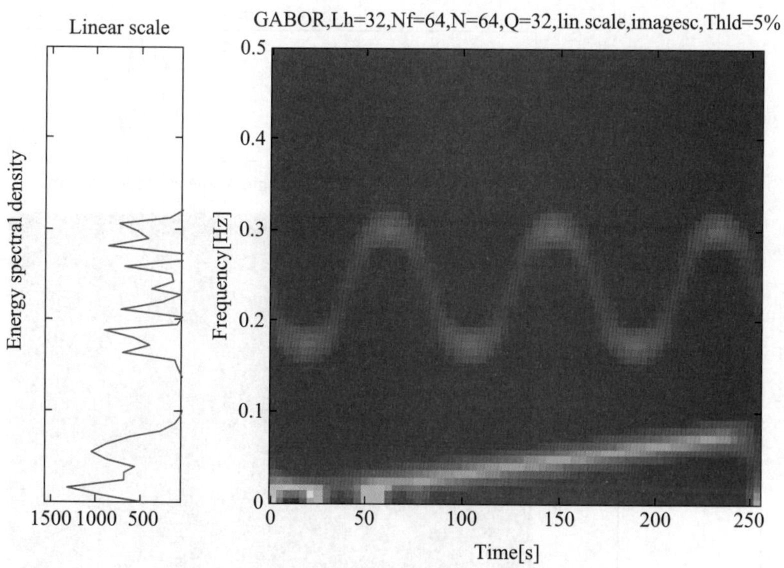

图 3.8　信号的能量谱密度和时频分布图

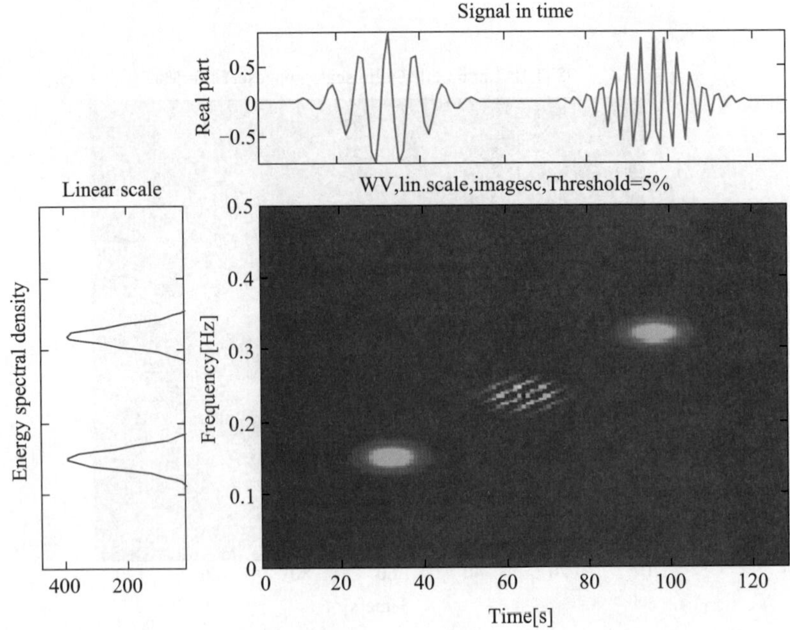

图 3.9　信号的时域波形、能量谱密度和时频分布图

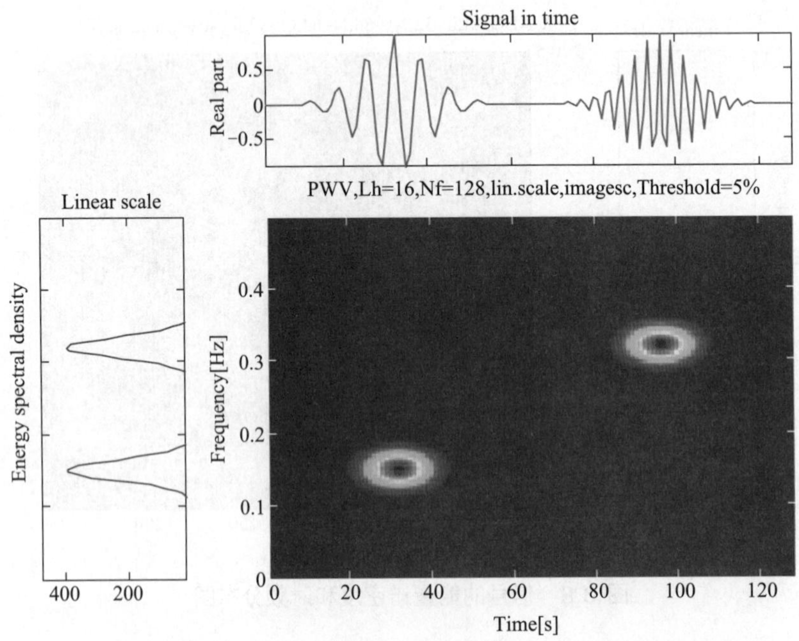

图 3.10　信号的时域波形、能量谱密度和时频分布图

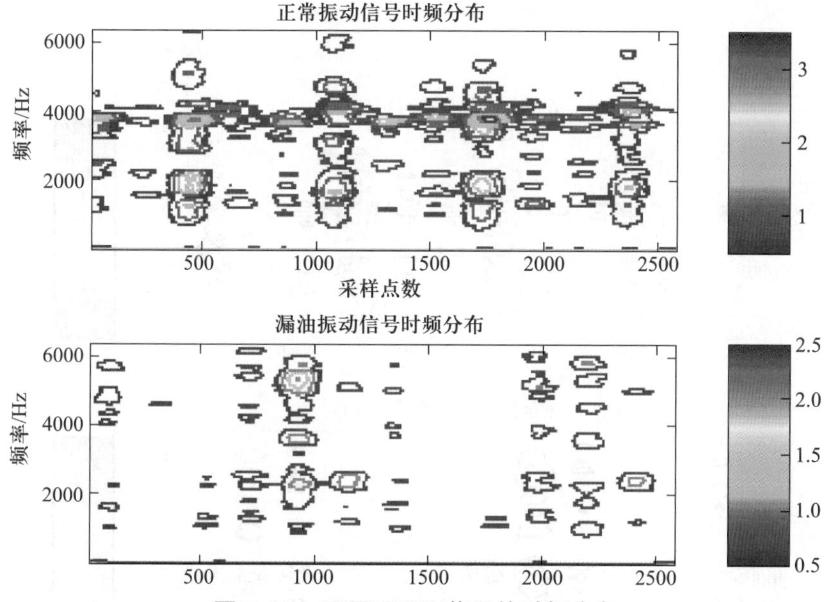

图 3.12 不同工况下信号的时频分布

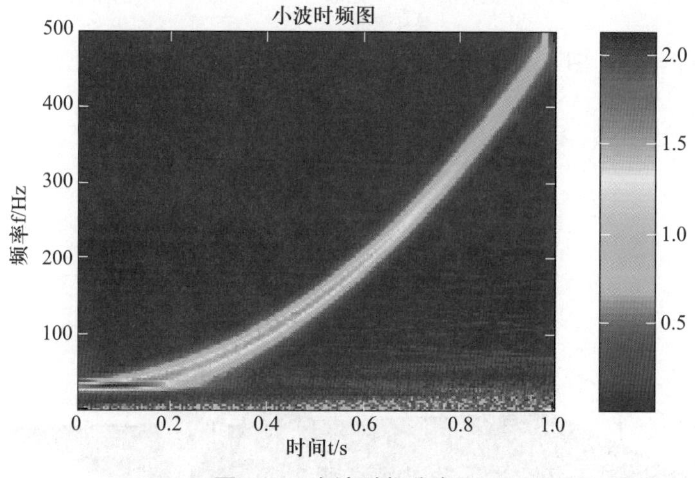

图 4.4 小波时频分布图

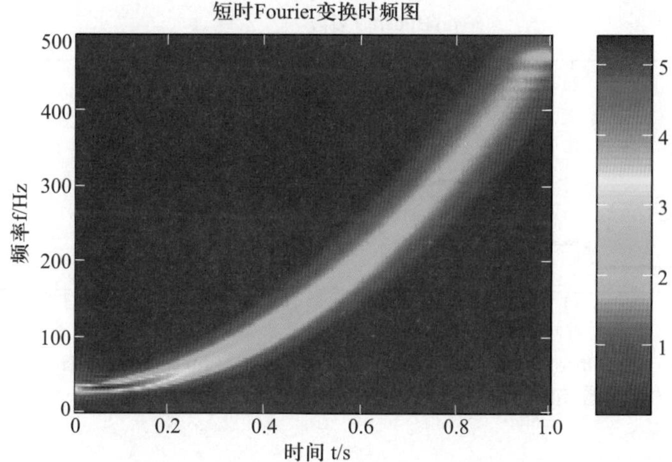

图 4.5 短时 Fourier 变换时频分布图

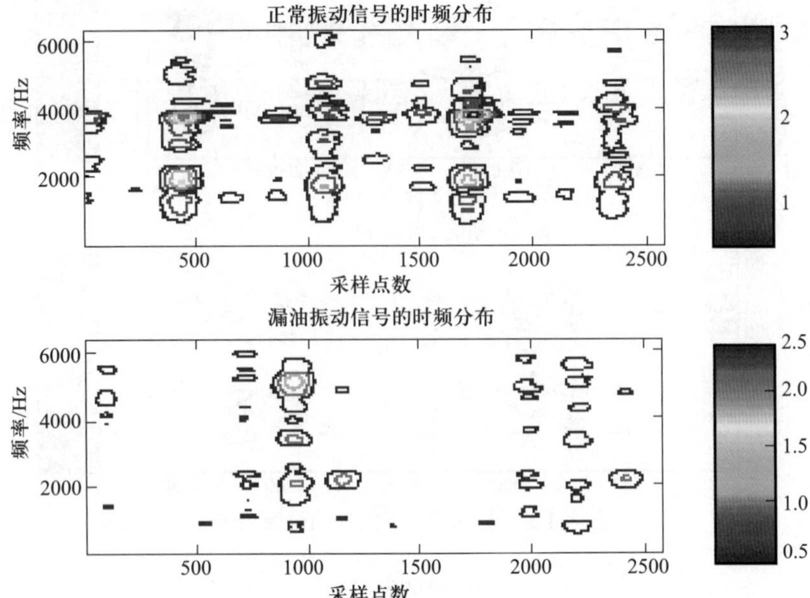

图 4.19 不同工况下降噪后信号的时频分布

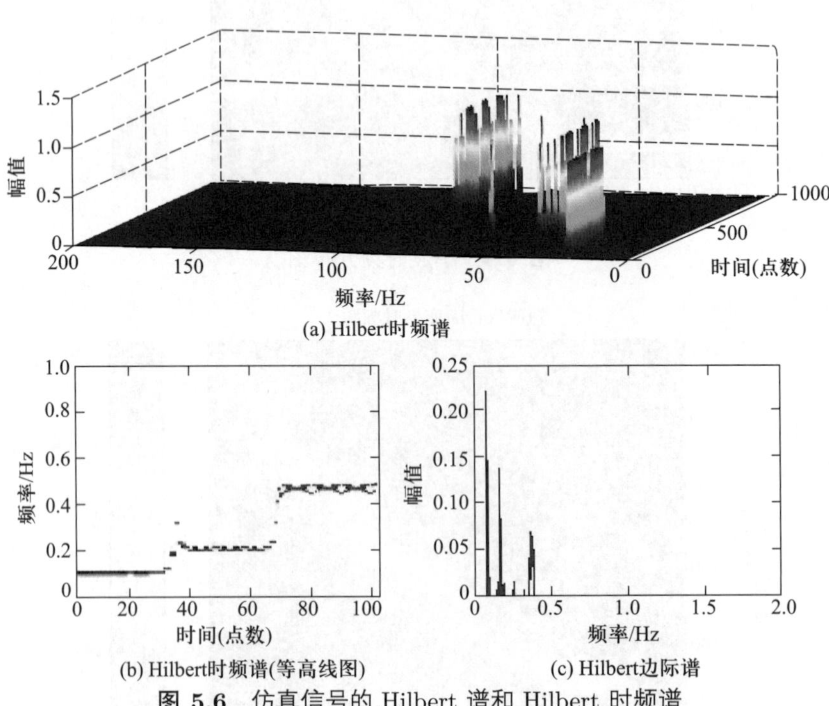

图 5.6 仿真信号的 Hilbert 谱和 Hilbert 时频谱

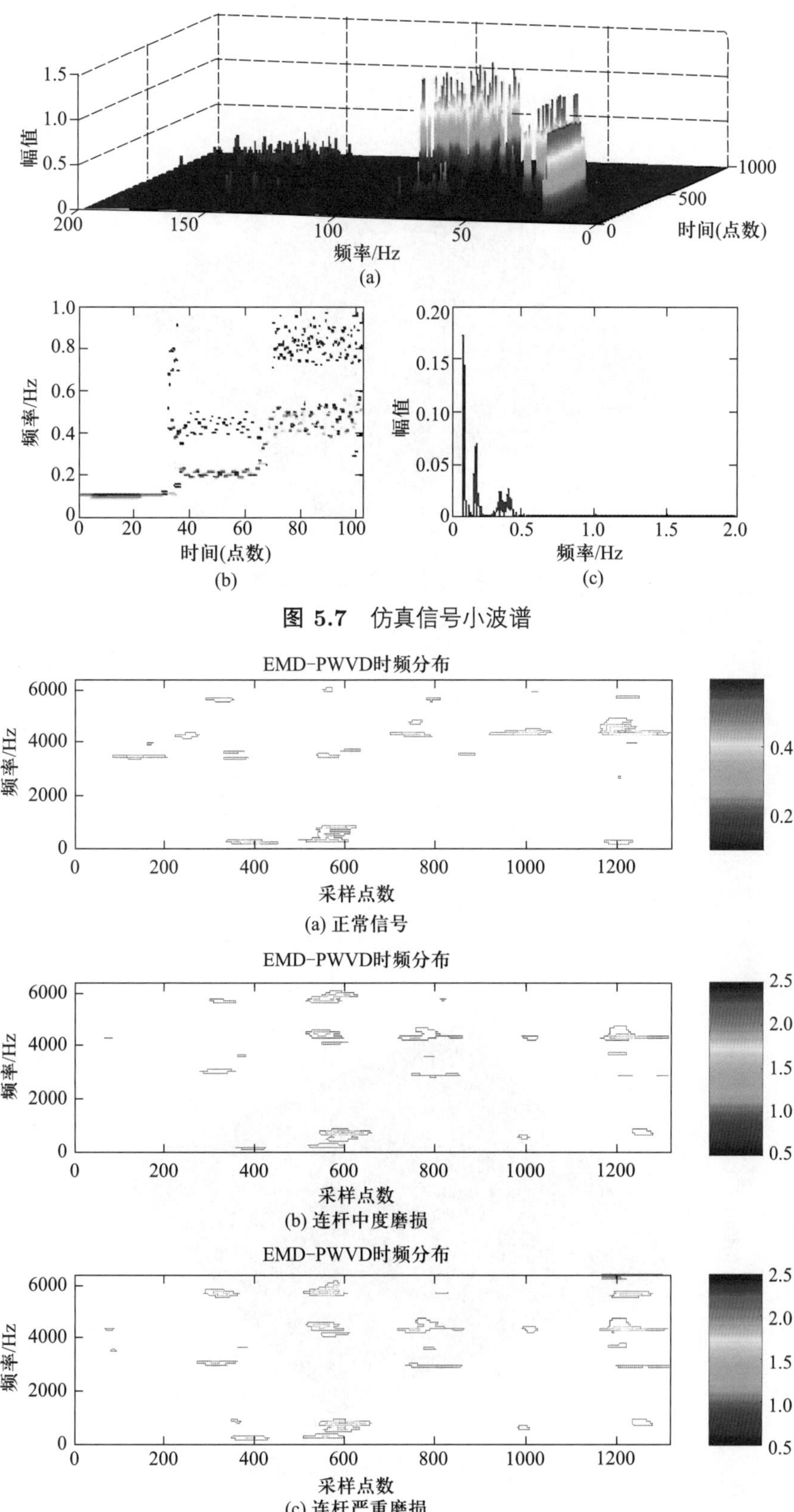

图 5.7 仿真信号小波谱

图 5.14 不同工况下 EMD–PWVD 时频分布

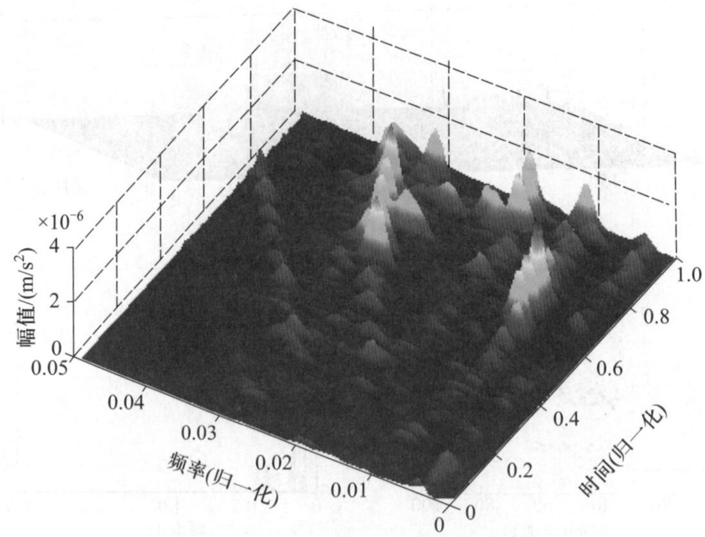

图 **6.5** 振动信号 Gabor 时频图

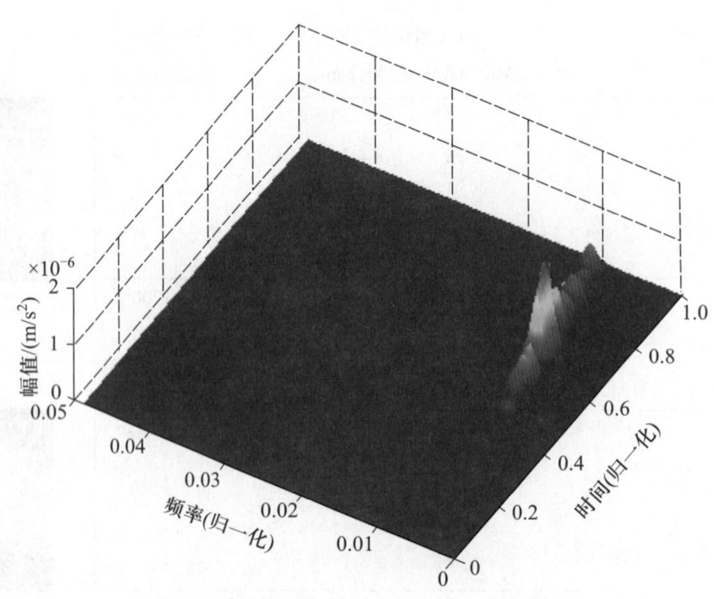

图 **6.7** 2 挡信号 Gabor 时频图

0.2235 0.1294 Blue 0.4198
5804 0.2902 0.0627 0.2902 0.2902 0.482
0.5804 0.0627 0.0627 0.0627 0.2235 0.2588
0.5176 0.1922 0.0627 Green 0.1922 0.2588 0.2588
0.5176 0.1294 0.1608 0.1294 0.1294 0.2588 0.2588
0.5176 0.1608 0.0627 0.1608 0.1922 0.2588 0.2588
.5490 0.2235 0.5490 Red 0.7412 0.7765 0.7765 902
5490 0.3882 0.5176 0.5804 0.5804 0.7765 0.7765 196
490 0.2588 0.2902 0.2588 0.2235 0.4824 0.2235
0.2235 0.1608 0.2588 0.2588 0.1608 0.2588
2588 0.1608 0.2588 0.2588 0.2588 0.2

图 7.1 真彩图像

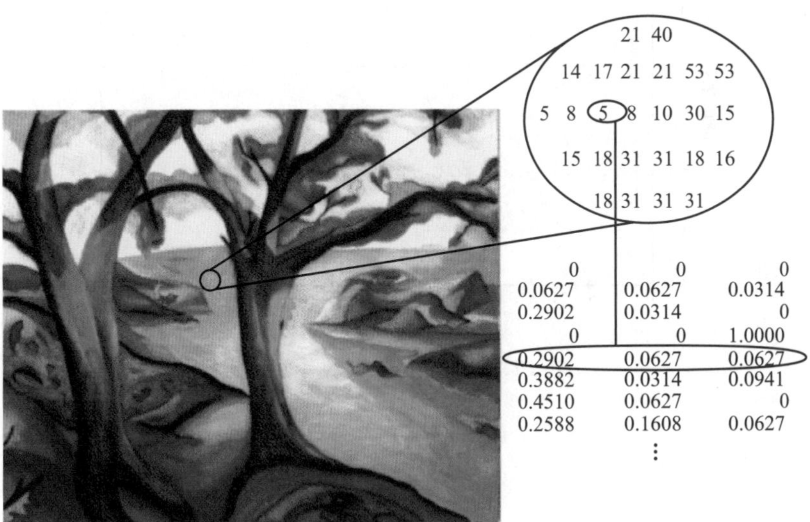

21 40
14 17 21 21 53 53
5 8 5 8 10 30 15
15 18 31 31 18 16
18 31 31 31
0 0 0
0.0627 0.0627 0.0314
0.2902 0.0314 0
0 0 1.0000
0.2902 0.0627 0.0627
0.3882 0.0314 0.0941
0.4510 0.0627 0
0.2588 0.1608 0.0627
⋮

图 7.3 索引图像

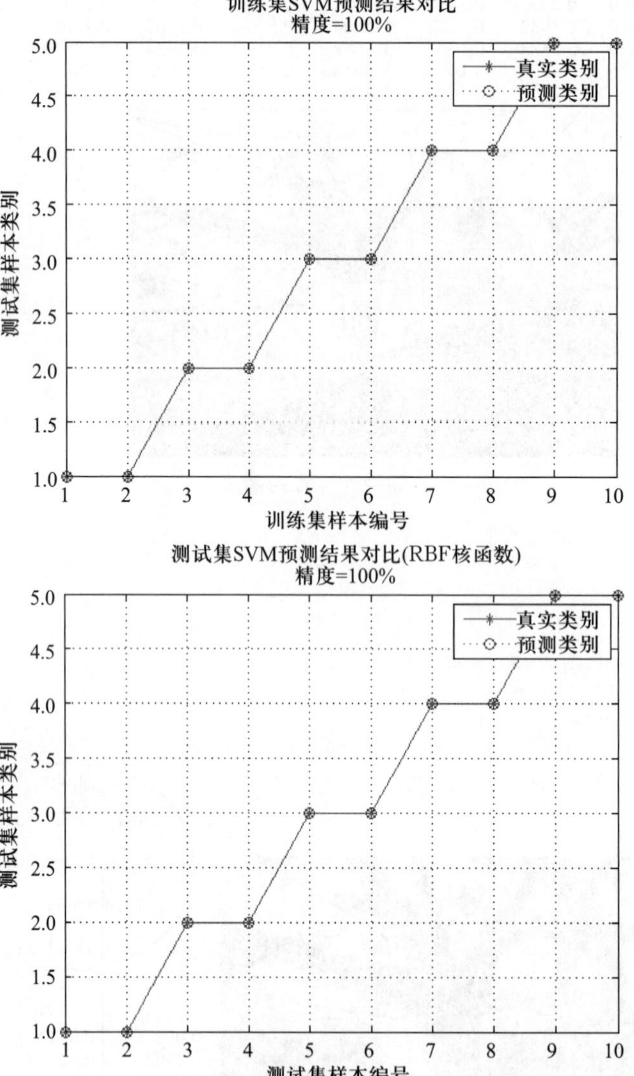

图 12.3 诊断结果对比示意图

郑重声明

HEP 机械工程前沿著作系列
MEF HEP Series in Mechanical Engineering Frontiers

已出书目

- 现代机构学进展（第 1 卷）
  邹慧君　高峰　主编
- 现代机构学进展（第 2 卷）
  邹慧君　高峰　主编
- TRIZ 及应用——技术创新过程与方法
  檀润华　编著
- 相控阵超声成像检测
  施克仁　郭寓岷　主编
- 颅内压无创检测方法与实现
  季忠　编著
- 精密工程发展论
  Chris Evans　著，蒋向前　译
- 磁力机械学
  赵韩　田杰　著
- 微流动及其元器件
  计光华　计洪苗　编著
- 机械创新设计理论与方法
  邹慧君　颜鸿森　著
- 润滑数值计算方法
  黄平　著
- 无损检测新技术及应用
  丁守宝　刘富君　主编
- 理想化六西格玛原理与应用
  ——产品制造过程创新方法
  陈子顺　檀润华　著
- 车辆动力学控制与人体脊椎振动分析
  郭立新　著
- 连杆机构现代综合理论与方法
  ——解析理论、解域方法及软件系统
  韩建友　杨通　尹来容　钱卫香　著
- 液压伺服与比例控制
  宋锦春　陈建文　编著
- 生物机械电子工程
  王宏　李春胜　刘冲　编著
- 现代机构学理论与应用研究进展
  李瑞琴　郭为忠　主编
- 误差分析导论——物理测量中的不确定度
  John R. Taylor　著
  王中宇等　译
- 齿轮箱早期故障精细诊断技术
  ——分数阶傅里叶变换原理及应用
  梅检民　肖云魁　编著
- 基于 TRIZ 的机械系统失效分析
  许波　檀润华　著
- 功能设计原理及应用
  曹国忠　檀润华　著
- 基于 MATLAB 的机械故障诊断技术案例教程
  张玲玲　肖静　编著